高等职业教育数控技术专业系列教材
四川省重点专业建设项目成果

数控机床故障诊断与维修

主　编　毛　羽
副主编　门延会　张锐丽　严瑞强　黄　河
参　编　傅贵兴　房　建　伍倪燕　刘学航
　　　　廖璘志　张德红　肖善华

机械工业出版社

本书按照项目化教学将理论知识和技能实践有机结合起来，旨在打破以往的先理论后实践的教学模式，通过对机械类典型就业岗位的深入研究，有针对性地选择项目，让学生在实践中掌握所需的理论知识。本书内容涉及 PLC 及数控机床故障诊断的相关知识，包括三相异步电动机控制电路、典型机床电气控制电路的分析与检修、PLC 的工作原理及应用、数控机床故障诊断与维修基础、典型数控系统常见故障与诊断维修、数控机床主要机械部件的结构与维修、数控机床 PMC 分析控制与诊断技术、数控机床伺服驱动系统连接与故障诊断技术、数控机床其他典型故障诊断与维修技术等。

全书结构紧凑、合理，内容全面，深入浅出，符合教育部倡导的"以就业为导向，以能力为本位"的职业教育精神，以培养应用型技能人才为目标，非常实用。

本书可作为职业院校三年制、五年制高职高专数控技术等机电类专业的教材，也可作为成人教育、企业职工技术培训及自学用书。

图书在版编目（CIP）数据

数控机床故障诊断与维修/毛羽主编. —北京：机械工业出版社，2018.3（2020.3 重印）
高等职业教育数控技术专业系列教材　四川省重点专业建设项目成果
ISBN 978-7-111-59086-6

Ⅰ.①数… Ⅱ.①毛… Ⅲ.①数控机床-故障诊断-高等职业教育-教材②数控机床-维修-高等职业教育-教材　Ⅳ.①TG659

中国版本图书馆 CIP 数据核字（2018）第 022190 号

机械工业出版社（北京市百万庄大街 22 号　邮政编码 100037）
策划编辑：薛　礼　　责任编辑：薛　礼
责任校对：李锦莉　刘丽华
责任印制：常天培
北京京丰印刷厂印刷
2020 年 3 月第 1 版·第 2 次印刷
184mm×260mm·15.25 印张·371 千字
1 901—3 800 册
标准书号：ISBN 978-7-111-59086-6
定价：38.00 元

凡购本书，如有缺页、倒页、脱页，由本社发行部调换

电话服务　　　　　　　　　　网络服务
服务咨询热线：010-88379833　机工官网：www.cmpbook.com
读者购书热线：010-88379649　机工官博：weibo.com/cmp1952
　　　　　　　　　　　　　　　教育服务网：www.cmpedu.com
封面无防伪标均为盗版　　　金　书　网：www.golden-book.com

前　言

本书是按照数控技术专业就业岗位的职业需求组织编写的。"数控机床故障诊断与维修"是一门集低压电器及其控制、PLC及数控机床数控系统、机械部分、伺服驱动部分知识等内容于一体的综合类课程。在以往的教学中，学生需先学习电气控制、PLC应用等相关的课程后才能学习这门课，所花的学时较多，所学内容太广、太杂，缺乏针对性。编者通过对数控技术专业数控设备维护维修类就业岗位的研究，分析其所涉及的基础知识、基本理论、主要技能和职业素质，按照知识和技能的逻辑结构、难易程度、学生认知规律和职业能力形成规律，将所需的知识、技能和素质进行重构，形成以能力培养为主线的、由简单到复杂、由易到难、循序渐进的课程结构。

本书项目一、二介绍了电气控制的基础及典型机床电气控制电路的分析与检修。项目三主要介绍了西门子公司的S7-200系列PLC的原理及在机床控制中的应用。项目四、五介绍了数控机床故障诊断与维修基础。项目六～九主要介绍了FANUC-0iD系统数控机床的系统部分、机械部分、PMC编程部分、伺服驱动部分及其他典型部分的常见故障诊断与维修技术。本书在编写过程中注重引入当今企业的新技术、新工艺，在"知识拓展"环节中有所体现，同时注重内容的优化，以方便学生的课外知识拓展；各章配有思考与练习，以巩固对所学知识的掌握。

本书可作为职业院校三年制、五年制高职高专数控技术等机电类专业的教材，也可作为成人教育、企业职工技术培训及自学用书。

本书由宜宾职业技术学院毛羽担任主编，宜宾职业技术学院门延会、张锐丽、严瑞强、黄河担任副主编，其中项目一由张锐丽编写，项目二、三由门延会、黄河编写，项目四、六由傅贵兴编写，项目五、七、八由毛羽编写，项目九由严瑞强编写。同时，房建、伍倪燕、刘学航、廖璘志、张德红、肖善华也参与了编写。全书由毛羽、门延会负责统稿。

本书的编写得到了五粮液普什机床厂的大力支持，五粮液普什机床厂的房建同志对本书的编写提供了很大帮助，谨在此表示衷心的感谢。

在编写过程中，编者参考了相关著作和资料，在此，向这些参考文献的原作者表示谢意。

限于编者的理论水平和实践经验，书中难免存在不妥之处，敬请广大读者批评指正。

编　者

目 录

前言

项目一 三相异步电动机控制电路 1
  任务一 三相异步电动机的单向、可逆运行控制 2
  任务二 三相异步电动机的时序运行控制 10
  任务三 三相异步电动机的减压起动、制动控制 14
  任务四 三相异步电动机的调速运行 20
  思考与练习 25

项目二 典型机床电气控制电路的分析与检修 26
  任务一 C6150 车床电气控制电路分析与检修 27
  任务二 Z3050 摇臂钻床电气控制电路分析与检修 34
  任务三 XA6132 万能升降台铣床电气控制电路分析与检修 42
  思考与练习 51

项目三 PLC 的工作原理及应用 52
  任务一 认识 PLC 53
  任务二 西门子 S7-200 系列 PLC 介绍 57
  任务三 西门子 S7-200 系列 PLC 基本指令的应用 69
  任务四 PLC 数字量控制系统程序的经验法设计 73
  任务五 PLC 程序的顺序控制法设计 85
  思考与练习 94

项目四 数控机床故障诊断与维修基础 96
  任务一 初识数控机床故障诊断 96
  任务二 数控机床维修基础认知 99
  思考与练习 103

项目五 典型数控系统常见故障与诊断维修 104
  任务一 CNC 硬件连接及接口作用认知 105
  任务二 数控系统基本参数设置 113
  任务三 数控系统常见故障现象与诊断处理 120
  任务四 数控系统的数据传输与备份 130
  思考与练习 135

项目六 数控机床主要机械部件的结构与维修 136
  任务一 主传动系统的典型结构分析与维修 137
  任务二 进给机构的典型结构分析与维修 144
  任务三 换刀装置结构剖析与维修 149
  思考与练习 158

项目七 数控机床 PMC 分析控制与诊断技术 160
  任务一 PMC 的内部资源和地址分配 160
  任务二 PMC 的编程指令 167
  任务三 FANUC PMC 界面的操作 179
  思考与练习 186

项目八 数控机床伺服驱动系统连接与故障诊断技术 188
  任务一 αi 驱动器的连接 189
  任务二 βi 驱动器的连接 196
  任务三 伺服驱动系统参数设置 201
  任务四 伺服驱动系统常见故障诊断与维修 212
  思考与练习 222

项目九 数控机床其他典型故障诊断与维修技术 224
  任务一 手轮常见的故障与维修 224
  任务二 急停故障与维修 228
  任务三 排屑及润滑故障的维修 232
  思考与练习 237

参考文献 238

项目一　三相异步电动机控制电路

【学习目标】

一台机床的电气部分控制主要是运用低压电器对电动机运行情况进行控制的。通过学习常用低压电器元件的结构原理和电动机基本控制电路的安装和检修，为学习机床电路的检修和维护打下基础，同时理论联系实际，提高分析和解决生产实际问题的能力和良好的职业规范。

1. 知识目标

1）熟悉机床维护安全注意事项，掌握常用低压电器的工作原理以及常用电气符号。
2）掌握三相异步电动机的单向、可逆运行控制的工作原理。
3）掌握三相异步电动机的时序运行控制的工作原理。
4）掌握三相异步电动机的减压起动、制动控制的工作原理。
5）掌握三相异步电动机的调速运行。

2. 技能目标

1）能根据安全操作规范进行安装与检修。
2）能根据电动机控制电气原理图进行正确安装。
3）能排除电气控制电路的故障。

3. 能力目标

1）具备电气控制电路的设计能力。
2）具备将原理图和实际接线相结合的能力。
3）具备对电动机电气控制部分进行故障排除的能力。

【内容提要】

任务一：三相异步电动机的单向、可逆运行控制，主要介绍这两种控制电路的原理分析、线路安装及故障排除。内容包括安全操作注意事项、常用低压电器的工作原理、常用电气符号表示方法以及自锁、互锁的基本控制方法等。

任务二：三相异步电动机的时序运行控制，主要介绍该控制电路的原理分析、线路安装及故障排除。内容包括中间继电器、时间继电器的用途、使用方法和图形文字符号，两台电动机顺序起动/停止的控制原理。

任务三：三相异步电动机的减压起动、制动控制，主要介绍三相异步电动机减压起动、能耗制动、反接制动的原理。

任务四：三相异步电动机的调速运行。

任务一　三相异步电动机的单向、可逆运行控制

【任务描述】

三相异步电动机的单向、可逆运行控制电路是电动机控制的最基本电路。学生应掌握电动机主电路的安装以及自锁、互锁的两种基本控制方法，分别用不同的电路达到单向（点动或连续转动）、可逆运行（正反转）的要求。

【任务分析】

掌握常用低压电器及其工作原理、常用符号，分析电动机单向运行的电气原理图，根据原理图理解自锁控制方法并进行安装。安装后进行断电检修、通电试车以及故障排除。

分析电动机可逆运行的电气原理图，根据原理图理解互锁控制方法并进行安装。安装后进行断电检修、通电试车以及故障排除。

【任务实施】

一、设备及工具准备

常用电工工具，铅笔，万用表，三相异步电动机 1 台，接触器 2 只，熔断器 5 只，接线排 2 副，按钮 1 只，热继电器 1 只，负荷开关 1 只，组合开关 1 只，木制电盘 1 块，木螺钉适量。铝芯线 $1.5mm^2$，铜芯软线 $0.75mm^2$，数量根据需要而定，主电路和控制电路所用导线颜色应有所区别。

二、安全注意事项

1）维修要断电，单人检修必须断电。带电检修时必须有监护人，在检修或测量靠得很近的接线端子时要注意防止短路。

2）检修照明使用安全电压，检修用照明灯应使用 36V 及以下安全电压，灯头应有护罩，严禁使用高于 36V 的电压。

3）有储能元件的电路停电后一定要放电。

4）排除故障后必须通电试车。

5）文明维修，预防火灾，整个维修工作结束后，要清点使用的工具，防止遗漏在设备内。最后清理设备上的污垢、杂物，打扫卫生，断开电源，消除火源后，方可离开现场。维修人员要特别注意：在用汽油清洗电气设备零件时，严禁动用明火，防止产生静电火花。

三、常用低压电器的工作原理及电气符号

1. 常用低压电器的工作原理

（1）交流接触器　交流接触器（见图 1-1）的工作原理是：线圈通电后，在铁心中产生磁通及电磁吸力。此电磁吸力克服弹簧反力使衔铁吸合，带动触点机构动作，常闭（动断）触点打开，常开（动合）触点闭合。线圈失电或线圈两端电压显著降低时，电磁吸力小于

弹簧反力,使衔铁释放,触点机构复位。

(2)组合开关 组合开关(又称转换开关)是电气控制线路中一种常被作为电源引入的开关,可以用来直接起动或停止小功率电动机或使电动机正反转、倒顺等。局部照明电路也常用它来控制。组合开关有单极、双极、三极及四极几种,额定持续电流有10A、25A、60A和100A等多种。组合开关结构图如图1-2所示。

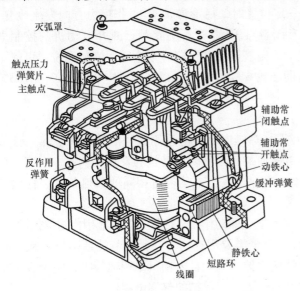

图1-1 交流接触器结构图

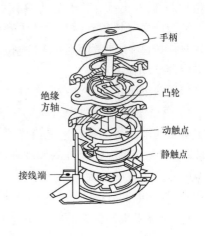

图1-2 组合开关结构图

(3)熔断器 熔断器串联在电路中,当电路发生过负荷或短路时,过负荷电流或短路电流流过熔体,熔体被迅速加热熔断,切断故障电流,从而保护了电路中其他电气设备。

(4)热继电器 电动机短时过载是允许的,但长期过载电动机就要发热,电动机工作时,是不允许超过额定温升的,否则会缩短电动机的寿命。熔断器和过电流继电器只能保护电动机不超过允许最大电流,不能反映电动机的发热情况。因此,必须采用一种工作原理与电动机过载发热温升特性相吻合的保护电器来有效保护电动机,这种电器就是热继电器。

热继电器是利用电流的热效应和金属材料的热膨胀系数差异的原理而工作的电器。它主要用来保护三相交流电动机出现的长时间过载。图1-3所示是热继电器的结构原理。它主要由发热元件、双金属片和触点组成。发热元件与双金属片作为反映温度信号的感应部分;触点作为控制电流通、断的执行部分。发热元件15用镍铬合金丝等电阻材料做成,直接串联在被保护的电动机主电路内,它随电流的大小和时间的长短而发出不同的热量,这些热量

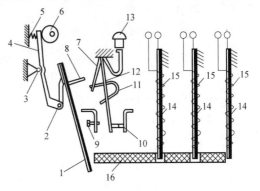

图1-3 热继电器的结构原理图
1—补偿双金属片 2—轴 3—支点 4、8—推杆
5—压簧 6—凸轮 7—片簧 9—常开触点
10—常闭触点 11—弓形弹簧片 12—簧片
13—手动复位按钮 14—双金属片
15—发热元件 16—导板

加热双金属片14。双金属片是由两种膨胀系数不同的金属片碾压而成的，右层采用高膨胀系数的材料，如铜或铜镍合金；左层采用低膨胀系数的材料，如殷瓦钢。双金属片的一端是固定的，另一端为自由端。当电动机正常运行时，热元件产生的热量使双金属片略有弯曲，并与周围环境保持热交换平衡。当电动机过载运行时，热元件产生的热量来不及与周围环境进行热交换，使双金属片进一步弯曲，推动导板16向左移动，并推动补偿双金属片1绕轴2顺时针转动，推杆8向右推动片簧7到一定位置时，弓形弹簧片11作用力方向发生改变，使簧片12向左运动，常开触点9闭合，常闭触点10断开。用此触点断开电动机的控制电路，从而使电动机得到保护。主电路断电后，随着温度的下降，双金属片恢复原位。可使用手动复位按钮13使常闭触点10复位。借助凸轮6和推杆4可以在额定电流的66%～100%范围内调节动作电流。

使用热继电器时要注意以下几个问题：

1）为了正确地反映电动机的发热，在选择热继电器时应采用适当的热元件，热元件的额定电流与电动机的额定电流值相等，继电器便准确地反映电动机的发热。

2）注意热继电器所处的周围环境温度，应保证它与电动机有相同的散热条件，特别是有温度补偿装置的热继电器。

3）热继电器有热惯性，大电流出现时它不能立即动作，故热继电器不能用作短路保护。

4）用热继电器保护三相异步电动机时，至少需要用有两个热元件的热继电器，从而在不正常的工作状态下，也可对电动机进行过载保护。例如，电动机单相运行时，至少有一个热元件能起作用。当然，最好采用有三个热元件带断相保护的热继电器。

2. 常用的低压电器符号

1）刀开关Q，如图1-4所示。

2）组合开关QS，如图1-5所示。

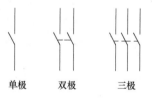

图1-4 刀开关符号图

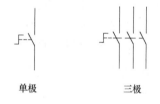

图1-5 组合开关符号图

3）断路器QF，如图1-6所示。

4）按钮SB，如图1-7所示。

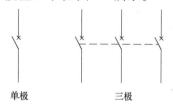

图1-6 断路器符号图

图1-7 按钮符号图

5）交流接触器KM，如图1-8所示。

图1-8 交流接触器符号图

6）热继电器 FR，如图 1-9 所示。
7）熔断器 FU，如图 1-10 所示。

图1-9 热继电器符号图　　　　　图1-10 熔断器符号图

四、电动机单向运转电路

电动机单向运转主要实现电动机正常起动、保持运作、安全停止这三个工作状态（简称起-保-停）。比如在使用车床加工工件时，刀架的进给运动就是电动机单向运转带动拖板横向运动，从而对工件进行车削加工。

1. 电路的组成

图 1-11 所示为三相异步电动机的起-保-停控制电路。此电路采用了一个组合开关 QS，一个三相交流接触器 KM，一台笼型三相交流异步电动机 M，一个热继电器 FR，起动按钮 SB2 和停止按钮 SB1 各一个，两组熔断器 FU1 和 FU2。

2. 工作原理

先将组合开关 QS 闭合，为电动机起动做好准备。当按下起动按钮 SB2 时，交流接触器 KM 的线圈通电，动铁心被吸合，使三个主触点闭合，电动机 M 起动。当松开 SB2 时，它在弹簧作用下恢复其断开位置电动机 M 本应停止转动；但由于与起动按钮并联的辅助触点和主触点同时闭合，因此接触器线圈的电路仍然接通而使

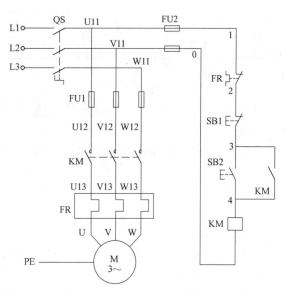

图1-11 三相异步电动机起-保-停控制（自锁）电气原理图

接触器触点保持在闭合位置，这个辅助触点称为自锁触点。此时电动机 M 仍然转动。

若将停止按钮 SB1 按下，则将交流接触器线圈的电路切断，动铁心和触点恢复到断开的位置，电动机 M 停止转动。

3. 线路中的控制保护措施

上述控制电路可实现短路保护、过载保护和零电压保护等多重保护。

1）熔断器 FU 起短路保护作用。一旦发生短路，熔丝立即熔断，电动机立即停止运转。

2）热继电器 FR 起过载保护作用。过载时，热继电器的热元件发热，常闭触点断开，使交流接触器线圈断电，主触点断开，电动机也就停止转动。

3）失电压保护。失电压保护就是当电源暂时停电时，电动机自动从电源切除。因为这时接触器线圈中的电流消失，动铁心释放而使主触点断开。当电源电压恢复后，若不重新按起动按钮，则电动机不能自行起动，因为自锁触点已经断开。

4. 接线

1）按设备材料的要求检查工具是否齐全，检查元器件数量，用万用表检查接触器线圈及其他元件的质量。

2）学生自己先读懂图 1-11 所示的电气原理图，再设计布置各电器元件位置。也可参考图 1-12 做适当的调整，经教师认可后，便可用木螺钉将各电器元件固定在木制电盘上。

3）按图 1-13 所示的接线图进行布线设计。其设计原则如下：

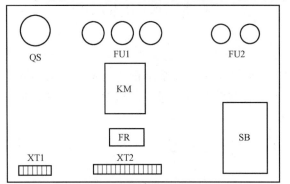

图 1-12 电动机单向连续运转元件布置图

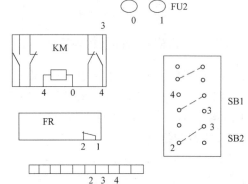

图 1-13 电动机单向连续运转控制电路接线图

①布线通道尽可能少，同路并行导线按主电路和控制电路分类集中，单层密排，紧贴安装面布线。

②同一平面导线不能交叉；必须交叉时，只能在另一导线因进入接点而抬高时从其下空隙穿越。

③横平竖直，分布均匀，便于维修。

④布线次序一般以接触器为中心，由里向外、由低向高，先主电路后控制电路，以不妨碍后续布线为原则。

⑤螺旋熔断器座螺壳端应接负载，电器上的空余螺钉一律拧紧。

⑥导线与接线盒或接线柱连接时，应不压绝缘层，不反圈及不露铜过长。

⑦一个电器元件的接线桩上的连接导线不得超过两根，压接线圈时应上正下反；若是直接头应左右各一根，元件之间的连接线应做到左进右出。

⑧布线时严禁损伤线芯和导线绝缘。

⑨每个接线桩上的连接导线只套一只编码管。

5. 对安装完毕的电路进行自检

用万用表进行检查时，应选用电阻档的适当倍率，并进行电阻调零。

1）检查主电路时，可用手按下 KM 主触点进行检查。

2）检查控制电路，可将万用表笔分别搭在 FU2 的两个出线端 0-1 之间，这时万用表的读数应为无穷大，按下起动按钮或接触器的辅助常开触点时，万用表的读数应为交流接触器线圈的直流电阻值，为 400～700Ω。

3）热继电器电流的整定值取电动机功率（以千瓦计）值的 2 倍。

6. 通电试车

1）试车顺序：先连接电动机，再连接电源，然后闭合板外刀开关，再闭合组合开关。接着用试电笔测试熔断器的五个出线端：若电路已通，则可按下起动按钮。

2）试车成功率以通电后第一次按下按钮计算。

3）通电完毕应首先按停止按钮，断开组合开关，再断开刀开关，然后拆电源线，最后拆电动机线。

7. 电路故障的检修

电动机单向连续运转常见故障与排除见表 1-1。

表 1-1　电动机单向连续运转常见故障与排除

序号	故障现象	故障范围	排除方法
1	按下 SB1 无反应	1-2-3-4-0 之间断路	用万用表检测 1-2、2-3、3-4，并按下 SB1，检测 4-0，未按下按钮时，3-4 表针不偏转为正常；如果表针不偏转，则故障就在这两个点之间
2	按下 SB1 点动	3-KM 常开触点-4 之间断路	查看 3、4 接点，检查 KM 常开触点是否出现故障

五、电动机电气互锁正反转电路

1. 工作原理

电动机正反转电气互锁控制电气原理图如图 1-14 所示。先将组合开关 QS 闭合，为电动机起动做好准备。当按下 SB2 时，KM1 通电吸合并自锁，同时 KM1 的常闭辅助触头断开锁住 KM2，使电动机正转；按下 SB1 电动机停止。当按下 SB3 时，KM2 通电吸合并自锁，同时 KM2 的常闭辅助触头断开锁住 KM1，使电动机反转；按下 SB1 电动机停止。此时若不按

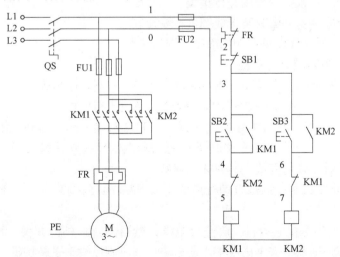

图 1-14　电动机正反转电气互锁控制电气原理图

下停止按钮 SB1，直接按下 SB3，KM2 将无法通电吸合，达到互锁目的。

2. 接线

（1）电器元件的检测　检验元器件质量：应在不通电的情况下，用万用表的电阻档检查各触点的分合情况是否良好。检验接触器时，应拆下灭弧罩，用手同时按下三副主触点并用力均匀；同时应检查接触器线圈电压与电源电压是否相符。

（2）布局　要求布局合理，符合电路安装时的要求，能够正确使用工具，具有一定的工艺性。图 1-15 所示为电动机正反转电气互锁控制电路元件布置图。

（3）画出电路的安装接线图

1）画出元件的图形符号，并标注代号。电动机正反转电气互锁控制电路安装接线图如图 1-16 所示。

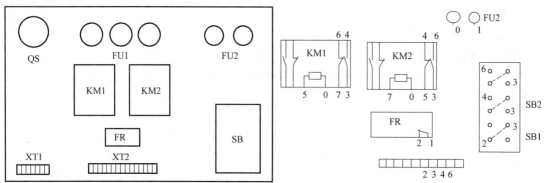

图 1-15　电动机正反转电气互锁控制电路元件布置图

图 1-16　电动机正反转电气互锁控制电路安装接线图

2）根据电气原理图，在元件的对应部位标注编号。

3）将要进入按钮的编码标注在接线端子上。

（4）根据安装接线图进行电路的安装接线

1）接线方法如下：

①主电路的安装：根据原理图进行接线。

②控制电路的安装：根据安装接线图进行安装。

2）具体做法：用导线将编码相同的地方连在一起。

3. 对安装完毕的电路进行自检

用万用表进行检查时，应选用电阻档的适当倍率，并进行电阻调零。

1）检查主电路时，可用手按下 KM1、KM2 主触点进行检查。

2）检查控制电路时，可将万用表笔分别搭在 FU2 的两个出线端 0-1 之间，这时万用表的读数应为无穷大，按下起动按钮 SB2、SB3 或接触器的辅助常开触点时，万用表的读数应为交流接触器线圈的直流电阻值，为 400～700Ω。

3）热继电器电流的整定值取电动机功率（以千瓦计）值的 2 倍。

4. 通电试车

1）试车顺序：先连接电动机，再连接电源，然后闭合板外刀开关，再闭合组合开关，接着用试电笔测试熔断器的五个出线端，若电路已通，则可按下正转按钮。

2）按下停止按钮，电动机停止正转；按下反转按钮，电动机反转。

3）试车成功率以通电后第一次按下按钮计算。

4）通电完毕应首先按停止按钮，断开组合开关，再断开刀开关，然后拆电源线，最后拆电动机线。

5. 电路故障的检修

电动机正反转常见故障与排除见表1-2。

表1-2 电动机正反转常见故障与排除

序号	故障现象	故障范围	排除方法
1	按下 SB2 无反应	1-2-3-4-5-0 之间断路	用万用表检测 1-2、2-3、3-4，并按下 SB2，检测 4-5、5-0，如果表针不偏转，则故障就在这两个点之间
2	按下 SB2 点动（正转点动）	3-KM1 常开触点-4 之间断路	查看 3、4 接点，检查 KM1 常开触点是否出现故障
3	按下 SB2 正转正常起动，按 SB3 无反应	3-6-7-0 之间断路	用万用表检测，3-6，并按下 SB3，6-7、7-0，如果表针不偏转，则故障就在这两个点之间
4	正转正常，反转点动	3-KM2 常开触点-6 之间断路	查看 3、7 接点，检查 KM2 常开触点是否出现故障

6. 注意事项

1）查找故障前，首先要确定电路是否安装正确。

2）查找故障时要对应电气原理图。

【知识拓展】

电动机双重互锁正反转电路

先将组合开关 QS 闭合，为电动机起动做好准备。按下 SB2，KM1 通电吸合并自锁，同时 KM1 的辅助常闭触点断开锁住 KM2，使电动机正转；按下 SB3，KM1 线圈失电，KM1 辅助常闭触点恢复闭合，KM2 通电吸合并自锁，同时 KM2 的辅助常闭触点断开锁住 KM1，使电动机反转。再按下 SB2，KM2 线圈失电，KM2 辅助常闭触点恢复闭合，KM1 通电吸合并自锁，同时 KM1 的辅助常闭触点断开锁住 KM2，使电动机正转；按下 SB1 电动机停止。该电路可以直接在正反转之间变换，如图 1-17 所示。

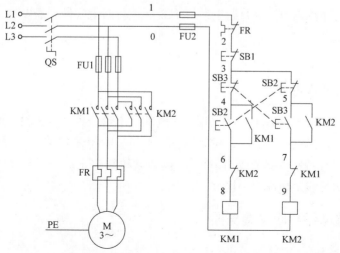

图 1-17 电动机双重互锁正反转控制电路安装接线原理图

【评价标准】

三相异步电动机的单向、可逆运行控制具体完成情况按表1-3进行考核评价。

表1-3 考核评价表

序号	考核内容	评价标准	评价方式	分数	得分
1	常用低压电器	①认识并熟悉元件符号 ②正确使用工具及仪器、仪表检测元件	教师评价	20	
2	电动机单向运转电路	①正确分析原理 ②正确接线和排故 ③安全用电，着装符合劳动保护要求，工位整洁	教师评价和小组成员互评结合	40	
	电动机正反转电路	①正确分析原理 ②正确接线和排故 ③安全用电，着装符合劳动保护要求，工位整洁	教师评价和小组成员互评结合	40	

任务二 三相异步电动机的时序运行控制

【任务描述】

三相异步电动机的时序运行控制电路是机床控制中较常见的电路。学生应掌握中间继电器和时间继电器的使用。本任务着重介绍运用时间继电器完成电动机的时序控制。

【任务分析】

认识中间继电器、时间继电器的工作原理及符号，分析电动机时序控制的电气原理图，根据原理图理解时序控制方法并进行安装。安装后进行断电检修、通电试车以及故障排除。

【任务实施】

一、设备及工具准备

常用电工工具，铅笔，万用表，三相异步电动机1台，接触器2只，熔断器5只，接线排2副，按钮1只，热继电器2只，时间继电器1只，中间继电器1只，组合开关1只，木制电盘1块，木螺钉适量。铝芯线$1.5mm^2$，铜芯软线$0.75mm^2$，数量根据需要而定，主电路和控制电路所用导线颜色应有所区别。

二、中间继电器和时间继电器

1. 中间继电器

中间继电器用于继电保护与自动控制系统中，以增加触点的数量及容量。它用于在控制电路中传递中间信号。中间继电器的结构和原理与交流接触器基本相同，与接触器的主要区别在于：接触器的主触点可以通过大电流，而中间继电器的触点只能通过小电流。所以，它只能用于控制电路中。它一般是没有主触点的，因为过载能力比较小。所以它用的全部都是辅助触点，数量比较多。中间继电器符号如图 1-18 所示。

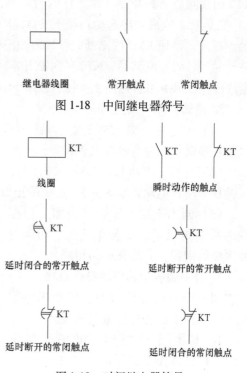

图 1-18 中间继电器符号

2. 时间继电器

时间继电器在电气控制系统中是一个非常重要的元件，它广泛用于需要按时间顺序进行控制的线路中。作为简单程序控制中的一种执行元件，从接受起动信号后开始计时，计时结束后它的工作触点进行开或合的动作，从而推动后续的电路工作。

时间继电器有多种类型，常用的时间继电器主要有电磁式、电动式、空气阻尼式、电子式等。延时方式有通电延时和断电延时两种。目前在电力拖动线路中应用较多的是空气阻尼型时间继电器。空气阻尼式时间继电器的延时范围大，结构简单，但准确度较低。时间继电器符号如图 1-19 所示。

图 1-19 时间继电器符号

三、两台电动机顺序起动/逆序停止自动控制电路

1. 工作原理

两台电动机顺序起动/逆序停止自动控制电气原理图如图 1-20 所示。先将组合开关 QS

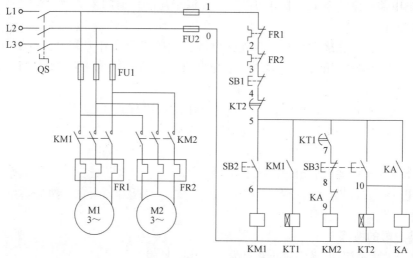

图 1-20 两台电动机顺序起动/逆序停止自动控制电气原理图

闭合，为电动机起动做好准备。当按下 SB2 时，KM1 通电吸合并自锁，使 M1 运行，同时 KT1 的线圈通电并开始计时，计时时间到后，KT1 延时闭合常开触点闭合，KM2 线圈通电使 M2 运行，完成顺序起动；按下 SB3，KM2 线圈断电，同时 KA、KT2 线圈通电，KA 常闭触点断开，确保 KM2 线圈断开，M2 停止运行，KA 常开触点闭合，确保 KT2 线圈持续通电并计时。计时时间到后，KT2 延时断开常闭触点断开，KM1 线圈断电使 M1 停止运行，完成逆序停止。SB1 为紧急停止按钮，按下 SB1 两台电动机均停止运行。

2. 接线

（1）电器元件质量的检测　方法和前面一致，应在不通电的情况下，用万用表的电阻档检查各触点的分合情况是否良好。

（2）布局　要求布局合理，符合电路安装时的要求，能够正确使用工具，具有一定的工艺性。两台电动机顺序起动/逆序停止自动控制电路元件布置图如图 1-21 所示。

（3）画出电路的安装接线图　根据前面所学知识完成安装接线图，加深对原理图的理解，方法和前面相同。

3. 对安装完毕的电路进行自检

用万用表进行检查时，应选用电阻档的适当倍率，并进行电阻调零。

1）检查主电路时，可用手按下 KM1、KM2 主触头进行检查。

2）检查控制电路，可将万用表笔分别搭在 FU2 的两个出线端 0-1 之间，这时万用表的读数应为无穷大，按下起动按钮 SB2，万用表的读数应为 KM1 和 KT1

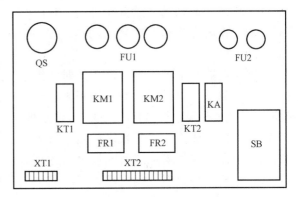

图 1-21　两台电动机顺序起动/逆序停止自动控制电路元件布置图

线圈并联的直流电阻值；按下 SB3，万用表的读数应为 KT2 和 KA 线圈并联的直流电阻值。万用表笔分别搭在 0-7 之间，万用表读数为 KM2 线圈的直流电阻值。

3）热继电器电流的整定值取电动机功率（以千瓦计）值的 2 倍。

4. 通电试车

1）试车顺序：先连接电动机，再连接电源，然后闭合板外刀开关，再闭合组合开关，接着用试电笔测试熔断器的五个出线端，若电路已通，则可按下顺序起动按钮，M1 先起动，一段时间后 M2 起动。

2）按下逆序停止按钮，M2 先停止，一段时间后 M1 停止。

3）再次按顺序起动按钮，待两台电动机均起动后按下立即停止按钮，两台电动机均立即停止。

4）试车成功率以通电后第一次按下按钮计算。

5）通电完毕应首先按停止按钮，断开组合开关，再断开刀开关，然后拆电源线，最后拆电动机线。

5. 电路故障的检修

两台电动机顺序起动/逆序停止常见故障与排除见表 1-4。

项目一 三相异步电动机控制电路

表1-4 两台电动机顺序起动/逆序停止常见故障与排除

序号	故障现象	故障范围	排除方法
1	按下 SB2 无反应	1-2-3-4-5-6-0 之间断路	用万用表检测 1-2、2-3、3-4、4-5,并按下 SB2,检测 5-6、6-0,如果表针不偏转,则故障就在这两个点之间
2	按下 SB2 第一台点动	5-KM1 常开触点-6 之间断路	查看 5、6 接点,检查 KM1 常开触点是否出现故障
3	按下 SB3,M2 停止,M1 无法停止	5-10-0 之间断路	按下 SB3,检测 SB3 常开触点两端,闭合 KA 辅助常开触点检测其两端,如果表针不偏转,则故障就在这两个点之间
4	按 SB2,M1 起动,M2 无法起动	5-7-8-9-0 断开	闭合 KT1 延时断开触点,用万用表检测 5-7、7-8、8-9、9-0,如果表针不偏转,则故障就在这两个点之间

6. 注意事项

1)查找故障前,首先要确定电路是否安装正确。

2)查找故障时要对应电气原理图。

【知识拓展】

顺序起动/逆序停止的手动控制电路

先将组合开关 QS 闭合,为电动机起动做好准备。按下 SB2,KM1 通电吸合并自锁,使电动机 M1 运行,同时 KM1 的另一辅助常开触点闭合,为 M2 起动做准备;按下 SB4,KM2 通电吸合并自锁,使电动机 M2 运行,同时 KM2 的另一辅助常开触点闭合,防止 M1 在 M2 之前停止。此时若按下 SB1,电路仍然是 M1、M2 均运行。按下 SB3,KM2 线圈失电,M2 停止,KM2 辅助常开触点断开,为 M1 停止做准备,再按下 SB1,KM1 线圈失电,M1 停止,其原理图如图 1-22 所示。

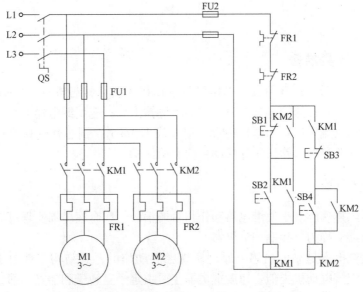

图 1-22 顺序起动/逆序停止的手动控制电路原理图

【评价标准】

三相异步电动机的时序运行控制具体完成情况按表1-5进行考核评价。

表1-5　考核评价表

序号	考核内容	评价标准	评价方式	分数	得分
1	时间继电器、中间继电器	①认识并熟悉元件符号 ②正确使用工具及仪器、仪表检测元件	教师评价	30	
2	两台电动机顺序起动/顺序停止电路	①正确分析原理 ②正确接线和排故 ③安全用电，着装符合劳动保护要求，工位整洁	教师评价和小组成员互评结合	70	

任务三　三相异步电动机的减压起动、制动控制

【任务描述】

三相异步电动机的减压起动控制是机床电动机起动控制中常用的一种保护措施，用于避免电动机在起动瞬间承受太大起动电流冲击。为使电力拖动系统快速停车或尽快减速，对三相异步电动机要采用制动控制。本任务将介绍几种典型的减压起动和制动方式。

【任务分析】

掌握速度继电器的用途、使用方法及图形文字符号；掌握典型的起动及制动控制原理；完成减压起动控制电路、电动机反接制动电路的安装与调试，理解速度继电器的工作原理及电路原理。

【任务实施】

一、设备及工具准备

常用电工工具；铅笔；万用表；三相异步电动机1台；接触器2～3只；熔断器5只；接线排2副；按钮1只；热继电器2只；时间继电器1只；速度继电器1只；电阻3只；转换开关1只；木制电盘1块；木螺钉适量。铝芯线1.5mm^2，铜芯软线0.75mm^2，数量根据需要而定，主电路和控制电路所用导线颜色应有所区别。

二、速度继电器

速度继电器依靠速度大小使继电器动作与否的信号，配合接触器实现对电动机的反接制动，故速度继电器又称为反接制动继电器。

感应式速度继电器是靠电磁感应原理实现触点动作的，其结构原理图如图1-23所示。从结构上看，与交流电动机类似，速度继电器主要由定子、转子和触点三部分组成。定子的结构与笼型异步电动机相似，是一个笼型空心圆环，由硅钢片冲压而成，并装有笼型绕组。

转子是一个圆柱形永久磁铁。速度继电器的符号如图 1-24 所示。

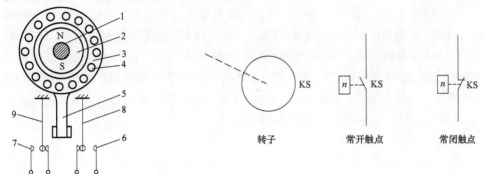

图 1-23　速度继电器的结构原理图
1—轴　2—转子　3—定子　4—绕组　5—定子柄
6—静触点　7—动触点　8、9—簧片

图 1-24　速度继电器的符号

速度继电器的轴与电动机的轴相连接。转子固定在轴上，定子与轴同心。当电动机转动时，速度继电器的转子随之转动，绕组切割磁场产生感应电动势和电流，此电流和永久磁铁的磁场作用产生转矩，使定子向轴的转动方向偏摆，通过定子柄拨动触点，使常闭触点断开、常开触点闭合。当电动机转速下降到接近零时，转矩减小，定子柄在弹簧力的作用下恢复原位，触点也复原。

三、减压起动

1. 定子回路串电阻减压起动工作原理

如图 1-25 所示，先将组合开关 QS 闭合，为电动机起动做好准备。按下起动按钮 SB2，接触器 KM1 通电并自锁，电动机定子绕组串入电阻 R 进行减压起动。经一段时间延时后，时间继电器 KT 的常开延时触点闭合，接触器 KM2 通电，KM1 线圈断电，三对主触点断开，将主电路中的起动电阻 R 断开，电动机进入全电压运行。KT 的延时长短根据电动机起动过程时间长短来调整。

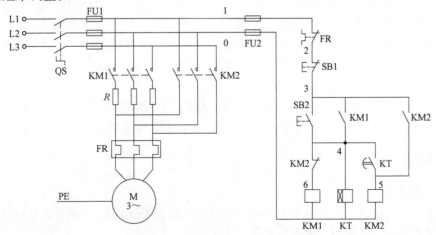

图 1-25　串电阻减压起动电气原理图

2. Y-△减压起动工作原理

先将组合开关 QS 闭合,为电动机起动做好准备。按下起动按钮 SB1,KT 线圈得电开始计时,KM3 接触器线圈得电,KM3 主触头闭合,KM3 辅助常开触点闭合,KM1 线圈得电并自锁;KM3 辅助常闭触点断开,防止此时 KM2 线圈得电。此时电动机 Y 减压起动。经过一段时间之后,KT 计时时间到,KT 常闭触点断开,KM3 线圈失电,KM3 辅助常开触点断开,KM3 辅助常闭触点闭合,KM2 线圈得电,KM2 辅助常闭触点断开,KT 线圈失电,计时结束。此时电动机 △ 全压运行,如图 1-26 所示。

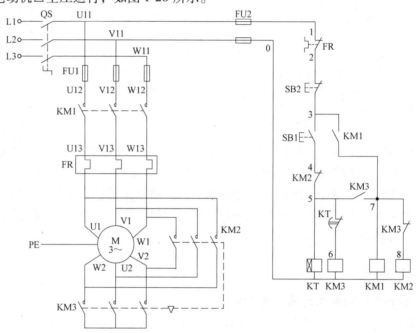

图 1-26 Y-△减压起动电气原理图

3. 两种减压起动的比较

(1) Y-△换接起动 正常运行 △ 联结的笼型三相异步电动机起动时改接成星形,使电枢电压降至额定电压的 $1/\sqrt{3}$,待转速接近额定值,再改成 △ 联结,电动机全压正常运行。Y-△换接实际起动电流和起动转矩降至直接起动的 1/3,只能轻载起动。其优点是:起动设备结构简单,经济便宜,可以频繁起动,应用较广泛,应优先采用。其缺点是:起动转矩较小,只适用于正常运行 △ 联结电动机。

(2) 定子回路串电阻减压起动 这种起动电路由于起动时转矩较小,一般只适用于空载起动的电动机。起动过程中把电阻短接,电阻损耗大,电阻容量限制了起动次数,较少采用。

四、制动

1. 制动的方法

制动就是给电动机一个与转动方向相反的转矩,使它迅速停转(或限制其转速)。制动的方法一般有两类:机械制动和电气制动。

1) 机械制动:利用机械装置使电动机断开电源后迅速停转。机械制动常用的方法有电磁抱闸和电磁离合器制动。

2）电气制动：电动机产生一个和转子转速方向相反的电磁转矩，使电动机的转速迅速下降。三相交流异步电动机常用的电气制动方法有能耗制动、反接制动和回馈制动。

2. 反接制动的工作原理

反接制动是利用改变电动机电源的相序，使定子绕组产生相反方向的旋转磁场，因而产生制动转矩的一种制动方法。

图 1-27 所示为单向反接制动控制电路。先将组合开关 QS 闭合，为电动机起动做好准备。按下 SB2，KM1 线圈得电并自锁，KM1 常闭辅助触点断开，使 KM2 线圈不得电，电动机起动运行。当电动机转速达到一定值（120r/min 左右）时，KS 常开触点闭合，为制动做准备。按下 SB1，KM1 线圈失电，主触点断开，常开辅助触点断开解除自锁，常闭辅助触点闭合为制动做准备；KM2 线圈得电并自锁，KM2 常闭辅助触点断开，使 KM1 线圈不得电，电动机串接 R 反接制动。当电动机转速下降到一定值时，KS 常开触点断开，KM2 线圈失电解除自锁，电动机脱离电源停转，制动结束。

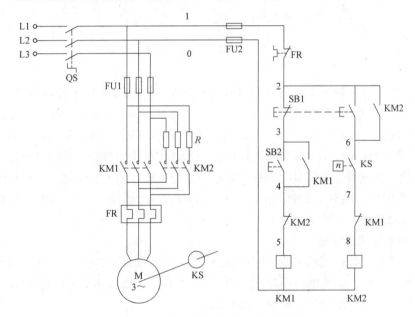

图 1-27 单向反接制动的电气原理图

3. 能耗制动

（1）能耗制动的方法 当电动机切断交流电源后，立即在定子绕组的任意两相中通入直流电，迫使电动机迅速停转。

先断开电源开关，切断电动机的交流电源，这时转子仍沿原方向惯性运转；随后向电动机两相定子绕组通入直流电，使定子中产生一个恒定的静止磁场，那么做惯性运转的转子因切割磁力线而在转子绕组中产生感应电流；又因受到静止磁场的作用，产生电磁转矩，正好与电动机的转向相反，使电动机受制动迅速停转。

（2）能耗制动的工作原理 对于 10kW 以上容量较大的电动机，多采用有变压器全波整流能耗制动控制电路。图 1-28 所示为有变压器全波整流单向起动能耗制动控制电路。该电路利用时间继电器进行自动控制。其中直流电源由单相桥式整流器 VC 供给，TC 是整流变压器，电阻 R 是用来调节直流电流的，从而调节制动强度。

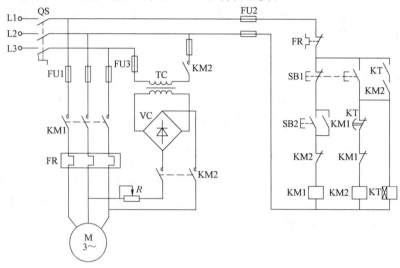

图 1-28 能耗制动的电气原理图

线路工作原理分析如下：先将组合开关 QS 闭合，为电动机起动做好准备。按下 SB2，KM1 线圈得电并自锁，KM1 常闭辅助触点断开，使 KM2 线圈不得电，电动机起动运行。按下 SB1，KM1 线圈失电，主触点断开，常开辅助触点断开解除自锁，常闭辅助触点闭合为制动做准备；KT 线圈得电，瞬时常开触点闭合，为 KM2 自锁做准备。KM2 线圈得电并自锁，KM2 常闭辅助触点断开，使 KM1 线圈不得电，电动机接入直流能耗制动。KT 计时时间到后，KT 常闭延时触点断开，KM2 线圈失电解除自锁，KT 线圈失电，电动机切断直流电源停转，能耗制动结束。

4. 两种制动方式的比较

反接制动的优点是：制动力强，制动迅速；缺点是：制动准确性差，制动过程中冲击强烈，易损坏传动零件，制动能量消耗大，不宜经常制动。因此反接制动一般适用于制动要求迅速、系统惯性较大、不经常起动与制动的场合。

能耗制动的优点是：制动准确、平稳，且能量消耗较小；缺点是：需附加直流电源装置，设备费用较高，制动力较弱，在低速时制动力矩小。所以，能耗制动一般用于要求制动准确、平稳的场合。

五、电路的安装与检修

根据电气原理图和维修电工工艺要求进行丫-△减压起动、反接制动两个电路的安装与检修。具体操作步骤如下。

1. 接线前的准备工作

1）检测电器元件。
2）布局。
3）画出电路的安装接线图。

2. 接线

根据安装接线图进行电路的安装接线。

3. 对安装完毕的电路进行自检

略。

4. 通电试车

根据原理图进行通电试车,验证相应电路的所有功能。

【知识拓展】

单相桥式整流电路

单相桥式整流电路由四个二极管接成电桥形式,电路图如图 1-29 所示。

设变压器的二次电压 $u_2 = \sqrt{2}U_2\sin\omega t$。当 u_2 为正半周时,即变压器二次侧的 a 端为 "+",b 端为 "-",a 点的电位高于 b 点,二极管 VD_1 和 VD_3 承受正向电压而导通,VD_2 和 VD_4 承受反向电压而截止。电流的方向由图 1-29 分析可知,从变压器二次侧的 a 端流出,通过 VD_1 流经负载 R_L 再通过 VD_3 回到 b 端流入变压器。若忽略二极管 VD_1 和 VD_3 的正向压降,则负载电压 $u_L = u_2$。这时二极管 VD_2 和 VD_4 承受的反向电压近似等于 u_2,其最大值 $U_{RM} = \sqrt{2}U_2$。

当 u_2 为负半周时,b 端为 "+",a 端为 "-",二极管 VD_2 和 VD_4 导通,VD_1 和 VD_3 截止。电流从 b 端流出,通过 VD_2 流经 R_L,再通过 VD_4 回到 a 端。

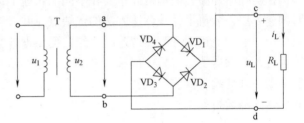

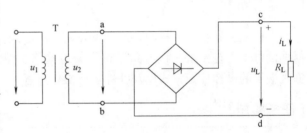

图 1-29 整流电路原理图

此时同样可以认为 $u_L = |u_2|$。VD_1 和 VD_3 承受的反向电压最大值仍为 $\sqrt{2}U_2$。

总之,在电源电压变化的一个周期内,负载 R_L 上始终有一个方向不变的电流流过,R_L 上始终为同一极性的电压。

【评价标准】

三相异步电动机的减压起动、制动控制具体完成情况按表 1-6 进行考核评价。

表 1-6 考核评价表

序号	考核内容	评价标准	评价方式	分数	得分
1	速度继电器	①认识并熟悉元件符号 ②正确使用工具及仪器、仪表检测元件	教师评价	20	
2	Y-△减压起动	①正确分析原理 ②正确接线和排故 ③安全用电,着装符合劳动保护要求,工位整洁	教师评价和小组成员互评结合	40	

(续)

序号	考核内容	评价标准	评价方式	分数	得分
3	反接制动	①正确分析原理 ②正确接线和排故 ③安全用电，着装符合劳动保护要求，工位整洁	教师评价和小组成员互评结合	40	

任务四　三相异步电动机的调速运行

【任务描述】

在实际应用中，电动机经常要在不同的转速下运行。本任务介绍了三相异步电动机的不同调速方法，分析了这些调速方法的优缺点，并着重介绍双速电动机变极调速电路。在实际应用中，电动机运用变频器调速时，经常要根据各类机械的某种状态进行正转、反转、点动等运行，变频器的给定频率信号、电动机的起动信号等都是通过变频器控制端子给出的，即变频器的外部运行操作大大提高了生产过程的自动化程度，"知识拓展"中介绍了MM440变频器外部运行操作。

【任务分析】

掌握三相异步电动机的转速计算及调速的方法。理解双速电动机变极调速电路原理，根据维修电工工艺要求对该电路进行安装与检修。熟悉MM440变频器基本参数的输入方法，输入端子的操作控制方式以及外部运行操作过程。

【任务实施】

一、设备及工具准备

常用电工工具；铅笔；万用表；三相异步电动机1台；接触器3只；熔断器5只；接线排2副；按钮1只；热继电器1只；组合开关1只；MM440变频器1台；木制电盘1块；木螺钉适量。铝芯线1.5mm^2，铜芯软线0.75mm^2，数量根据需要而定，主电路和控制电路所用导线颜色应有所区别。

二、电动机调速

1. 电动机的转速

根据异步电动机的转差率 s 表达式，即

$$s = \frac{n_1 - n}{n_1} \tag{1-1}$$

可知交流电动机转速公式为

$$n = \frac{60f}{p}(1-s) \tag{1-2}$$

式中　n_1——电动机旋转磁场转速，电动机同步转速（r/min）；

n——电动机的转子实际转速（r/min）；
p——电动机极对数；
f——供电电源频率（Hz）；
s——异步电动机的转差率。

2. 电动机的调速方法

由电动机转速公式分析，通过改变极对数 p、转差率 s 以及电源频率 f 都可以实现交流异步电动机的速度调节，具体可以归纳为变极调速、变转差率调速和变频调速三大类。

（1）变极调速的方法　变换异步电动机绕组极数，从而改变同步转速进行调速的方式称为变极调速。电动机转速只能按阶跃方式变化，不能连续变化。变极调速的基本原理是：如果电网频率不变，电动机的同步转速与它的极对数成反比。因此，变更电动机绕组的接线方式，使其在不同的极对数下运行，其同步转速便会随之改变。异步电动机的极对数由定子绕组的连接方式决定，从而可以通过改换定子绕组的连接来改变异步电动机的极对数。变更极对数的调速方法一般仅适用于笼型异步电动机。双速电动机、三速电动机是变极调速中最常用的两种形式。

（2）变转差率调速

1）变压调速。变压调速是异步电动机调速系统中比较简便的一种。由电气传动原理可知，当异步电动机的等效电路参数不变时，在相同的转速下，电磁转矩与定子电压的二次方成正比，因此，改变定子外加电压就可以改变机械特性的函数关系，从而改变电动机在一定输出转矩下的转速。这种调速过程中的转差功率损耗在转子里或其外接电阻上，效率较低，仅用于小容量电动机。

2）转子串电阻调速。转子串电阻调速是在绕线转子异步电动机转子外电路上接入可变电阻，通过对可变电阻的调节，改变电动机机械特性斜率来实现调速的一种方式。电动机转速可以按阶跃方式变化，即有级调速。这种方式结构简单，价格便宜，但转差功率损耗在电阻上，效率随转差率的增加等比下降，故这种方法目前一般不被采用。

3）串级调速。绕线转子异步电动机的转子绕组能通过集电环与外部电气设备相连接，可在其转子侧引入控制变量（如附加电动势）进行调速。前述的在绕线转子异步电动机的转子回路串入不同数值的可调电阻，从而获得电动机的不同机械特性，以实现转速调节就是基于这一原理的一种方法。电气串级调速是一种节能型调速方式，在大功率风机、泵类等传动电动机上得到应用。

（3）变频调速　变频调速是利用电动机的同步转速随频率变化的特性，通过改变电动机的供电频率进行调速的方法。在异步电动机诸多的调速方法中，变频调速的性能最好，调速范围广，效率高，稳定性好。

对异步电动机进行调速控制时，电动机的主磁通应保持额定值不变。若磁通太弱，铁心利用不充分，同样的转子电流下，电磁转矩小，电动机的负载能力会下降；而磁通太强，铁心发热，波形会变坏。如何实现磁通不变？

三相异步电动机定子每相电动势的有效值为

$$E_1 = 4.44 f_1 N_1 \Phi \tag{1-3}$$

式中　f_1——定子频率（Hz）；

N_1——定子相绕组有效匝数；

Φ——每极磁通量（Wb）。

如果不计定子阻抗压降，则 $U_1 \approx E_1$。

若端电压 U_1 不变，则随着 f_1 的升高，磁通 Φ 将减小，又有转矩公式

$$T = C_T \Phi I_2 \cos\varphi \tag{1-4}$$

式中　C_T——转矩常数；

　　　$I_2\cos\varphi$——转子电流有功分量。

可以看出，磁通 Φ 的减小势必导致电动机允许输出转矩 T 下降，降低电动机的出力。同时，电动机的最大转矩也将降低，严重时会使电动机堵转；若维持端电压 U_1 不变，而减小 f_1，则磁通 Φ 将增加。这就会使磁路饱和，励磁电流上升，导致铁损急剧增加，这也是不允许的。因此在许多场合，要求在调频的同时改变定子电压 U_1，以维持 Φ 接近不变。下面分两种情况说明：

1）基频以下的恒磁通变频调速。为了保持电动机的负载能力，应保持主磁通 Φ 不变，这就要求降低供电频率的同时降低感应电动势，保持 E_1/f_1 = 常数，即保持电动势与频率之比为常数进行控制，这种控制又称为恒磁通变频调速，属于恒转矩调速方式。由于 E_1 难于直接检测和直接控制，可以近似地保持定子电压 U_1 和频率 f_1 的比值为常数，即认为 $U_1 \approx E_1$，保持 U_1/f_1 = 常数。这就是恒压频比控制方式，是近似的恒磁通控制。

2）基频以上的弱磁变频调速。这是考虑由基频开始向上调速的情况。频率由额定值向上增大时，电压 U_1 由于受额定电压 U_{1N} 的限制不能再升高，只能保持 $U_1 = U_{1N}$ 不变，这必然会使主磁通随着 f_1 的上升而减小，相当于直流电动机弱磁调速的情况，即近似的恒功率调速方式。

由上面的讨论可知，异步电动机的变频调速必须按照一定的规律同时改变其定子电压和频率，基于这种原理构成的变频器即所谓的 VVVF（Variable Voltage Variable Freqency）调速控制，这也是通用变频器（VVVF）的基本原理。

根据 U_1 和 f_1 的不同比例关系，将有不同的变频调速方式。保持 U_1/f_1 为常数的比例控制方式适用于调速范围不太大或转矩随转速下降而减小的负载，例如风机、水泵等；保持 T 为常数的恒磁通控制方式适用于调速范围较大的恒转矩性质的负载，例如升降机械、搅拌机、传送带等；保持 P 为常数的恒功率控制方式适用于负载随转速的增大而减小的场合，例如主轴传动、卷绕机等。

【知识拓展】

变频器的外部运行操作

1. MM440 变频器的数字输入端口

MM440 变频器有六个数字输入端口，如图 1-30 所示。

2. 数字输入端口功能

MM440 变频器的六个数字输入端口（DIN1～DIN6），即端口"5""6""7""8""16""17"，每一个数字输入端口功能很多，用户可根据需要进行设置。参数号 P0701～P0706 为端口数字输入 1

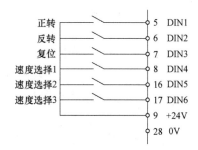

图 1-30　MM440 变频器的数字输入端口

功能~数字输入6功能,每一个数字输入功能设置参数值范围均为0~99,出厂默认值均为1。表1-7列出了其中几个常用的参数值及其功能。

现在用自锁按钮SB1和SB2、外部线路控制MM440变频器的运行,实现电动机正转和反转控制。其中端口"5"(DIN1)设为正转控制,端口"6"(DIN2)设为反转控制。对应的功能分别由P0701和P0702的参数值设置。具体接线如图1-31所示。

表1-7 MM440数字输入端口功能设置表

参数值	功能说明
0	禁止数字输入
1	ON/OFF1(接通正转、停车命令1)
2	ON/OFF1(接通反转、停车命令1)
3	OFF2(停车命令2),按惯性自由停车
4	OFF3(停车命令3),按斜坡函数曲线快速降速
9	故障确认
10	正向点动
11	反向点动
12	反转
13	MOP(电动电位计)升速(增加频率)
14	MOP降速(减少频率)
15	固定频率设定值(直接选择)
16	固定频率设定值(直接选择+ON命令)
17	固定频率设定值(二进制编码选择+ON命令)
25	直流注入制动

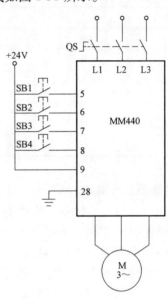

图1-31 变频器外部运行操作接线图

3. 参数设置

在变频器通电的情况下,完成相关参数设置,具体设置见表1-8。

表1-8 变频器参数设置

参数号	出厂值	设置值	说 明
P0003	1	1	设用户访问级为标准级
P0004	0	7	命令和数字I/O
P0700	2	2	命令源选择"由端子排输入"
P0003	1	2	设用户访问级为扩展级
P0004	0	7	命令和数字I/O
P0701	1	1	ON接通正转,OFF停止
P0702	1	2	ON接通反转,OFF停止
P0703	9	10	正向点动
P0704	15	11	反向点动
P0003	1	1	设用户访问级为标准级
P0004	0	10	设定值通道和斜坡函数发生器
P1000	2	1	由键盘(电动电位计)输入设定值
P1080	0	0	电动机运行的最低频率(Hz)

(续)

参数号	出厂值	设置值	说　明
P1082	50	50	电动机运行的最高频率（Hz）
P1120	10	5	斜坡上升时间（s）
P1121	10	5	斜坡下降时间（s）
P0003	1	2	设用户访问级为扩展级
P0004	0	10	设定值通道和斜坡函数发生器
P1040	5	20	设定键盘控制的频率值
P1058	5	10	正向点动频率（Hz）
P1059	5	10	反向点动频率（Hz）
P1060	10	5	点动斜坡上升时间（s）
P1061	10	5	点动斜坡下降时间（s）

4. 变频器运行操作

（1）正向运行　当按下带锁按钮 SB1 时，变频器数字端口"5"为 ON，电动机按 P1120 所设置的 5s 斜坡上升时间正向起动运行，经 5s 后稳定运行在 560r/min 的转速上，此转速与 P1040 所设置的 20Hz 对应。放开按钮 SB1，变频器数字端口"5"为 OFF，电动机按 P1121 所设置的 5s 斜坡下降时间停止运行。

（2）反向运行　当按下带锁按钮 SB2 时，变频器数字端口"6"为 ON，电动机按 P1120 所设置的 5s 斜坡上升时间反向起动运行，经 5s 后稳定运行在 560r/min 的转速上，此转速与 P1040 所设置的 20Hz 对应。放开按钮 SB2，变频器数字端口"6"为 OFF，电动机按 P1121 所设置的 5s 斜坡下降时间停止运行。

（3）电动机的点动运行

1）正向点动运行：当按下带锁按钮 SB3 时，变频器数字端口"7"为 ON，电动机按 P1060 所设置的 5s 点动斜坡上升时间正向起动运行，经 5s 后稳定运行在 280r/min 的转速上，此转速与 P1058 所设置的 10Hz 对应。放开按钮 SB3，变频器数字端口"7"为 OFF，电动机按 P1061 所设置的 5s 点动斜坡下降时间停止运行。

2）反向点动运行：当按下带锁按钮 SB4 时，变频器数字端口"8"为 ON，电动机按 P1060 所设置的 5s 点动斜坡上升时间反向起动运行，经 5s 后稳定运行在 280r/min 的转速上，此转速与 P1059 所设置的 10Hz 对应。放开按钮 SB4，变频器数字端口"8"为 OFF，电动机按 P1061 所设置的 5s 点动斜坡下降时间停止运行。

（4）电动机的速度调节　分别更改 P1040、P1058 和 P1059 的值，按上面操作过程，就可以改变电动机正常运行速度和正、反向点动运行速度。

（5）电动机实际转速测定　电动机运行过程中，利用激光测速仪或者转速测试表可以直接测量电动机实际运行速度。当电动机处在空载、轻载或者重载时，实际运行速度会根据负载的大小略有变化。

【评价标准】

三相异步电动机的调速运行具体完成情况按表 1-9 进行考核评价。

表 1-9 考核评价表

序号	考核内容	评价标准	评价方式	分数	得分
1	电动机调速	①理解电动机调速的原理 ②掌握电动机调速的方法	教师评价	40	
2	MM440 变频器使用	①正确分析变频器原理 ②正确接线和排故 ③安全用电，着装符合劳动保护要求，工位整洁	教师评价和小组成员互评结合	60	

【项目小结】

1）常用的低压电器有交流接触器、熔断器、热继电器、按钮、转换开关、断路器等。

2）电动机的连续运转运用了交流接触器的自锁功能。

3）电动机互锁方式有电气互锁、机械互锁，也可进行双重互锁。

4）多台电动机顺序起动时运用时间继电器完成自动控制，也可运用交流接触器辅助触点手动控制。

5）三相异步电动机起动时，为避免电动机在起动瞬间承受太大起动电流冲击，常常采用减压起动，常用的减压起动方式有串电阻减压起动、Y-△减压起动。

6）为使电力拖动系统快速停车或尽快减速，对三相异步电动机要采用制动控制，常用的制动方式有反接制动、能耗制动。

7）在实际工作中，电动机一个转速满足不了工作需要，因此对三相异步电动机进行调速，根据公式 $n = \dfrac{60f}{p}(1-s)$，采用不同的方式对电动机进行调速。

【思考与练习】

1. 电气互锁正反转与双重互锁正反转的区别是什么？
2. 时间继电器的动作过程是怎样的？
3. 若电动机有三台，实现第一台运转后，第二台 3s 后起动，再隔 5s 后起动第三台，停止按钮使三台电动机同时停止。试设计该控制电路。
4. 画出串电阻减压起动的安装接线图。
5. 画出能耗制动的安装接线图。
6. 根据电动机转速公式分析改变频率如何达到调速的目的。
7. 电动机正转运行控制，要求稳定运行频率为 40Hz，DIN3 端口设为正转控制。画出变频器外部接线图，并进行参数设置、操作调试。

项目二　典型机床电气控制电路的分析与检修

【学习目标】

1. 知识目标

1）了解 C6150 车床、Z3050 摇臂钻床、XA6132 万能升降台铣床的主要结构和运动形式。

2）掌握 C6150 车床、Z3050 摇臂钻床、XA6132 万能升降台铣床电气拖动的特点、控制要求。

3）掌握 C6150 车床、Z3050 摇臂钻床、XA6132 万能升降台铣床电路工作原理。

4）掌握 C6150 车床、Z3050 摇臂钻床、XA6132 万能升降台铣床电气故障分析的方法。

5）掌握常用机床的一般电气检修安全知识。

2. 技能目标

1）能够进行 C6150 车床、Z3050 摇臂钻床、XA6132 万能升降台铣床的基本加工操作。

2）能够正确使用基本的电工工具和常用的电气仪表。

3）能够正确分析常用机床（如 C6150 车床、Z3050 摇臂钻床、XA6132 万能升降台铣床）的电气控制原理图。

4）能够采用正确的检修步骤，排除 C6150 车床、Z3050 摇臂钻床、XA6132 万能升降台铣床的典型电气故障。

5）能够进行常用机床（如 C6150 车床、Z3050 摇臂钻床、XA6132 万能升降台铣床）的电气安装与调试。

3. 能力目标

1）具备操作常用机床（如 C6150 车床、Z3050 摇臂钻床、XA6132 万能升降台铣床）和排除常用机床典型电气故障的能力。

2）具备正确使用电气仪表和电工工具的能力。

3）具备一定的机床电气安装与调试的能力。

4）具备一定的分析问题、解决实际问题的能力。

5）具备一定的语言表达、动手操作和团结合作的能力。

6）具备一定的安全用电、急救的能力。

【内容提要】

任务一：C6150 车床电气控制电路分析与检修，主要内容包括 C6150 车床的主要结构和运动形式、C6150 车床的电气控制电路分析、C6150 车床典型故障分析及排除训练。

任务二：Z3050 摇臂钻床电气控制电路分析与检修，主要内容包括 Z3050 摇臂钻床的主要结构和运动形式、Z3050 摇臂钻床的电气控制电路分析、Z3050 摇臂钻床典型故障分析及排除训练。

任务三：XA6132万能升降台铣床电气控制电路分析与检修，主要内容包括XA6132万能升降台铣床的主要结构和运动形式、XA6132万能升降台铣床的电气控制电路分析、XA6132万能升降台铣床典型故障分析及排除。

任务一　C6150车床电气控制电路分析与检修

【任务描述】

C6150车床属于中型卧式车床，主要用来车削外圆、内圆、端面和螺纹等，如果加上尾架，还可以进行钻孔、铰孔和攻螺纹等加工，应用比较广泛。此任务主要针对C6150车床的电气控制电路的典型故障进行分析和排除，锻炼学生应用所学知识分析问题、解决实际问题的能力。

【任务分析】

要对C6150车床的电气控制电路故障进行检修，必须先要对C6150车床的主要结构有所了解，掌握C6150车床的电气控制特点及控制要求，重点要学会分析C6150车床的电气控制电路工作原理，分析清楚其主电路、控制电路的工作过程。然后根据典型故障现象，应用一定的测试方法，分析出故障可能出现的几个方面，最后再借助电工工具和电气仪表等进行故障的排除。

【任务实施】

一、C6150车床主要结构及运动情况

1）组成：C6150车床由床身、主轴变速箱、进给箱、溜板箱、刀架、尾架、丝杠和光杆组成。C6150车床的结构示意图如图2-1所示，C6150符号的含义如图2-2所示。

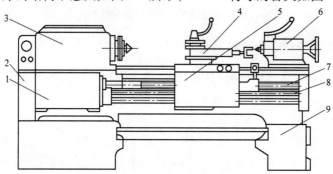

图2-1　C6150车床的结构示意图
1—进给箱　2—挂轮箱　3—主轴变速箱　4—溜板与刀架
5—溜板箱　6—尾座　7—光杆　8—丝杠　9—床身

2）运动：车床的主运动为工件的旋转运动，它是由主轴通过卡盘带动工件旋转的。主轴要求有变速功能。普通车床一般采用机械变速。车削加工时，一般不要求反转，但在加工

螺纹时，为避免乱扣，要求反转退刀，再以正向进刀继续进行加工，所以要求主轴能够实现正、反转。

车床的进给运动是溜板箱带动刀具（架）的横向或纵向的直线运动，其运动方式有手动、机动两种。加工螺纹时，工件的切削速度与刀架横向进给速度之间有严格的比例关系。所以，车床的主运动与进给运动由一台电动机拖动，并通过各自的变速箱来改变主轴转速与进给速度。

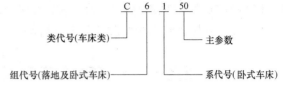

图 2-2　C6150 符号的含义

C6150 车床的溜板箱还能快速移动，这种运动称为辅助运动。

二、C6150 车床对电气控制的要求

根据 C6150 车床运动情况及加工需要，共采用三台三相笼型异步电动机拖动，即主轴与进给电动机 M1、冷却泵电动机 M2 和溜板箱快速移动电动机 M3。各台电动机的控制要求如下：

1) 主轴与进给电动机（简称主电动机）M1，功率为 20kW，允许在空载情况下直接起动。主轴与进给电动机要求实现正、反转，从而经主轴变速箱实现主轴正、反转，或通过交换齿轮箱传给溜板箱来拖动刀架实现刀架的横向左、右移动。

为便于进行车削加工前的对刀，要求主轴拖动工件做调整点动，所以要求主轴与进给电动机能实现单方向旋转的低速点动控制。

主电动机停车时，由于加工工件转动惯量较大，故需采用反接制动。

主电动机除具有短路保护和过载保护外，在主电路中还应设有电流监视环节。

2) 冷却泵电动机 M2，功率为 0.15kW，用于在车削加工时，供出切削液，对工件与刀具进行冷却；采用直接起动，单向旋转，连续工作；具有短路保护与过载保护。

3) 快速移动电动机 M3，功率为 2.2kW，由于溜板箱连续移动是短时工作，故 M3 只要求单向点动、短时运转，不设过载保护。

4) 电路还应有必要的联锁、保护以及安全可靠的照明电路。

三、C6150 车床电气控制电路分析

图 2-3 所示为 C6150 车床电气控制原理图。电气控制原理图的阅读分析方法如下：①先机后电；②先主后辅；③化整为零；④集零为整、统观全局；⑤总结特点。

1. 主电路分析

如图 2-3 所示，三相交流电源经低压断路器 QF 引入，FU1 为主电动机 M1 短路保护用熔断器，FR1 为 M1 过载保护用热继电器，R 为限流电阻，限制反接制动时的电流冲击，防止在点动时连续起动电流造成电动机的过载，通过电流互感器 TA 接入电流表来监视主电动机的线电流。KM1、KM2 分别为主电动机正、反转接触器，KM3 为主电动机制动限流接触器。

冷却泵电动机 M2 通过接触器 KM4 的控制来实现单向连续运转，FU2 为 M2 的短路保护用熔断器，FR2 为其过载保护用热继电器。

快速移动电动机 M3 通过接触器 KM5 控制实现单向旋转点动短时工作，FU3 为其短路保护用熔断器。

项目二 典型机床电气控制电路的分析与检修

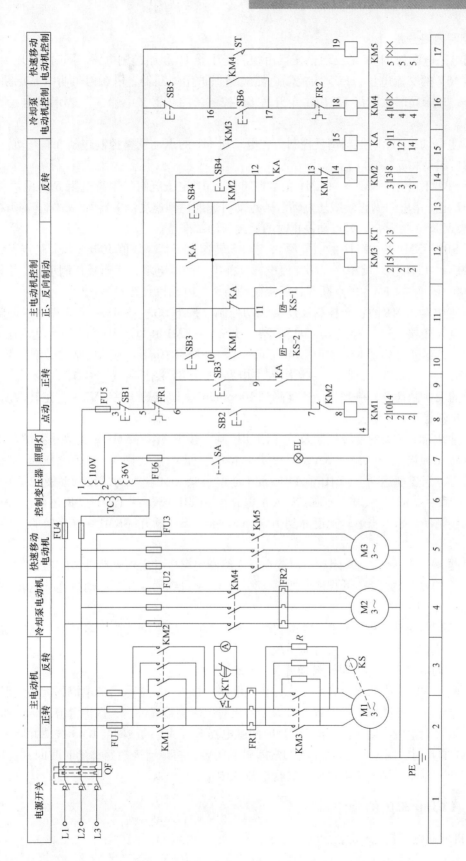

图2-3 C6150车床电气控制原理图

2. 控制电路分析

控制电路电源为 110V 的交流电压，由控制变压器 TC 供给控制电路。同时 TC 还为照明电路提供 36V 的交流电压，FU5 为控制电路短路保护用熔断器，FU6 为照明电路短路保护用熔断器，车床局部照明灯 EL 由主令开关 SA 控制。注：下文中"+"表示得电，"−"表示失电。

（1）主电动机 M1 的点动调整控制　主电动机 M1 的点动调整控制包括 M1 电动机的正转点动减压起动和反接制动。

按下 SB2 不松开→KM1＋（KM1 主触点闭合，M1 定子绕组经限流电阻 R 与电源接通）电动机 M1 定子串电阻做正转减压点动。若点动时速度达到速度继电器 KS 动作值 140r/min，KS 正转触点 KS-1 将闭合，为点动停止时的反接制动做准备。

松开 SB2→KM1－（KM1 触点复原），若 KS 转速大于其释放值 100r/min，触点 KS-1 仍闭合→KM2＋（M1 接入反相序三相交流电源，并串入限流电阻 R 进行反接制动），当 KS 转速达到 100r/min 时，KS-1 触点断开，反接制动结束，电动机自然停车。

（2）主电动机 M1 的正转控制及反接制动控制　按下 SB3→KM3＋（常开主触点闭合，将限流电阻 R 短接）→（触点 KA 5-15 闭合）KA＋→KM1＋（则 M1 进入全压起动正转连续运转状态，当速度达到 KS 动作值 140r/min 时）→KS-1 闭合（为反接制动做准备）→按下 SB1→KM1－、KM3－、KA－→R 串入主电路中→SB1 松开→（KM1 13-14 闭合）KM2＋，正转的反接制动开始→当运转速度降到 100r/min 时 KS-1 断开→KM2－，正转的反接制动结束→自然停车。

（3）主电动机 M1 的反转控制及反接制动控制　按下 SB4→KM3＋（常开主触点闭合，将限流电阻 R 短接）→（触点 KA 5-15 闭合）KA＋→KM2＋（则 M1 进入全压起动反转连续运转状态，当速度达到 KS 动作值 140r/min 时）→KS-2 闭合（为反接制动做准备）→按下 SB1→KM2－、KM3－、KA－→R 串入主电路中→SB1 松开→（KM2 7-8 闭合）KM1＋，反转的反接制动开始→当运转速度降到 100r/min 时，KS-2 断开→KM1－，反转的反接制动结束→自然停车。

接触器 KM1 与 KM2 的常闭触点串接在对方线圈电路中，实现电动机 M1 正反转的互锁。

（4）冷却泵电动机 M2 的控制　按下 SB6→KM4＋自锁，冷却泵电动机连续运转→按下 SB5，KM4－，M2 自然停车。

（5）刀架的快速移动电动机 M3 的控制　M3 的起动和停止是靠转动刀架手柄压动行程开关 ST 来控制 KM5 接触器的吸合而实现的。

（6）辅助电路　照明灯是用转换开关 SA 来控制的。

为了监控主电路中的电流大小，往往在主电路中接入电流表来检测电流的大小。但主电路负载的电流往往在刚刚起动时较大，为了防止对电流表造成冲击，保护电流表，就要在电流互感器 TA 线路中接入一个通电延时型时间继电器 KT，KT 的线圈与 KM3 线圈并联。起动时，在 KT 的延时时间未到之前，KT 的常闭触点闭合，将电流表短路；延时时间到，KT 常闭触点打开，电流表接入主电路中，进行电流的测量。

四、C6150 车床的操作

1）机床通电，合上 QF。

2）合上 SA，照明灯 EL 亮。

3）主轴电动机 M1 的控制。

①M1 的点动调整控制：按下 SB2 不松手，观察 M1 是否进行减压起动；松开 SB2，观察 M1 是否进行反接制动操作。

②M1 的正向起动、停止（制动）：按下 SB3，观察 M1 是否进行正转连续运转；按下 SB1，观察 M1 是否进行反接制动操作。

③M1 的反向起动、停止（制动）：按下 SB4，观察 M1 是否进行反转连续运转；按下 SB1，观察 M1 是否进行反接制动操作。

4）冷却泵电动机 M2 的控制：按下 SB6，观察 M2 电动机是否进行连续运转；按下 SB5，观察 M2 是否自然停止。

5）刀架快移电动机 M3 的控制：压下 ST，观察 M3 电动机是否运转。

6）机床断电，断开 SA，断开 QF。

五、C6150 车床常见故障分析与处理

（1）按下主电动机点动起动按钮，主电动机 M1 不能起动，KM1 不吸合　从故障现象中可以判断问题可能存在于主电动机 M1、主电路电源、控制电路 110V 电源以及与 KM1 相关的电路上，可从以下几个方面进行分析检查并排除：

1）先检查主电路和控制电路的熔断器 FU1、FU5 是否熔断，用万用表的电阻档进行检测，若发现所测的电阻无穷大，则熔体被熔断，更换熔断器的熔体。

2）若未发现熔断器熔断，检查热继电器 FR1 的触点或接线是否良好，或热保护是否动作过。如果热继电器已动作，则应找出相应的原因。热继电器动作的原因有：规格选择不当、可能机械部分被卡住、频繁起动的大电流使电动机过载。可使热继电器复位并将整定电流调大些，但一般不超过电动机的额定电流。

3）若热继电器未动作，检查停止按钮 SB1、起动按钮 SB2 的触点或接线是否良好，用万用表的电阻档进行检测，若所测电阻为无穷大，则表示未接好，需用螺钉旋具拧紧。

4）检查接触器 KM1 的线圈或接线是否良好，用万用表的电阻档进行检测，若所测电阻为无穷大，则表示未接好，需用螺钉旋具拧紧。

5）主电路中接触器 KM1 的主触点或接线是否良好，用万用表的电阻档进行检测，若所测电阻为无穷大，则表示未接好，需用螺钉旋具拧紧。

6）检查主电路中电阻 R 是否被损坏（开路），用万用表的电阻档进行检测，若所测电阻为无穷大，则表示电阻 R 已被损坏，需更换电阻 R。

7）若控制电路、主电路都完好，电动机仍然不能点动起动，故障必然发生在电源及电动机上，如电动机断线、电源电压过低等都会造成主轴电动机 M1 不能起动，KM1 不吸合。用万用表的电阻档进行电动机断线检测。用万用表的交流电压档检测控制电路部分的工作电压是否为 110V，注意此时要通电检测，注意安全。

（2）主电动机点动起动时起动电流过大，相当于全压起动时的情况　结合电路分析其原因可能有两个方面：

1）短接限流电阻 R 可能被击穿短路，用万用表的电阻档进行检测，如所测电阻为 0，则表示电阻 R 已被击穿，应进行更换。

2）短接限流电阻 R 的接触器 KM3 线圈虽未通电吸合，但由于其主触点发生粘连而断不开，造成 R 被短接，使 M1 处于全压起动。应检查 KM3 接触器是否存在触点粘连或衔铁机械上卡住而不能释放等情况，拆开 KM3 观察并用万用表的电阻档进行检测，若所测电阻为 0，则表示存在触点粘连或衔铁机械卡住的现象。

（3）主电动机正、反向起动时，检测电动机定子电流的电流表读数较大　这是由于时间继电器 KT 延时过短，主电动机起动尚未结束，而延时时间已到，造成过早地接入电流表，使电流表读数较大。可以调节 KT 的延时时间，使其保证在主电动机 M1 起动结束后延时足够时间再结束，这样对电流表的冲击就不会太大，电流表的读数就不会较大。

（4）主电动机反接制动时制动效果差　如果这一情况每次都发生，一般来说是由于速度继电器触点反力弹簧过紧（即速度继电器的下限速度值偏大），使触点过早复位，断开了反接制动电路，造成反接制动效果差。可把速度继电器触点的反力弹簧调松一些，延长一些触点复位时间，就会增加反接制动的时间，从而使反接制动真正起到作用。

若这种情况属于偶然发生，往往是由于操作不当造成的。若按下停止按钮时间过长，只有当松开 SB1 后，其常闭触点复位后接入反接制动电路，才能对 M1 进行反接制动。

（5）按下起动按钮 SB6，冷却泵电动机 M2 转动很慢，并发出嗡嗡声响　遇到这种情况，应马上切断电动机的电源，否则电动机会烧坏。从故障现象中可以判断出，这种状态为断相运行，问题可能存在于冷却泵电动机 M2、主电路电源及 KM4 的主触点上。可从以下几个方面进行分析检查并排除：

1）先检查总电源是否正常，用万用表的交流电压档测量三相电压是否稳定。

2）检查主电路 FU2 是否熔断，用万用表的电阻档进行检测，如果已熔断，更换熔断器的熔体。

3）再检查 KM4 的主触点或接线是否良好，用万用表的电阻档进行检测。

4）检查电动机定子绕组是否正常。采用万用表电阻档检查相间直流电阻是否平衡。

六、电气故障排除训练

（1）工具准备

1）工具：常用电工工具一套、测电笔、电烙铁等。

2）仪表：万用表、绝缘电阻表（习称兆欧表）等。

（2）实训内容及设备　借助 C6150 车床电气控制排故模拟装置进行电气控制电路的故障分析与处理。

（3）训练步骤

1）在掌握 C6150 车床电气控制原理的基础上，熟悉 C6150 车床电气控制模拟装置的基本结构及操作，明确各种电器的作用及位置。

2）查看装置背面各电气元件是否正常并安装牢靠，各故障设置开关是否处在正常状态（向上为正常状态，向下为故障状态），是否安装好接地线，是否放好绝缘垫，各开关是否打在分断位置。

3）在老师的监督下，接上三相电源，合上 QF。

4）按相应的按钮，检查 C6150 车床的各基本操作功能是否能正常实现。

5）由老师在 C6150 的主电路或控制电路中任意设置几个电气故障点，由学生自己诊断，分析故障原因并排除故障，并做好实训记录。

注意事项：

1）在操作过程中，应始终做到安全第一。在设备通电情况下，不随手乱摸，尽量不带电检修，若需带电检修，必须有指导老师在场监护。

2）排除故障时，必须修复故障点，不得采用更换电器元件或改动线路的方法，不得扩大故障范围，不得损坏各种电器元件。

3）在操作过程中，不要用力过大，不要速度过快，操作不宜过于频繁；要做好设备维护工作。若要更换电器配件，应按同规格型号配置，电动机在使用一段时间后，要做好电动机润滑保养工作。

4）故障排除完成后，将各开关置于原位。

【知识拓展】

常用电气部分故障诊断方法

（1）分析法　根据工作原理、控制原理和控制电路，结合感官诊断。弄清故障所属的系统，分析故障原因，确定故障范围。先主后辅，分析时要善用逻辑推理法。

（2）短路法　把电气通道的某处短路或某一中间环节引导线跨接，如图2-4所示。采用短路法时需注意不要影响电路的工况。

为避免此法造成电源回路短路，可在短接线上加装熔丝来保护。

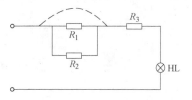

图2-4　短路法示意图

（3）开路法　开路法也叫断路法，即甩开与故障疑点连接的负载（机械或电气负载），使其空载或临时接一个假负载。甩开负载后可先检查本级，如果工作正常，则故障可能出在后级。若电路工作仍不正常，则故障在开路点之前。这种方法主要用于检查过载、低压故障。

（4）切割法　把与设备相连接的有关部分进行切割分区，以逐步缩小可疑范围。

（5）替代法　替代法又称替换法，即对有怀疑的电器元件或零部件用正常完好的电器元件或零部件替换，以确定故障原因和故障部位。该法适用于容易拆装的零部件，如机械方面的传动带、螺杆和轴承等。

（6）菜单法　将各种原因顺序罗列出来，然后一个一个地查找和验证。此方法呆板，只能针对单一的简单故障，适合初学者使用。

（7）对比法　把故障设备的有关参数或运行工况和正常设备进行比较。某些设备的有关参数往往未必能从技术资料中查到，设备中有些零部件的性能参数在现场也难以判断其好坏。

（8）扰动法　对运行中的机械或电气设备人为地加以扰动，观察设备运行工况的变化，捕捉故障发生的现象。此方法用于设备短时间内偶然出现的随机性故障。一般要诊断此类故障比较困难。

（9）再现故障法　运行设备，让故障现象再次出现，以找出故障所在。再现故障时，机械上主要观察齿轮啮合是否正常、各运动关系是否正确，振动时螺栓或端盖等是否有松动；电器方面有关继电器是否按控制顺序进行工作，若发现哪个工作不对，则说明该电器所在回路或相关回路有故障。此法实施时，必须确认不会发生事故，或在做好安全措施的情况下进行。

总之，各种故障诊断方法各有特点，要根据故障现象的特点灵活地组合应用。

【评价标准】

可采用技能考核的方式对学生分析与处理 C6150 车床故障的能力进行评价，要求在规定的时间内完成故障的检查和排除。说明每个故障所在的可能位置，分析故障性质及可能造成的后果。考核标准见表 2-1。

表 2-1　考核评价表

序号	考核内容	评价标准	评价方式	分数	得分
1	C6150 车床电路原理分析	能正确分析电路原理	教师评价	15	
2	C6150 车床故障分析诊断与排除	①能准确查找故障位置 ②能正确排除故障 ③能够按规范进行安全操作	教师评价	50	
3	学习态度	①认真、主动参与学习，守纪律 ②具有团队成员合作的精神 ③爱护实训室环境卫生	教师评价 小组成员互评	35	

任务二　Z3050 摇臂钻床电气控制电路分析与检修

【任务描述】

钻床是一种用途广泛的孔加工机床。它主要是用钻头钻削精度要求不太高的孔，另外还可用来扩孔、铰孔、镗孔，以及刮平面、攻螺纹等。钻床一般分为立式钻床、深孔钻床和多轴钻床等。Z3050 摇臂钻床是一种立式钻床，它适用于单件或批量生产中带有多孔的大型零件的孔加工。此任务主要针对 Z3050 摇臂钻床的电气控制电路的典型故障进行分析和排除，锻炼学生分析问题、解决实际问题的能力。

【任务分析】

要对 Z3050 摇臂钻床的电气控制电路故障进行检修，必须先对 Z3050 摇臂钻床的主要结构有所了解，掌握 Z3050 摇臂钻床的电气控制特点及控制要求，重点要会分析 Z3050 摇臂钻床的电气控制电路工作原理，分析清楚其主电路、控制电路的工作过程。然后根据典型故障现象，应用一定的测试方法，分析出故障可能出现的几个方面，最后再借助电工工具和电气仪表等进行故障的排除。

【任务实施】

一、Z3050 摇臂钻床的主要结构

Z3050 摇臂钻床主要由外立柱、内立柱、底座、摇臂升降丝杠、摇臂、主轴箱、主轴和

工作台等组成，其最大钻孔直径为 50mm。Z3050 摇臂钻床的主要结构如图 2-5 所示，Z3050 符号的含义如图 2-6 所示。

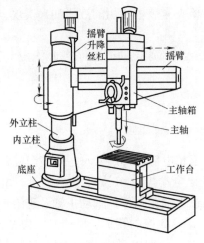

图 2-5　Z3050 摇臂钻床的主要结构

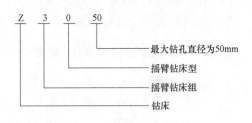

图 2-6　Z3050 符号的含义

立柱固定在底座上，在它外面套着空心的外立柱，外立柱可以绕着内立柱回转一周，摇臂一端的套筒部分与外立柱滑动配合，借助于丝杠，摇臂可沿着外立柱上下移动，但两者不能做相对移动，所以摇臂将与外立柱一起相对于内立柱回转。主轴箱是一个复合的部件，它具有主轴及主轴旋转部件和主轴进给的全部变速和操纵机构。主轴箱可沿着摇臂上的水平导轨做径向移动。进行加工时，可利用特殊的夹紧机构将外立柱紧固在内立柱上，摇臂紧固在外立柱上，主轴箱紧固在摇臂导轨上，然后进行钻削加工。

二、Z3050 摇臂钻床的运动形式

1）主运动：主轴的旋转运动。

2）进给运动：主轴的垂直移动，主轴的轴向进给。即主轴一面旋转一面做纵向进给。

3）辅助运动：摇臂在外立柱上的升降运动、摇臂与外立柱一起沿内立柱的转动、主轴箱在摇臂上的水平移动及摇臂与主轴箱间的夹紧与放松、摇臂与外立柱间的夹紧与放松、内外立柱间的夹紧与放松运动。

三、电力拖动的特点及控制要求

1）主轴的旋转运动由主轴电动机来承担，主轴的垂直轴向进给运动是在主轴旋转的情况下由操作人员转动手柄垂直向下运动，因此这两种运动由一台主轴电动机拖动，分别经主轴传动机构、进给传动机构来实现主轴的旋转与进给任务。

为了适应多种加工方式的要求，主轴及进给应在较大范围内调速。但这些调速都是机械调速，用手柄操作变速箱调速，对电动机无任何调速要求。主轴变速机构与进给变速机构在一个变速箱内，由主轴电动机拖动。

加工螺纹时要求主轴能正反转。摇臂钻床的主轴正反转一般用机械方法实现，因此主轴电动机只需单方向旋转。

2）摇臂与外立柱一起沿内立柱的回转及主轴箱在摇臂上的水平径向移动都采用手动。

3）摇臂在外立柱上的升降运动由摇臂电动机来承担，要求能实现正反转。

4）摇臂和主轴箱间的夹紧与放松、摇臂和外立柱间的夹紧与放松以及内外立柱间的夹紧与放松均由一台液压泵电动机拖动一台齿轮泵来供给夹紧装置所用的液压油来实现，要求这台电动机能正、反转。

5）钻削加工时，为对刀具及工件进行冷却，需要一台冷却泵电动机拖动冷却泵输送切削液。

6）各部分电路之间有必要的保护和联锁。

四、Z3050 摇臂钻床的控制电路分析

1. 主电路分析

图 2-7 所示为 Z3050 摇臂钻床电气控制原理图，三相电源经 QF 引入，给整个控制电路供电，熔断器 FU1 为整个电路进行短路保护。共有 4 个电动机，M1 是主轴电动机，由 KM1 控制通断，FR1 作过载保护，只要求单方向旋转，装在主轴箱顶部，带动主轴及进给传动系统。M2 是摇臂升降电动机，装于主轴顶部，用 KM2 和 KM3 控制其正、反转。因为 M2 工作时间不长，故可以不设过载保护。M3 是液压泵电动机，分别由 KM4 和 KM5 来控制其正、反转，来供给夹紧装置液压油，实现摇臂和立柱的夹紧与松开。M4 是冷却泵电动机，功率小，可以不设过载保护，直接用 QF 控制起动与停止。

2. 控制电路分析

控制电路部分的工作电压分别为交流 110V、6.3V、24V，是经 TC 转换而来的。24V 供给照明灯使用，6.3V 供给立柱和摇臂夹紧、放松及主轴电动机工作指示灯使用，110V 供给主轴、摇臂、液压泵等控制电路使用。

（1）主轴电动机 M1 的控制 按下 SB2→KM1＋自锁→M1 电动机连续运转，主轴指示灯 HL3 亮。按下 SB1→KM1－→M1 停转，HL3 灯灭。

（2）摇臂升降电动机 M2 和液压泵电动机 M3 的控制 摇臂的移动严格按照摇臂松开→摇臂移动→移动到位摇臂夹紧的程序进行。因此摇臂升降电动机 M2 的动作需要液压泵电动机 M3 的配合。

按下摇臂下降点动按钮 SB4→KT＋、KM＋→KM（14-15 闭合）、KT（5-20 闭合）→KM4＋、电磁阀 YA＋→M3 旋转，拖动液压泵送出液压油，液压油经两位六通电磁换向阀进入摇臂松开油腔→推动活塞和菱形块，使摇臂松开，同时活塞杆通过弹簧片压动 ST3 使其闭合，同时 ST2 被压下→ST2（7-14）断开，使 KM4－、ST2（7-9）闭合，使 KM3＋→M3 停转，M2 运转→摇臂沿外立柱下降。

当摇臂下降到所需位置时→松开 SB4→KM3－、KM－、KT－→M2 停转，摇臂停止下降，经 1~3s 后，KT（17-18）闭合，KM5＋（此时 ST3 仍闭合）→M3 反转，YA 仍处在吸合状态，液压泵反向供给液压油，液压油经两位六通电磁换向阀进入摇臂夹紧油腔，反向推动活塞和菱形块，使摇臂夹紧，同时活塞杆通过弹簧片释放 ST3，使其断开，同时 ST2 恢复→KM5－、YA－，液压泵 M3 停止。

按下摇臂上升点动按钮 SB3→KT＋、KM＋→KM（14-15 闭合）、KT（5-20 闭合）→KM4＋、电磁阀 YA＋→M3 旋转，拖动液压泵送出液压油，液压油经两位六通电磁换向阀进入摇臂松开油腔→推动活塞和菱形块，使摇臂松开，同时活塞杆通过弹簧片压动 ST3 使其闭合，同时 ST2 被压下→KM4－、KM2＋→M3 停转，M2 运转→摇臂沿外立柱上升。

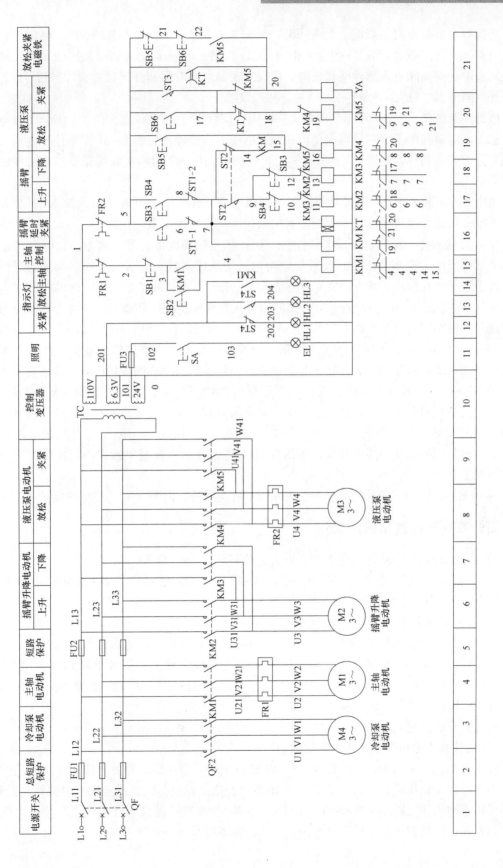

图2-7 Z3050摇臂钻床电气控制原理图

当摇臂上升到所需位置时，松开 SB3→KM2 - 、KM - 、KT - →M2 停转，摇臂停止上升，经 1～3s 后，KT（17-18）闭合 KM5 + →M3 反转，液压泵反向供给液压油，液压油经两位六通电磁换向阀进入摇臂夹紧油腔，使摇臂夹紧。同时活塞杆通过弹簧片释放 ST3，使其断开。同时 ST2 恢复→KM5 - 、YA - ，液压泵停止。

值得注意的是，在 KT 断电延时的 1～3s 内，KM3 处于断电状态，而 YA 仍处于通电状态，这段延时就确保了摇臂升降电动机在断开电源后靠惯性再旋转 1～3s 完全停止之后，才开始摇臂的夹紧动作，所以 KT 延时时间的长短依电动机 M2 切断电源到完全停止的惯性大小来调整。

图中 ST1-1 和 ST1-2 为摇臂升降行程的限位控制。摇臂的上升和下降线圈 KM2 和 KM3 采用了双重机械互锁，液压泵实现的摇臂的放松和夹紧采用了电气互锁。

(3) 立柱和主轴箱的松开或夹紧控制　摇臂和主轴箱间的夹紧与放松，摇臂和外立柱间的夹紧与放松，内外立柱间的夹紧与放松均采用液压来操纵夹紧与放松，都是同时运行的。按下点动松开按钮 SB5→KM4 + →电动机 M3 正转，拖动液压泵送出液压油。此时电磁阀 YA 不通电，液压油经两位六通电磁换向阀进入立柱和主轴松开油腔，推动活塞和菱形块使立柱和主轴箱同时松开。当立柱和主轴箱松开后，行程开关 ST4 被压下，ST4（201-203）闭合，指示灯 HL2 亮，表示立柱与主轴箱已松开。于是可以手动操作主轴箱在摇臂的水平导轨上移动，或推动摇臂与外立柱一起绕内立柱回转。当移动或回转到位后，按下夹紧按钮 SB6→KM5 + →电动机 M3 反转，拖动液压泵反向供给液压油，此时电磁阀 YA 仍不通电，液压油经两位六通电磁换向阀进入立柱和主轴夹紧油腔，反向推动活塞和菱形块，使立柱和主轴箱同时夹紧。当已确认夹紧，ST4 不再受压复位，ST4（201-203）打开复位，指示灯 HL2 灭，ST4（201-202）闭合复位，指示灯 HL1 亮，表示立柱与主轴箱均已夹紧，可以进行钻削加工。

(4) 照明灯控制　照明灯是由转换开关 SA 来控制的，由 FU3 对其作短路保护。

五、Z3050 摇臂钻床的操作

1）合上电源开关 QF，机床上电，再合上照明开关 SA，灯 EL 亮。

2）主轴电动机 M1 的控制：按下 SB2，观察 M1 是否连续运转，主轴指示灯 HL3 是否亮，按下 SB1，M1 是否停转，HL3 是否灯灭。

3）摇臂升降电动机 M2 和液压泵电动机 M3 的控制。

按下摇臂下降点动按钮 SB4，观察 M3 是否旋转，若旋转，摇臂将松开，松开后，观察 M3 是否停转，M2 是否旋转，若旋转，摇臂将沿外立柱下降。当摇臂下降到所需位置时，松开 SB4，观察 M2 是否停转，摇臂是否停止下降，若是，经 1～3s 后，观察 M3 是否反转，若反转，将使摇臂夹紧，液压泵 M3 停止。

摇臂上升的过程同上。

4）立柱和主轴箱的松开或夹紧控制。

按下点动松开按钮 SB5，观察电动机 M3 是否正转，若正转，将使立柱和主轴箱同时松开。当立柱和主轴箱松开后，观察指示灯 HL2 是否亮，若亮，则表示立柱与主轴箱已松开。于是可以手动操作主轴箱在摇臂的水平导轨上移动，或推动摇臂与外立柱一起绕内立柱回转。当移动或回转到位后，按下夹紧按钮 SB6，观察电动机 M3 是否反转，若反转，将使立柱和主轴箱同时夹紧，观察指示灯 HL2 是否灭，指示灯 HL1 是否亮，若 HL1 亮，表示立柱与主轴箱均已夹紧，可以进行钻削加工。

5）机床断电。

六、Z3050 摇臂钻床常见故障分析与处理

（1）摇臂不能松开　摇臂做升降运动的前提是摇臂必须完全松开。摇臂和主轴箱、立柱的松、紧都是通过液压泵电动机 M3 的正、反转来实现的，因此应按以下几个方面依次检测：

1）先检查主轴箱和立柱的松、紧是否正常。

2）如果正常，则说明故障不在两者的公共电路中，而在摇臂松开的专用电路上，如时间继电器 KT 的线圈有无断线，其常开触点（5-20）在闭合时是否接触良好，限位开关 ST1 的触点 ST1-1（6-7）、ST1-2（8-7）有无接触不良等。

3）如果主轴箱和立柱的松开也不正常，则故障多发生在接触器 KM4 和液压泵电动机 M3 这部分电路上，如 KM4 线圈断线、主触点接触不良、KM5 的动断互锁触点（15-16）接触不良等。如果是 M3 或 FR2 出现故障，则摇臂、立柱和主轴箱既不能松开，也不能夹紧。

（2）摇臂升降到位后夹不紧　如果摇臂升降到位后夹不紧（不是不能夹紧），通常是行程开关 ST3 的故障造成的。如果 ST3 移位或安装位置不当，使 ST3 在夹紧动作未完全结束就提前恢复，M3 提前停转，从而造成夹不紧。

（3）摇臂不能上升，但能下降　摇臂能下降，但不能上升，说明问题没有在摇臂上升与下降控制电路的公共电路上，而是在摇臂上升的单独线圈上。可从以下几方面检查：

1）首先检查上升起动按钮 SB3 触点或其接线是否良好。

2）检查行程开关 ST1-1 触点或其连接线是否良好。

3）检查行程开关 ST2 触点或其连接线是否良好，按下 ST2，用万用表的电阻档测 7-9 之前的电阻是否为 0。

4）检查按钮 SB4 常闭触点或其连接线是否良好。

5）检查接触器 KM3 的辅助触点或接线是否良好。

6）检查接触器 KM2 的线圈或接线是否良好。

7）检查主电路中接触器 KM2 的主触点或接线是否良好。

8）检查液压、机械部分，特别是油路是否堵塞。

（4）液压泵电动机只能放松，不能夹紧　从故障现象中可以判断出，液压泵电动机 M3、主电路电源、控制电路 110V 电源是正常的，故障可能出现在以下几个方面：

1）检查夹紧起动按钮 SB6 触点或接线是否良好。

2）检查时间继电器 KT 触点或接线是否良好。

3）检查接触器 KM4 的辅助触点或接线是否良好。

4）检查接触器 KM5 的线圈或接线是否良好。

5）检查主电路中接触器 KM5 的主触点或接线是否良好。

6）检查液压、机械部分，特别是油路是否堵塞。

（5）摇臂不能上升也不能下降　摇臂不能上升也不能下降，故障可能出现的方面有些

多，可从以下几个方面进行分析，并采用万用表的电阻档进行检测：

1）首先检查放松起动按钮 SB5 触点或接线是否良好。
2）检查接触器 KM5 的辅助触点或接线是否良好。
3）检查接触器 KM4 的线圈或接线是否良好。
4）检查时间继电器 KT 触点（5-20）或接线是否良好。
5）检查电磁阀 YA 的线圈或接线是否良好。
6）检查热继电器 FR2 的触点或接线是否良好。
7）检查摇臂升降电动机 M2 的线圈或接线是否良好。
8）检查主电路电源、控制电路 110V 电源是否正常。
9）检查液压、机械部分，特别是油路是否堵塞。

（6）主轴电动机 M1 不能起动 主轴电动机 M1 不能起动，问题相对简单些，只需沿着主轴电动机的控制电路进行分析，借助万用表进行检测，可从以下几个方面进行分析处理：

1）首先检查主电路的熔断器 FU1 是否熔断。若发现熔断，更换熔断器的熔体。
2）若未发现熔断器熔断，检查热继电器 FR1 的触点或接线是否良好，或热保护是否动作过。如果热继电器已动作，则应找出动作的原因。
3）若热继电器未动作，检查停止按钮 SB1、起动按钮 SB2 的触点或接线是否良好。
4）检查接触器 KM1 的线圈或接线是否良好。
5）主电路中接触器 KM1 的主触点或接线是否良好。
6）若控制电路、主电路都完好，电动机仍然不能起动，故障必然发生在电源及电动机上，如电动机断线、电源电压过低都会造成主轴电动机 M1 不能起动，KM1 不吸合。

七、电气故障排除训练

（1）工具准备
1）工具：常用电工工具一套、测电笔、电烙铁等。
2）仪表：万用表、兆欧表等。

（2）实训内容及设备 借助 Z3050 摇臂钻床电气控制排故模拟装置进行电气控制电路的故障分析与处理。

（3）训练步骤
1）在掌握 Z3050 摇臂钻床电气控制原理的基础上，熟悉 Z3050 摇臂钻床电气控制模拟装置的基本结构及操作，明确各种电器的作用及位置。
2）查看装置背面中各电气元件是否正常并安装牢靠，各故障设置开关是否处在正常状态（向上为正常状态，向下为故障状态），是否安装好接地线，是否放好绝缘垫，各开关是否打在分断位置。
3）在老师的监督下，接上三相电源，合上 QF。
4）按相应的按钮，检查 Z3050 摇臂钻床的各基本操作功能是否能正常实现。
5）由老师在 Z3050 摇臂钻床的主电路或控制电路中任意设置几个电气故障点，由学生自己诊断，分析故障原因并排除故障，并做好实训记录。

注意事项：
1）在操作过程中，应始终做到安全第一。在设备通电情况下，不随手乱摸，尽量不带电检修，若需带电检修，必须有指导老师在场监护。

2）排除故障时，必须修复故障点，不得采用更换电器元件或改动线路的方法，不得扩大故障范围，不得损坏各种电器元件。

3）在操作过程中，不要用力过大，不要速度过快，操作不宜过于频繁；要做好设备维护工作。若要更换电器配件，应按同规格型号配置，电动机在使用一段时间后，要做好电动机润滑保养工作。

4）故障排除完成后，将各开关置于原位。

【知识拓展】

车床电气设备的日常维护与保养

车床主要由机械和电气两大部分构成，其中电气部分是指挥每台设备工作的控制系统，因此做好电气设备的维修和保养工作，是保证车床工作可靠、提高其使用寿命的重要途径。

1）电气设备的维修要求。车床电气设备发生故障后，维修人员要及时、熟练地查出故障，并加以排除，使机床尽早恢复正常运行。对电气设备维修的一般要求如下：

①采取的维修步骤和方法必须正确，切实可行。

②不得损坏完好的元器件。

③不得随意更换元器件及连接导线的型号规格。

④不得擅自改动线路。

⑤损坏的电气装置应尽量修复使用，但不得降低其固有的功能。

⑥电气设备的各种保护性能必须满足使用要求。

⑦电气绝缘合格，通电试车能满足电路的各种功能，控制环节的动作程序符合要求。

⑧修理后的电气装置必须满足其质量标准要求。

2）配合工业机械一级保养进行电器设备的维护与保养工作。金属切削机床的一级保养一般在一季度左右进行一次，机床作业时间常在6~12h。这时，可对机床电气柜内的电器元件进行如下维护与保养：

①清扫电气柜内的积灰异物。

②修复或更换即将损坏的电器元件。

③整理内部接线，使之整齐美观。特别是在平时应急修理处，应尽量复原成正规状态。

④紧固熔断器的可动部分，使之接触良好。

⑤紧固接线端子和电器元件上的压线螺钉，使所有压接线头牢固可靠，以减小接触电阻。

⑥对电动机进行小修和中修检查。

⑦通电试车，使电动元件的动作程序正确可靠。

3）配合工业机械二级保养进行电器设备的维护与保养工作。金属切削机床的二级保养一般在一年左右进行一次，机床作业时间常在3~6天，此时，可对机床电气柜内的电器元件进行如下维护与保养：

①机床一级保养时，对机床电器所进行的各项维护保养工作，在二级保养时仍需照例进行。

②着重检查动作频繁且电流较大的接触器、继电器触点。为了承受频繁切合电路所受的机械冲击和电流的烧损，多数接触器和继电器的触点均采用银或银合金制成，其表面会自然形成一层氧化银或硫化银，它并不影响导电性能，这是因为在电弧的作用下它还能还原成

银，因此不要随意清除掉。即使这类触点表面出现烧毛或凹凸不平的现象，仍不会影响触点的良好接触，不必修整锉平（但铜质表面烧毛后应及时修平）。但触点严重磨损至原厚度的1/2及以下时应更换触点。

③检修有明显噪声的接触器和继电器，找出原因并修复后方可继续使用，否则应更换新件。

④校验热继电器，看其是否能正常动作。校验结果应符合热继电器的动作特性。

⑤校验时间继电器，看其延时时间是否符合要求。如果误差超过允许值，应调整或修理，使之重新达到要求。

【评价标准】

可采用技能考核的方式对学生分析与处理故障的能力进行评价，要求在规定的时间内完成故障的检查和排除。说明每个故障所在的可能位置，分析故障性质及可能造成的后果。

考核标准见表2-2。

表2-2　考核评价表

序号	考核内容	评价标准	评价方式	分数	得分
1	Z3050摇臂钻床电路原理分析	能正确分析电路原理	教师评价	15	
2	Z3050摇臂钻床故障分析诊断与排除	①能准确查找故障位置 ②能正确排除故障 ③能够按规范进行安全操作	教师评价	50	
3	学习态度	①认真、主动参与学习，守纪律 ②具有团队成员合作的精神 ③爱护实训室环境卫生	教师评价 小组成员互评	35	

任务三　XA6132万能升降台铣床电气控制电路分析与检修

【任务描述】

铣床主要用来加工平面、斜面、沟槽；装上分度头后，可以铣削直齿轮和螺旋面；加装圆工作台后，可以铣削凸轮和弧形槽，是一种通用的多用途机床。铣床一般分为卧铣、立铣、龙门铣、仿形铣和专门铣床等。本任务主要针对XA6132卧式万能铣床的电气控制电路的典型故障进行分析和排除，锻炼学生分析问题、解决实际问题的能力。

【任务分析】

要对XA6132万能升降台铣床的电气控制电路故障进行检修，必须对XA6132万能升降台铣床的主要结构有所了解，掌握XA6132万能升降台铣床的电气控制特点及控制要求，重点要会分析XA6132万能升降台铣床的电气控制电路工作原理，分析清楚其主电路、控制电路的工作过程。然后根据典型故障现象，应用一定的测试方法，分析出故障可能出现的几个方面，最后再借助电工工具和电气仪表等进行故障的排除。

【任务实施】

一、XA6132 万能升降台铣床的主要结构

箱形的床身固定在底座上,在床身内装有主轴传动机构和主轴变速机构。在床身的顶部有水平导轨,其上装着带有一个或两个刀杆支架的悬梁。刀杆支架用来支承安装铣刀心轴的一端,而心轴的另一端固定在主轴上。在床身的前方有垂直导轨,一端悬持的升降台可沿垂直导轨做上下移动,升降台上装有进给传动机构和进给变速机构。在升降台上面的水平导轨上装有溜板,溜板在其上做平行主轴轴线方向的运动(横向移动,又称前后运动),溜板上方装有可转动部分,转动部分对溜板可绕垂直轴线转动一个角度。在转动部分上又有导轨,导轨上安放有工作台,工作台在转动部分的导轨上做垂直于主轴轴线方向的运动(纵向移动,又称左右运动)。因此工作台在上下、前后、左右三个相互垂直的方向上均可运动,再加上转动部分可对溜板垂直轴线转动一个角度,所以工作台还能在主轴轴线倾斜方向运动,从而完成铣螺旋槽的加工。为扩大铣削能力,还可在工作台上安装圆工作台。XA6132 万能升降台铣床的主要结构如图 2-8 所示。

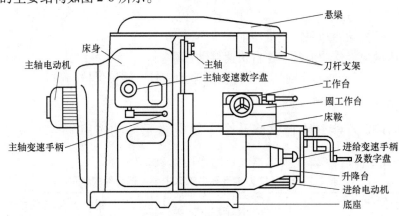

图 2-8 XA6132 万能升降台铣床的主要结构

二、XA6132 万能升降台铣床的运动形式

铣床的运动形式包括:主运动、进给运动及辅助运动。

1)主运动:铣刀的旋转运动,即主轴的旋转运动。

2)进给运动:工件夹持在工作台上,在垂直于铣刀轴线方向做直线运动。进给运动包括工作台上下、前后、左右三个相互垂直方向上的运动。

3)辅助运动:工件与铣刀相对位置的调整运动,即工作台在上下、前后、左右三个相互垂直方向上的快速直线运动及工作台的回转运动。

三、XA6132 万能升降台铣床电气控制要求

1)结构上,主轴传动系统在床身内,进给系统在升降台内。主运动与进给运动之间没有速度比例协调的要求,故采用单独传动。

2)主轴电动机空载起动,能进行顺铣和逆铣,用正、反转来实现。在加工前需预选,

在加工中方向不改变。

3) 铣削加工是多切削刃不连续加工,为减轻负载波动,往往在主轴传动系统中加入飞轮,使转动惯量加大。但为实现主轴快速停车,对主轴电动机应设有停车制动。主轴在上刀时,应使主轴不能旋转,也应使主轴有制动功能。XA6132万能升降台铣床采用电磁离合器控制主轴停车制动和上刀制动。

4) 工作台的垂直、横向和纵向三个方向的运动由一台进给电动机拖动,由操纵手柄改变传动链来实现。每个方向又有正、反转,这就要求进给电动机能正、反转,且同一时间只允许有一个方向的移动,故应有联锁保护。

5) 使用圆工作台时,工作台不得移动。即圆工作台的旋转运动与工作台的上下、左右、前后六个方向的运动之间有联锁控制。

6) 为适应铣削加工需要,主轴转速与进给速度应有较宽的调节范围。XA6132万能升降台铣床采用机械变速,通过改变变速箱的传动比(改变齿轮传动比)来实现较宽的调整区间,为保证变速时齿轮易于啮合,减少齿轮端面的冲击,要求变速时电动机有冲动控制(瞬时转动一下,带动齿轮系统抖动,使变速齿轮顺利啮合)。

7) 主轴旋转和工作台进给应有先后顺序,进给运动要在铣刀旋转(主轴旋转)之后进行,加工结束后必须先停止进给运动,再使铣刀停转。

8) 由电动机拖动冷却泵,提供切削液。

9) 有机床两地操作功能及工作台快速移动控制。

10) 工作台上下、左右、前后六个方向的运动应具有限位保护。

11) 设有局部照明电路。

四、XA6132万能升降台铣床几个主要电器元件的作用

XA6132万能升降台铣床主要电器元件的作用见表2-3。

表2-3 XA6132万能升降台铣床主要电器元件的作用

YC1:主轴制动电磁摩擦离合器,装在主轴传动轴上	SA1:冷却泵控制开关	SQ1、SQ2:工作台纵向(左右)进给限位开关
YC2:进给移动电磁离合器,在进给传动轴上	SA2:主轴上刀制动开关	SQ3、SQ4:工作台横向(前后)、升降(上下)进给限位开关
YC3:快速进给方向移动电磁离合器	SA3:圆工作台转换开关(三对触点)	SQ5:主轴变速冲动行程开关
	SA4:主轴换向开关	SQ6:工作台进给变速冲动开关
	SA5:照明灯开关	

五、XA6132万能升降台铣床的控制电路分析

1. 主电路分析

如图2-9所示,三相电源经QF1引入,给整个控制电路供电,SQ7实现打开电器柜即断电的保护功能。主电路共有3个电动机,M1是主轴拖动电动机,由KM1和KM2控制其正、反转,FR1作过载保护。M2是工作台进给拖动电动机,装于主轴顶部,用KM3和KM4控制其正、反转,FR2作过载保护。M3是冷却泵拖动电动机,由KA3来直接起动,FR3作过载保护。

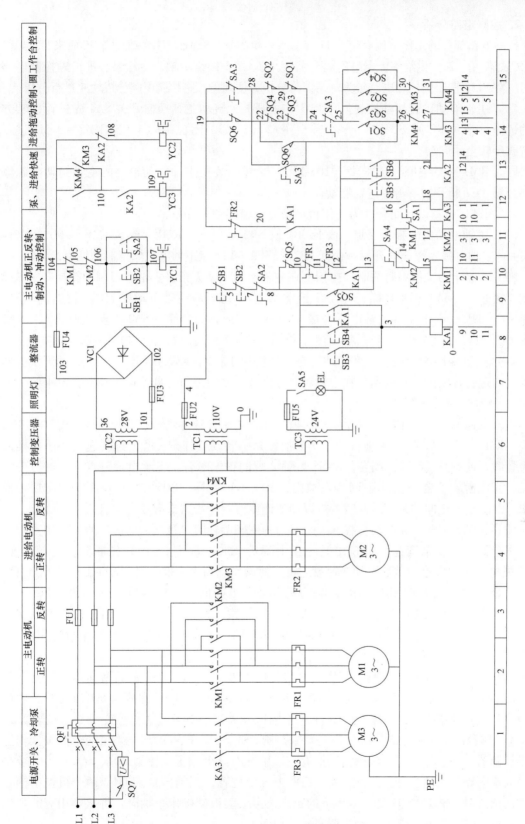

图2-9 XA6132万能升降台铣床电气控制原理图

2. 控制电路分析

控制电路部分的工作电压有交流 110V、28V 和 24V，分别经 TC1～TC3 转换而来，24V 供给照明灯使用，28V 供给整流器电磁离合器使用，110V 供给主轴、冷却泵、进给等控制电路使用。XA6132 铣床的控制电路较为复杂，为分析方便起见，将控制电路分成块来进行分析。

（1）主轴电动机的起动控制　合上 QF1 主开关，转动主轴换向开关 SA4 先进行主轴方向的选择，按下 SB3 或 SB4→KA1＋自锁→KA1（12-13）闭合→KM1＋或 KM2＋，M1 进行正转或反转全压起动。

同时 KM1（104-105）或 KM2（105-106）断开→装在主轴传动轴上的主轴制动电磁摩擦离合器 YC1 断开，不需要进行制动。

同时 KA1（12-20）闭合，为工作台进给与快速移动做准备。

（2）主轴电动机的制动控制　按下 SB1 或 SB2→KA－、KM1－或 KM2－→M1 断电→YC1＋→主轴电磁摩擦制动开始→松开 SB1 或 SB2→YC1→主轴电磁摩擦制动结束。

（3）主轴上刀或换刀时的制动控制　在主轴上刀或换刀前，主轴上刀制动转换开关 SA2 打到"接通"→SA2（7-8）断开→KM1 或 KM2 不能得电→主轴电动机 M1 不能旋转→SA2（106-107）闭合→YC1＋→主轴电磁摩擦制动→上刀或换刀结束→SA2 扳至"断开"→SA2（106-107）断开→主轴电磁摩擦制动结束，同时 SA2（7-8）闭合，为主电动机起动做准备。

（4）主轴变速冲动控制　变速冲动是利用变速手柄与冲动行程开关 SQ5 通过机械上的联动机构进行控制的，且变速应在主轴旋转方向选定之后进行，即 SA4→SB3 或 SB4 按下→KA1＋、KM1＋或 KM2＋。

主轴变速的过程：主轴变速手柄拉出就会压下主轴变速冲动行程开关 SQ5→SQ5（8-10）断开→KM1－或 KM2－→主轴自然停（靠惯性）→转动变速刻度盘，选新速度→手柄推回原位置时，使 SQ5（8-13）闭合，KM1 或 KM2 瞬间得电吸合，电动机瞬时点动，进行变速冲动，完成齿轮啮合→变速手柄落入槽内，SQ5 不再受压，SQ5（8-13）断开，KM1－或 KM2－，主轴变速冲动结束。此时若想以新的速度运行，需再次起动电动机。

注意：SQ5 主轴变速冲动行程开关是专门为主轴旋转时进行变速而设计的，它相当于一个半离合器，当主轴变速手柄拉出时会压下 SQ5，此时 SQ5（8-10）先断开，使 KM1 或 KM2 失电，主轴先停，然后转动变速盘进行变速操作，当手柄推回原位置时，才使 SQ5（8-13）闭合，KM1 或 KM2 得电吸合，电动机点动。当手柄落入槽内后 SQ5 不再受压，SQ5（8-13）断开，KM1 或 KM2 失电，主轴变速冲动结束。这里，手柄从推回原位置到手柄落入槽内是一个瞬间的过程，所以此时 KM1 或 KM2 的得电及电动机的点动都是瞬时完成的，瞬时进行主轴变速冲动，完成齿轮的啮合。

（5）工作台进给拖动控制　工作台进给方向的左右纵向运动、前后横向运动、上下垂直运动都由 M2 的正、反转来实现。而正、反转接触器 KM3、KM4 分别由 SQ1（工作台右进给限位开关）、SQ3（工作台向前、向下进给限位开关）与 SQ2（工作台左进给限位开关）、SQ4（工作台向后、向上进给限位开关）来控制。而 SQ1～SQ4 的压下是由两个机械操作手柄来控制的。一个是纵向机械操作手柄有左、中、右三个位置，控制 SQ1、SQ2；另一个是垂直与横向操作手柄，有上、下、前、后、中五个位置，控制 SQ3、SQ4。两个机械手柄处于中间位置时，SQ1～SQ4 处于未压下的状态，当扳动机械操作手柄时，将压合相应的限位开关，这是一个机械与电气联合协调完成的动作。

在进给起动之前，应先起动主轴电动机，即 KA1、KM1 或 KM2 已通电，KA1（12-20）已闭合。

1）工作台向右纵向运动工作：纵向进给操作手柄扳向右，机械：接通进给移动电磁离合器 YC2（此时快速移动继电器 KA2 处于断电状态）；电气：压下工作台右进给限位开关 SQ1（25-26）→KM3＋（19—SQ6—SQ4—SQ3—SA3—SQ1—KM4—KM3＋）→工作台右进给到位：纵向操作手柄扳到中间→SQ1（25-26）断开→KM3－，M2 停止，工作台向右进给结束。

2）工作台向左纵向运动工作：纵向进给操作手柄扳向左，机械：接通进给移动电磁离合器 YC2；电气：压下工作台左进给限位开关 SQ2（25-30）→KM4＋（19—SQ6—SQ4—SQ3—SA3—SQ2—KM3—KM4＋）→工作台左进给到位：纵向操作手柄扳到中间→SQ2（25-30）断开→KM4－，M2 停止，工作台左进给结束。

3）工作台向前进给运动控制：将垂直与横向进给操作手柄扳向前，机械：接通进给移动电磁离合器 YC2；电气：压下工作台向前进给限位开关 SQ3（25-26）→KM3＋（19—SA3—SQ2—SQ1—SA3—SQ3—KM4—KM3＋）→工作台向前进给到位：垂直与横向操作手柄扳回中间→SQ3（25-26）断开→KM3－→M2 停止，工作台向前进给结束。

4）工作台向下进给运动控制：将垂直与横向进给操作手柄扳向下，机械：接通进给移动电磁离合器 YC2；电气：压下工作台向下进给限位开关 SQ3（25-26）→KM3＋（19—SA3—SQ2—SQ1—SQ3—KM4—KM3＋）→工作台向下进给到位：垂直与横向操作手柄扳回中间→SQ3（25-26）断开→KM3－→M2 停止，工作台向下进给结束。

5）工作台向后、向上进给运动控制：将垂直与横向进给操作手柄扳向后或上，机械：接通进给移动电磁离合器 YC2；电气：压下工作台向后、向上进给限位开关 SQ4（25-30）→KM4＋（19—SA3—SQ2—SQ1—SA3—SQ4—KM3—KM4＋）→工作台向后、向上进给到位：垂直与横向进给操作手柄扳回中间→SQ4（25-30）断开→KM4－→M2 停止，工作台向后、向上给结束。

(6) 工作台进给变速冲动　进给变速冲动要在主轴起动后（KA1＋、KM1＋或 KM2＋），工作台无进给（两个手柄扳到中间）下才可进行。

变速操作的顺序：将蘑菇手柄拉出→转动手柄，选定所需速度→将蘑菇手柄向前拉到极限位置，同时压下工作台进给变速冲动开关 SQ6（22-26）→KM3＋（19—SA3—SQ2—SQ1—SQ3—SQ4—SQ6—KM4—KM3＋），进给电动机瞬间点动正转，获得变速冲动→将蘑菇手柄推回原位，SQ6（22-26）断开不受压，工作台变速冲动结束。

(7) 圆工作台控制

1）前提：主轴先起动旋转（KA1＋、KM1＋或 KM2＋），工作台不动，即两个进给机械操作手柄处于中间位置。

2）过程：将圆工作台转换开关 SA3 扳到"接通"位置，即 SA3（26-28）闭合，SA3（19-28）断开，SA3（24-25）断开，→KM3＋（19—SQ6—SQ4—SQ3—SQ1—SQ2—SA3—KM4—KM3＋），电动机 M2 旋转，只拖动圆工作台回转。

(8) 工作台进给快速移动控制　先起动主轴（KA1＋、KM1＋或 KM2＋），工作台进给正在进行（YC2＋、KM3＋或 KM4＋）→按下 SB5 或 SB6→KA2＋→KA2（110-109）闭合→快速进给方向移动电磁离合器 YC3＋→工作台做快速移动，同时 KA2（104-108）断开，进给移动电磁离合器 YC2－→进给先停下来→松开 SB5 或 SB6→KA2－，YC3－，YC2＋→快速移动停止，仍以原来速度继续进给。

(9) 冷却泵和机床照明控制

1) 冷却泵电动机 M3 控制过程：主轴必须先转动，冷却泵电动机才能工作，即 KA1 +、KM1 + 或 KM2 +→冷却泵控制开关 SA1 扳到"接通"→KA3 +→电动机 M3 转动。

2) 照明控制器：照明灯开关 SA5→EL。

六、XA6132 万能升降台铣床的操作

1) 合上电源开关 QF1，机床上电；再合上照明开关 SA5，灯 EL 亮。

2) 主轴电动机 M1 的控制。将 SA4 置正转位置，按下 SB3 或 SB4，观察 M1 是否进行正转，按下 SB1 或 SB2，观察主轴电磁摩擦制动的情况；将 SA4 置反转位置，按下 SB3 或 SB4，观察 M1 是否进行反转，按下 SB1 或 SB2，观察主轴电磁摩擦制动的情况；将主轴变速手柄拉出，转动变速刻度盘，选新速度，再将手柄推回原位置，观察主轴电动机是否进行瞬时点动，获得变速冲动。

3) 工作台移动控制。将 SA3 置于使用普通工作台位置，主轴电动机处于运行状态。

将垂直与横向进给操作手柄置于中间位置。纵向进给操作手柄扳向右，观察工作台是否向右进给，按下 SB5（或 SB6），观察工作台是否快速进给移动。纵向进给操作手柄扳向左，观察工作台是否向左进给，按下 SB5（或 SB6），观察工作台是否快速进给移动。

将纵向进给操作手柄置于中间位置。垂直与横向进给操作手柄扳到前，观察工作台是否向前进给；按下 SB5（或 SB6），观察工作台是否快速进给移动。垂直与横向进给操作手柄扳向下，观察工作台是否向下进给；按下 SB5（或 SB6），观察工作台是否快速进给移动。垂直与横向进给操作手柄扳向后，观察工作台是否向后进给；按下 SB5（或 SB6），观察工作台是否快速进给移动。垂直与横向进给操作手柄扳向上，观察工作台是否向上进给；按下 SB5（或 SB6），观察工作台是否快速进给移动。

将纵向进给操作手柄和垂直与横向进给操作手柄置于中间位置。将蘑菇手柄拉出，转动手柄，选定所需速度，将蘑菇柄向前拉到极限位置，再推回原位，观察进给电动机是否进行瞬间点动正转，获得变速冲动。

4) 圆工作台回转运动控制。将纵向进给操作手柄和垂直与横向进给操作手柄置于中间位置，主轴电动机处于运行状态，将转换开关 SA3 扳到圆工作台位置，观察圆工作台工作情况。

5) 冷却泵控制。合上转换开关 SA1，观察冷却泵工作情况。

6) 机床断电。

七、XA6132 万能升降台铣床常见故障分析与处理

(1) 主轴电动机不能进行正向起动　对照电气控制图，可从以下几个方面进行分析，并采用万用表的电阻档或交流电压档进行检测：

1) 检查主电路电源、控制电路 110V 电源是否正常。

2) 首先检查转换开关 SA4 是否置到正转位置。

3) 检查起动按钮 SB3 或 SB4 的触点或接线是否良好。

4) 检查接触器 KA1 的线圈、常开触点（3-10、12-13）或接线是否良好。

5) 检查 FR1、FR3 的触点或接线是否良好。

6）检查 KM2 的常闭触点（14-15）是否接线良好。

7）检查 KM1 的线圈、主触点或接线是否良好。

8）检查 4-10 段线路是否接线良好。

（2）主轴上刀时制动效果不明显　制动效果不明显，说明主轴还是进行了制动的动作，只是主轴的电磁摩擦制动效果不好，肯定是接触的问题，可以从以下几个方面排除：

1）TC2 二次电压是否等于 28V，用万用表的交流电压档进行检测。

2）测量 VC1 输入端电压是否等于 28V，用万用表的交流电压档进行检测。

3）测量 VC1 输出端电压是否正常，用万用表的直流电压档进行检测。

4）检查 SA2 的常开触点（106-107）或接线是否良好。

5）检查在起动时电磁离合器 YC1 的线圈是否接线良好或烧坏，检查输入电磁离合器的电压是否稳定或过低，检查电磁离合器 YC1 的摩擦片在制动时是否压紧产生了制动。若 YC1 的线圈有问题，就不会产生足够的电磁吸力，影响摩擦片的制动力。若线圈没问题，可以更换摩擦片。

（3）主轴变速冲动不能进行　主轴的变速冲动是一个机械与电气联合的动作，因此先从机械方面排除故障。

1）变速应在主轴旋转方向选定之后进行，检查 KA1、KM1 或 KM2 是否得电。

2）检查主轴变速手柄与主轴变速冲动行程开关 SQ5 的机械关联是否良好。

3）检查 SQ5 是否正常。

（4）工作台能够向右纵向进给运动，不能向左进给运动　从电气控制电路图上可以分析出，工作台能向右进给，不能向左进给，说明工作台向左和向右的公共电气线路及元件是能正常工作的，问题就出在向左进给的专门路线上。从以下几方面检查即可：

1）检查纵向进给操作手柄与 SQ2 的机械联动关系是否良好。

2）检查 SQ2 是否正常，是否能正常地闭合和断开。

3）检查 KM3 的触点（30-31）或接线是否良好。

4）检查 KM4 的线圈、主触点或接线是否良好。

（5）圆工作台不能回转　圆工作台回转的前提是主轴先起动旋转，两个进给机械操作手柄处于中间位置，因此先检查主轴是否旋转，两个进给机械操作手柄是否处于中间位置，再从以下几个方面进行排除，用万用表的电阻档进行检测：

1）KA1（4-20）是否接线良好。

2）检查 FR2 的触点或接线是否良好。

3）将 SA3 扳到"接通"位置，检查 SA3（26-28）是否闭合，SA3（19-28）是否断开，SA3（24-25）是否断开。

4）检查 SQ6（19-22）、SQ4（22-23）、SQ3（23-24）、SQ1（24-29）、SQ2（29-28）是否接线良好。

5）检查 KM4 的触点（26-27）或接线是否良好。

6）检查 KM3 的线圈、主触点或接线是否良好。

八、电气故障排除训练

（1）工具准备

1）工具：常用电工工具一套、测电笔、电烙铁等。
2）仪表：万用表、兆欧表等。
（2）实训内容及设备 借助 XA6132 万能升降台铣床电气控制排故模拟装置进行电气控制线路的故障分析与处理。
（3）训练步骤
1）在掌握 XA6132 万能升降台铣床电气控制原理的基础上，熟悉 XA6132 万能升降台铣床电气控制模拟装置的基本结构及操作，明确各种电器的作用及位置。
2）查看装置背面中各电气元件是否正常并安装牢靠，各故障设置开关是否处在正常状态（向上为正常状态，向下为故障状态），是否安装好接地线，是否放好绝缘垫，各开关是否打在分断位置。
3）在老师的监督下，接上三相电源，合上 QF1。
4）按相应的按钮，检查 XA6132 万能升降台铣床的各基本操作功能是否能正常实现。
5）由老师在 XA6132 万能升降台铣床的主电路或控制电路中任意设置几个电气故障点，由学生自己诊断，分析故障原因并排除故障，并做好实训记录。

注意事项：
1）在操作过程中，应始终做到安全第一。在设备通电情况下，不随手乱摸，尽量不带电检修，若需带电检修，必须有指导老师在场监护。
2）排除故障时，必须修复故障点，不得采用更换电器元件或改动线路的方法，不得扩大故障范围，不得损坏各种电器元件。
3）在操作过程中，不要用力过大，不要速度过快，操作不宜过于频繁；要做好设备维护工作。若要更换电器配件，应按同规格型号配置，电动机在使用一段时间后，要做好电动机润滑保养工作。
4）故障排除完成后，将各开关置于原位。

【知识拓展】

飞轮是安装在机器回转轴上的具有较大转动惯量的轮状蓄能器，其形状如图 2-10 所示。当机器转速增高时，飞轮的动能增加，把能量储蓄起来；当机器转速降低时，飞轮动能减少，把能量释放出来。飞轮可以用来减少机械运转过程中的速度波动，使设备均匀旋转。

电磁离合器是靠线圈的通断来控制离合器的接合与分离的一种自动电器。按其工作原理分为摩擦片式、铁粉式和感应转差式。

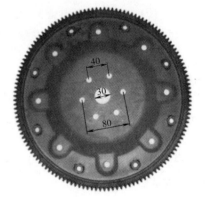

图 2-10 飞轮

电磁离合器常用来控制机床某些部件工作时的起动、变向、变速及制动等。

制动时采用摩擦片式的电磁离合器，当 YC 线圈通电时，产生磁场，在电磁吸力作用下将摩擦片压紧产生制动，使主轴迅速制动。YC 线圈断电时，摩擦片松开，制动结束。

【评价标准】

可采用技能考核的方式对学生分析与处理 XA6132 万能升降台铣床故障的能力进行评

价，要求在规定的时间内完成故障的检查和排除。说明每个故障所在的可能位置，分析故障性质及可能造成的后果。

考核标准见表2-4。

表2-4 考核评价表

序号	考核内容	评价标准	评价方式	分数	得分
1	XA6132万能升降台铣床电路原理分析	能正确分析电路原理	教师评价	15	
2	XA6132万能升降台铣床故障分析诊断与排除	①能准确查找故障位置 ②能正确排除故障 ③能够按规范进行安全操作	教师评价	50	
3	学习态度	①认真、主动参与学习，守纪律 ②具有团队成员合作的精神 ③爱护实训室环境卫生	教师评价 小组成员互评	35	

【项目小结】

机床的电气设备在运行过程中会产生各种各样的故障，致使机床停止运行而影响生产，严重的还会造成人身或设备事故。因此如果机床发生了故障，为了人身安全和不影响生产效率，必须尽快排除故障。本项目主要以C6150车床、Z3050摇臂钻床和XA6132万能升降台铣床为例，介绍了机床电气故障的分析与排除的方法。

掌握机床电路的工作原理及分析方法是机床电路维修的第一步。掌握原理图的分析方法，弄清它们之间的逻辑关系，对于机床电路的维修可谓十分关键，同时这也能培养学生独立分析问题的能力。

分析故障现象、确定故障点所在的最小范围，有利于提高检修的工作效率，同时也是培养学生分析问题、解决问题的重要途径。

检测电路、确定故障点所在位置，并加以排除是关键，但这并不是最终的目的，还必须进一步分析，查明产生故障的根本原因，及时总结经验，并做好记录，作为档案，以备以后维修工作时参考，并通过对历次故障分析，采取相应的有效措施，防止类似的故障现象再次发生，这样才能真正排除故障。

通过以上三个任务的学习和实训，学生应掌握普通机床和数控机床电气控制原理图的分析方法、机床电气故障的检修方法，为后续的PLC编程训练、数控机床的电气故障分析与排除奠定基础。

【思考与练习】

1. 常用的机床电路电气故障检修方法有哪些？
2. C6150车床的主轴电动机可以完成哪些动作？
3. 在Z3050摇臂钻床电路中，断电延时型时间继电器KT的作用是什么？
4. XA6132万能升降台铣床的工作台有几个方向的进给？各方向的进给控制是如何实现的？采用了哪些保护？

项目三　PLC 的工作原理及应用

【学习目标】

本项目主要以西门子公司生产的 S7-200 系列小型可编程序控制器（PLC）为例，介绍 PLC 的指令系统及 PLC 的编程方法及应用。

1. 知识目标

1) 了解 PLC 的发展及应用。
2) 掌握 PLC 的结构和工作原理。
3) 了解 S7-200 系列 PLC 的技术性能指标。
4) 掌握 S7-200 系列 PLC 的几种主要编程语言。
5) 掌握 S7-200 系列 PLC 的基本指令。
6) 掌握 S7-200 系列 PLC 程序的设计方法。

2. 技能目标

1) 能够进行简单的 I/O 地址分配及外部接线连接。
2) 能够熟练操作 STEP 7 Micro/WIN32 S7-200 编程软件。
3) 能够使用 USB/PPI 电缆建立通信连接并设置通信参数。
4) 能够进行程序的编写及下载操作。
5) 能够用编程软件监视与调试程序。
6) 能够熟练运用 S7-200 仿真软件进行简单程序的模拟操作。

3. 能力目标

1) 具备熟练应用 S7-200 系列 PLC 基本指令的能力。
2) 具备将常用的普通机床控制系统改造为 PLC 控制的能力。
3) 具备应用 S7-200 系列 PLC 分析问题、解决实际简单问题的能力。
4) 具备一定的语言表达、动手操作和团结合作的能力。

【内容提要】

任务一：认识 PLC，主要介绍 PLC 的产生、发展趋势、主要的生产厂家、基本结构、分类、工作原理及应用等。

任务二：西门子 S7-200 系列 PLC 介绍，主要介绍 S7-200 系列 PLC 的特点、S7-200 系列 CPU 的介绍及 I/O 特性、CPU 接线端子图、各输入/输出扩展模块、存储区单元、编程语言、程序结构、编程软件 Micro/WIN V4.0 的应用。

任务三：西门子 S7-200 系列 PLC 基本指令的应用，重点介绍位操作类指令，主要是位操作及运算指令，同时也包含与位操作密切相关的定时器和计数器指令等。

任务四：PLC 数字量控制单元程序的经验法设计，具体以 C6150 车床的主电动机 M1 的正转连续运转及反接制动为例，介绍经验设计法的编程、调试及仿真方法。

任务五：PLC 程序的顺序控制法设计，具体以某专用钻床的控制为例，介绍 PLC 程序顺序控制法设计的步骤、顺序功能图的画法、顺序功能图转换为梯形图的方法及程序的调试。

任务一　认识 PLC

【任务描述】

本任务将从 PLC 的产生、发展趋势、主要生产厂家、PLC 基本结构、分类、工作原理及应用几个方面对 PLC 进行介绍，使初学者对 PLC 有一个感观上的基本认识，为下一个任务的学习奠定基础。

【任务实施】

一、PLC 的产生

可编程序逻辑控制器（Programmable Logic Controller，PLC）最早产生于 1969 年，是由美国数字设备公司研制的，主要用来取代继电接触器控制，最初只具备逻辑控制、定时、计数等功能。1985 年，国际电工委员会（IEC）对可编程序控制器做了如下规定：可编程序控制器是一种数字运算操作的电子系统，专为工业环境下应用而设计。

自 PLC 问世以来，随着网络技术及电子集成技术的发展，PLC 的发展非常迅速。

二、PLC 的主要生产厂家

近年来，随着制造业对自动化需求的不断放大，给国内自动化企业带来了很多的机遇，作为工业控制最重要设备之一的 PLC，未来的发展市场也是不可限量的。

但根据近几年中国自动化存量市场需求分析来看，国际品牌的 PLC 仍占主要的优势，如图 3-1 所示，主要有德国的西门子（Siemens）公司，美国 Rockwell 公司所属的 AB 公司，GE-Fanuc 公司，法国的施耐德（Schneider）公司，日本的三菱和欧姆龙（Omron）公司；而国产 PLC 在市场上所占份额较少，现在国内做得比较好的是台达、永宏、丰炜和利时、信捷和厦门海为等。

从图 3-1 可以看出，在 2004 ~ 2007 年间采购的 PLC 共计 912 个样本，涉及 51 个品牌，其中 Siemens（西门子）超过四成，Mitsubishi（三菱电机）在一成以上，Siemens 仍是 2004 ~ 2007 年中国用户采购的主要品牌。但是，目前制造业正在面临着改革、转型的困难，这也给

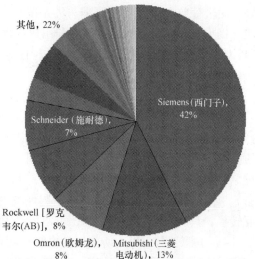

图 3-1　中国自动化存量市场中 2004 ~ 2007 年采购的 PLC 品牌提及率

国产 PLC 的发展提供了好时机。虽然相对于国际大公司而言，国内 PLC 厂商有品牌、应用业绩、产品线等方面的劣势，但是我们也高兴地看到国内公司在开展 PLC 业务时也具有较大的竞争优势，比如需求、产品定制、成本、服务及响应速度等方面的优势。相对于国际 PLC 厂商而言，国内 PLC 厂商能够更确切地了解中国用户的需求，可以根据用户的特殊需求更快地定制适销对路的 PLC 产品，因此，国产的 PLC 正走在发展的道路上。

三、PLC 的基本结构

PLC 的种类繁多，但其基本结构都基本相同，它采用典型的计算机结构，主要由输入/输出接口电路、CPU、存储器、电源、编程器及其他设备等组成。图 3-2 所示为 PLC 结构简图。

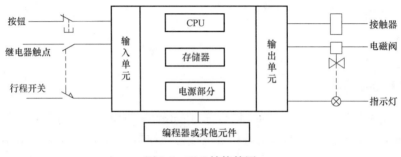

图 3-2　PLC 结构简图

1) 中央处理单元（CPU）：中央处理单元一般由控制器、运算器和寄存器组成，它是 PLC 的核心，其性能关系到 PLC 处理控制信号的能力与速度，CPU 位数越多，能处理的信号量越大，运算速度越快。CPU 的作用是不断地进行输入信号的采集、用户程序的执行、信号的输出。

2) 存储器：存储器是用来存储系统程序、用户程序及运行数据的。按其作用分有两种：用来存放 PLC 生产厂家编写的系统程序的称为系统存储器，它固化在 ROM 内，用户不能直接更改；用来存放用户程序和用户数据的存储器称为用户存储器，它可以存放在 RAM、EPROM 或 EEPROM 中，用户可以进行任意修改。存储器容量的大小是反映 PLC 性能的重要指标之一。

3) 输入/输出单元（I/O 单元）：包括输入接口电路和输出接口电路，它是 PLC 与外界连接的接口。输入接口电路用来接收和采集输入信号，包含各类开关量信号（如按钮、选择开关、接近开关和光电开关等）和各类变送器、隔离器、传感器等送来的连续变化的电压、电流模拟量信号。输出接口电路用来驱动各种执行元件，包含数字量输出模块（用来控制接触器、电磁阀、指示灯等设备）和模拟量输出模块（一般用来控制变频器等调节设备）。输入/输出接口电路将外部控制现场的数字信号和模拟信号与 PLC 内部的信号进行相互转换，具有隔离和滤波作用，可以提高 PLC 的抗干扰能力。

4) 电源部分：PLC 所使用的电源有两种：AC 220V 和 DC 24V，其作用是为各模块提供所需的不同电压等级的直流电。小型 PLC 内部有一个开关稳压电源，它一方面可以为 CPU、I/O 单元等提供 DC 5V 电源，同时可以为外部的传感器提供 DC 24V 电源，PLC 输出负载的电源一般由用户提供。

5）编程器：编程器主要用来编写、修改、检查用户程序和监视用户程序的执行。手编器曾是主要的编程器，随着计算机技术的发展，编程软件已逐渐代替了手编器。使用编程软件不仅可以在计算机上直接编辑程序并编译下载到 PLC，还可将 PLC 中的程序上传到计算机，并能实现远程编程和传送，功能更强大。如西门子系列 S7-200 的 PLC 编程软件 STEP 7-Micro/WIN4.0，S7-300/400 的 PLC 编程软件 SIMATIC Manager STEP 7 可以方便地进行 S7 或 M7 程序的编写。

四、PLC 的分类

（1）从结构上分　PLC 从结构上可分为整体式、模块式和混合式。

（2）从规模上分　按 PLC 的输入/输出点数可分为小型 PLC、中型 PLC 和大型 PLC。

小型 PLC 的体积小、价格低，一般采用整体式结构，它是将 CPU 模块、I/O 模块和电源装在一起，S7-200 就是典型的整体式小型 PLC。而 S7-300/400 属于大、中型 PLC，一般采用模块式结构，它由机架和模块组成，各模块插在机架中的总线连接板上，如果模块多，一个机架容纳不下所有的模块，可以扩展一个或数个机架。

五、工作原理

PLC 采用循环扫描工作方式，这个工作过程一般包括五个阶段：内部处理、与编程器等的通信处理、输入扫描、执行用户程序以及输出处理，其工作过程如图 3-3 所示。

当 PLC 方式开关置于 RUN（运行）时，执行所有阶段；当 PLC 方式开关置于 STOP（停止）时，不执行后三个阶段，此时可进行通信处理，如对 PLC 联机或离线编程。

PLC 的输入扫描、执行用户程序和输出处理过程的原理如图 3-4 所示。PLC 执行的五个阶段称为一个扫描周期。PLC 完成一个周期后，又重新执行上述过程，扫描周而复始地进行。

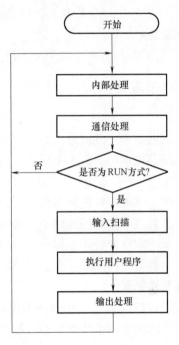

图 3-3　PLC 的工作过程

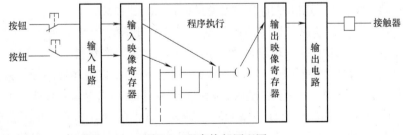

图 3-4　程序执行原理图

六、应用

根据中国自动化市场存量研究，在 2004—2007 年间采购的 PLC 共计 912 个样本，涉及 28 个行业，如图 3-5 所示。

从图3-5可以看出，PLC在冶金行业的应用居多，电力、建材、化工、食品饮料加工、汽车制造和电子制造业其次，具体应用在以下几个方面：

1）开关量控制：如逻辑、定时、计数、顺序等。

2）模拟量控制。部分PLC或功能模块具有PID控制功能，可实现过程控制。

3）监控。用PLC可构成数据采集和处理的监控系统。

4）建立工业网络。为适应复杂的控制任务并节省资源，可采用单级网络或多级分布式控制系统。

5）其他行业，如建筑、环保、家用电器等。

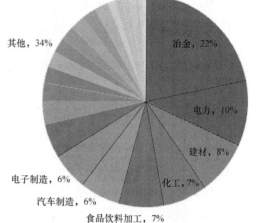

图3-5 PLC采购行业分布图

【知识拓展】

西门子系列PLC发展概述

西门子是欧洲最大的电子和电气设备制造商，生产的SIMATIC可编程序控制器在欧洲处于领先地位。SIMATIC是西门子自动化系列产品品牌的统称，来源于Siemens + Automatic（西门子+自动化）。它诞生于1958年，涵盖了PLC、工业软件到HMI，是全球自动化领导品牌。SIMATIC控制器从S3系列发展到S7系列，已经成为中国自动化用户最为信赖和熟知的品牌之一。德国西门子（Siemens）公司生产的PLC在我国的应用相当广泛，在冶金、化工、印刷生产线等领域都有应用。

其第一代PLC产品是1975年投放市场的SIMATIC S3，实际上是带有简单操作接口的二进制控制器。

1979年，微处理器技术被应用到PLC中，产生了SIMATIC S5，取代了S3系列，该系统广泛地使用了微处理器。20世纪80年代初，S5系统进一步升级——U系列PLC，较常用机型有S5-90U、95U、100U、115U、135U、155U。

1994年4月，S7系列诞生，它具有国际化、更高性能等级、更小安装空间、更良好的Windows用户界面等优势，其机型包括S7-200、300、400、1200。

1996年，西门子公司研制开发了一种创新的通用逻辑控制模块LOGO!，它填补了传统继电器与PLC之间的技术空缺，现已经发展成为模块化的标准组件产品。LOGO!把输入/输出触点、可灵活编辑的控制逻辑、功能丰富的内部定时器，以及操作面板、带背光的显示器和电源集成一体，还支持各种扩展模块，为用户提供了友好的界面和极容易的操作。

2009年5月18日，西门子全新小型PLC系列S7-1200在中国正式发布。西门子S7-1200是低端的离散自动化系统和独立自动化系统中使用的小型控制器模块。SIMATIC S7-1200具有集成PROFINET接口、强大的集成工艺功能和灵活的可扩展性等特点，为各种工艺任务提供了简单的通信，充分满足于中小型自动化的系统需求。S7-1200有三种CPU机型：CPU1211C、CPU1212C和CPU1214C，其编程软件为SIMATIC STEP 7 Basic V10.5。

2012年7月31日，西门子正式推出了全新的、针对经济型自动化市场的自动化控制产品——SIMATIC S7-200 SMART PLC。该产品具备机型丰富、选件多样、软件友好等特点，并可无缝集成 SMART LINE 触摸屏及 V20 变频器。STEP 7-MicroWIN SMART 是西门子 S7-200 Smart PLC 的编程软件，此软件为免费版，用户可以自由下载。

2013 年 3 月 12 日，西门子工业业务领域工业自动化集团正式推出新一代 PLC 控制器——SIMATIC S7-1500，该系列专为中高端设备和工厂自动化设计。该控制器能集成一系列包括运动控制、工业信息安全，以及可实现便捷安全应用的故障安全功能，其高效尤其体现在创新的设计上，使调试和安全操作简单便捷，而集成于 TIA 博途的诊断功能通过简单配置即可实现对设备运行状态的诊断，简化工程组态，并降低项目成本。

【评价标准】

可采用提问的方式对学生掌握 PLC 基本内容的情况进行评价。考核标准见表 3-1。

表 3-1 考核评价表

序号	考核内容	评价标准	评价方式	分数	得分
1	PLC 基本概述	①能说出 PLC 的发展史及主要的国内外生产厂家 ②能理解 PLC 的基本结构 ③能理解 PLC 的工作原理 ④能说出 PLC 的主要应用领域	教师评价	70	
2	学习态度	认真、主动参与学习，守纪律	教师评价 小组成员互评	30	

任务二 西门子 S7-200 系列 PLC 介绍

【任务描述】

由于本书主要讲解的是西门子 S7-200 系列小型 PLC，为了给后面的编程应用奠定基础，必须先介绍 S7-200 系列 PLC 基础知识。本任务重点介绍 S7-200 系列各 CPU 及 I/O 特性、两种不同类型 PLC 的外部接线端子的接法、各 I/O 扩展模块的作用、各编程元件的用法及取值范围、S7-200 编程软件 Micro/Win V4.0 的使用方法、通信连接、程序的调试、监控及模拟仿真等。

【任务实施】

一、SIMATIC S7-200 系列 PLC

西门子 S7-200 是小型化的 PLC，适用于各行各业、各种场合中的自动检测、监测及控制中。它无论是独立运行，还是相连成网络皆能实现复杂控制功能。因此 S7-200 系列具有极高的性价比，如图 3-6 所示。

从 CPU 模块的功能来看，SIMATIC S7-200 系列小型 PLC 产品发展至今大致经历了两代：第一代产品的 CPU 模块为 CPU 21X，主机都可进行扩展，它具有四种不同结构配置的 CPU

单元，即 CPU 212、CPU 214、CPU 215 和 CPU 216；第二代产品的 CPU 模块为 CPU 22X，是在 21 世纪初投放市场的，速度快，具有较强的通信能力，它具有五种不同结构配置的 CPU 单元，即 CPU 221、CPU 222、CPU 224、CPU 224XP 和 CPU 226，除了 CPU 221 之外，其他都可加扩展模块。

图 3-6　S7-200 系列 PLC

S7-200 系列产品的出色性能表现在以下方面：极高的可靠性、极丰富的指令集、易于掌握、便捷的操作、丰富的内置集成功能、实时特性、强大的通信能力、丰富的扩展模块。

S7-200 系列产品在集散自动化系统中充分发挥了强大功能。使用范围可覆盖从替代继电器的简单控制到更复杂的自动化控制，包括各种机床、机械、电力设施、民用设施、环境保护设备等，如冲压机床、磨床、印刷机械、橡胶化工机械、中央空调、电梯控制及运动系统。

二、S7-200 系列产品各 CPU 及其 I/O 特性

S7-200 系列产品各 CPU 介绍见表 3-2。

表 3-2　S7-200 系列产品各 CPU 介绍

CPU	类型	订货号	电源电压	输入额定电压	输出额定电压（电压范围）
CPU 221	DC/DC/DC	6ES7 221-0AA23-0XB0	DC 20.4~28.8V	DC 24V	DC 24V（DC 20.4~28.8V）
	AC/DC/Relay	6ES7 221-0BA23-0XB0	AC 88~264V	DC 24V	DC 24V 或 AC 250V（DC 5~30V 或 AC 5~250V）
CPU 222	DC/DC/DC	6ES7 212-1AB23-0XB0	DC 20.4~28.8V	DC 24V	DC 24V（DC 20.4~28.8V）
	AC/DC/Relay	6ES7 212-1BB23-0XB0	AC 85~264V	DC 24V	DC 24V 或 AC 250V（DC 5~30V 或 AC 5~250V）
CPU 224	DC/DC/DC	6ES7 214-1AD23-0XB0	DC 20.4~28.8V	DC 24V	DC 24V（DC 20.4~28.8V）
	AC/DC/Relay	6ES7 214-1BD23-0XB0	AC 85~264V	DC 24V	DC 24V 或 AC 250V（DC 5~30V 或 AC 5~250V）
CPU 224XP	DC/DC/DC	6ES7 214-2AD23-0XB0	DC 20.4~28.8V	DC 24V	DC 24V（DC 20.4~28.8V）
	AC/DC/Relay	6ES7 214-2BD23-0XB0	AC 85~264V	DC 24V	DC 24V 或 AC 250V（DC 5~30V 或 AC 5~250V）
CPU 226	DC/DC/DC	6ES7 216-2AD23-0XB0	DC 20.4~28.8V	DC 24V	DC 24V（DC 20.4~28.8V）
	AC/DC/Relay	6ES7 216-2BD23-0XB0	AC 85~264V	DC 24V	DC 24V 或 AC 250V（DC 5~30V 或 AC 5~250V）

S7-200 系列产品各 CPU 的 I/O 特性，见表 3-3。

表 3-3　S7-200 系列产品各 CPU 的 I/O 特性

CPU	主机输入点数	主机输出点数	可扩展模块数	特点
CPU 221	6 数字量	4 数字量	无	小型 CPU，无扩展功能，适合小点数的微型控制
CPU 222	8 数字量	6 数字量	2	有扩展模块，可处理模拟量
CPU 224	14 数字量	10 数字量	7	具有较强的控制功能
CPU 224XP	14 数字量 2 模拟量	10 数字量 1 模拟量	7	控制功能更加强大
CPU 226	24 数字量	16 数字量	7	功能最强，适用于中、小型复杂控制系统

三、接线端子图

以 CPU 224 为例，其接线端子图如图 3-7 所示。

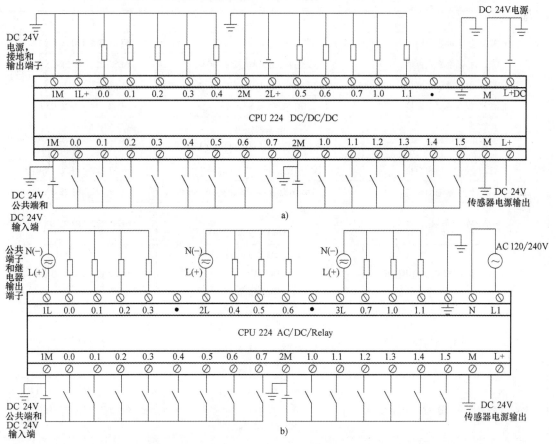

图 3-7　S7-200 CPU 224 接线端子图

CPU 221、CPU 222、CPU 226 的端子连接图同 CPU 224。

CPU 224XP 本机除了有 14 个数字量输入、10 个数字量输出外，还包含有 2 个模拟量输入和 1 个模拟量输出接口。其本机数字量输入/输出端子连接方法同 CPU 224，其本机模拟量输入/输出端子连接图如图 3-8 所示。这两个模拟量均以电压（±10V）形式输入，方向相反，输出只能以电流（0~20mA）或电压（0~10V）的形式之一输出。

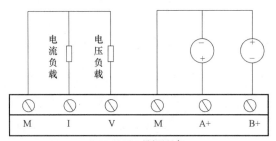

图 3-8　S7-200 CPU 224XP 模拟量 I/O 连接图

四、S7-200 各输入/输出量扩展模块（见表 3-4）

表 3-4　S7-200 各输入/输出量扩展模块

型号	特性	订货号
EM221 数字量输入模块	DC 输入，8×DC 24V	6ES7 211-1BF22-0XA0
EM221 数字量输入模块	AC 输入，8×AC 120/230V	6ES7 221-1EF22-0XA0
EM221 数字量输入模块	DC 输入，16×DC 24V	6ES7 221-1BH22-0XA0
EM222 数字量输出模块	DC 输出，8×DC 24V	6ES7 222-1BF22-0XA0
EM222 数字量输出模块	继电器输出 8×（DC 24V 或 AC 24~230V）	6ES7 222-1HF22-0XA0
EM222 数字量输出模块	AC 输出，8×AC 120/230V	6ES7 222-1EF22-0XA0
EM222 数字量输出模块	DC 输出，4×DC 24V-5A	6ES7 222-1BD22-0XA0
EM222 数字量输出模块	继电器输出-10A 4×（DC 24V 或 AC 250V）	6ES7 222-1HD22-0XA0
EM223 数字量混合输入/输出模块	DC 24V 输入/输出 4×DC 24V 输入 4×DC 24V 输出	6ES7 223-1BF22-0XA0
EM223 数字量混合输入/输出模块	DC 24V 输入/继电器输出 4×DC 24V 输入 4×（DC 5~30V 或 AC 5~250V） 继电器输出	6ES7 223-1HF22-0XA0
EM223 数字量混合输入/输出模块	DC 24V 输入/输出 8×DC 24V 输入 8×DC 24V 输出	6ES7 223-1BH22-0XA0
EM223 数字量混合输入/输出模块	DC 24V 输入/继电器输出 8×DC 24V 输入 8×（DC 24V 或 AC 24~230V） 继电器输出	6ES7 223-1PH22-0XA0

（续）

型号	特性	订货号
EM223 数字量混合输入/输出模块	DC 24V 输入/输出 16 × DC 24V 输入 16 × DC 24V 输出	6ES7 223-1BL22-0XA0
EM223 数字量混合输入/输出模块	DC 24V 输入/继电器输出 16 × DC 24V 输入 16 ×（DC 5～30V 或 AC 5～250V） 继电器输出	6ES7 223-1PL22-0XA0
EM231 模拟量输入模块	4 输入 × 12 位 电压：0～10V，0～5V，±5V，±2.5V， 电流：0～20mA	6ES7 231-0HC22-0XA0
EM232 模拟量输出模块	2 输出 × 12 位 电压：±10V，电流：0～20mA	6ES7 232-0HB22-0XA0
EM235 模拟量输入/输出模块	4 输入/1 输出 × 12 位 电压：0～10V，±10V 等 电流：0～20mA	6ES7 235-0KD22-0XA0
EM231 热电偶模拟量输入模块	4 个模拟输入点	6ES7 231-7PD22-0XA0
EM231 热电阻模拟量输入模块	2 个模拟输入点	6ES7 231-7PB22-0XA0

五、CPU 的存储区、编程元件（见表3-5）

表 3-5　S7-200 CPU 存储区、编程元件

编程元件符号（名称）	所在数据区域	作用	存取方式
I（输入继电器）	数字量输入过程映像存储区	存储输入的数字量信号	可以按位、字节、字、双字存取
Q（输出继电器）	数字量输出过程映像存储区	存储输出的数字量信号	可以按位、字节、字、双字存取
M（通用辅助继电器）	内部存储器标志位区	存储中间操作状态或其他控制信息	可以按位、字节、字、双字存取
SM（特殊标志继电器）	特殊存储器标志位区	用于 CPU 与用户之间交换信息	可以按位、字节、字、双字存取
S（顺序控制继电器）	顺序控制继电器存储器区	用于组织设备的顺序操作	可以按位、字节、字、双字存取
V（变量存储器）	变量存储器区	用来在程序执行过程中存放中间结果	可以按位、字节、字、双字存取
L（局部变量存储器）	局部存储器区	暂时存储器或给子程序传递参数	可以按位、字节、字、双字存取
T（定时器）	定时器存储器区	类似于时间继电器	按位、字存取

（续）

编程元件符号（名称）	所在数据区域	作用	存取方式
C（计数器）	计数器存储器区	累计其计数输入脉冲的次数	按位、字存取
AI（模拟量输入映像寄存器）	模拟量输入存储器区	用来存储将现实世界连续变化的模拟量用 A-D 转换器转换为一个字长的数字量	按字存取
AQ（模拟量输出映像寄存器）	模拟量输出存储器区	用来存储将一个字长的数字用 D-A 转换器转换为现实世界的模拟量	按字存取
AC（累加器）	累加器区	用来存放计算的中间值或向子程序传递参数或从子程序返回参数	可以按字节、字、双字存取
HC（高速计数器）	高速计数器区	用来累计比 CPU 的扫描速率更快的事件	按双字存取

S7-200 操作数的范围，见表 3-6。

表 3-6　S7-200 操作数的范围

寻址方式	CPU 221	CPU 222	CPU 224	CPU 224XP	CPU 226
位存取	I0.0~15.7　Q0.0~15.7　M0.0~31.7、S0.0~31.7　T0~255　C0~255　L0.0~63.7				
	V0.0~2047.7		V0.0~8191.7	V0.0~10239.7	
	SM0.0~179.7	SM0.0~299.7	SM0.0~549.7		
字节存取	IB0~15　QB0~15　MB0~31　SB0~31　LB0~63　AC0~3				
	VB0~2047		VB0~8191	VB0~10239	
	SMB0~165	SMB0~299	SMB0~549		
字存取	IW0~14　QW0~14　MW0~30　SW0~30　T0~255　C0~255　LW0~62　AC0~3				
	VW0~2046		VW0~8190	VW0~10238	
	SMW0~178	SMW0~298	SMW0~548		
	AIW0~30　AQW0~30			AIW0~62　AQW0~62	
双字存取	ID0~12　QD0~12　MD0~28　SD0~28　LD0~60　AC0~3　HC0~5				
	VD0~2044		VD0~8188	VD0~10236	
	SMD0~176	SMD0~296	SMD0~546		

六、编程语言

S7-200 系列 PLC 主机中有两类基本指令集：SIMATIC 指令集和 IEC 61131-3 指令集，程序员可以任选一种。SIMATIC 指令集是为 S7-200 系列 PLC 设计的，其指令通常执行时间短，而且可以用 LAD、STL 和 FBD 三种编程语言。IEC 61131-3 指令集是不同 PLC 厂家的指令标准，它不能使用 STL 编程语言。这里重点介绍 SIMATIC 指令集中的 LAD、STL 和 FBD 三种编程语言。

（1）语句表　语句表（STL）类似于计算机的汇编语言，特别适合来自计算机领域的工程人员。它用指令助记符创建用户程序，属于面向机器硬件的语言，如图 3-9 所示。

```
NETWORK 1          //NETWORK TITLE (single line)
//
//NETWORK COMMENTS
//
LD    I0.0                          //load a bit)
O     I0.5                          //or a bit
A     I0.1                          //and a bit
LD    I0.6
A     I0.7
OLD                                 //orload
A     I0.2
A     I0.3
A     I0.4
=     Q10.0                         ///output a bit
```

图 3-9　语句表

(2) 梯形图（见图 3-10）

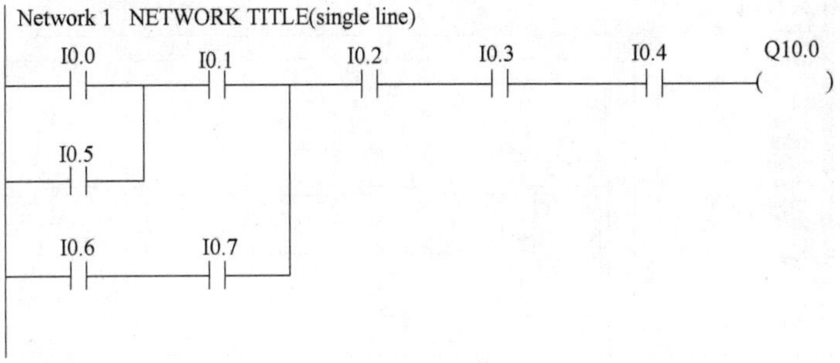

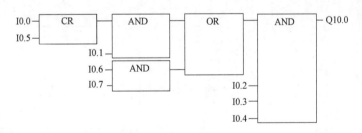

图 3-10　梯形图

(3) 功能块图　功能块图（FBD）的图形结构与数字电子电路的结构极为相似，如图 3-11 所示。

图 3-11　功能块图

七、程序结构

S7-200 CPU 的控制程序由主程序、子程序和中断程序组成。

1) 主程序：程序的主体，每一个项目都必须并且只能有一个主程序。在主程序中可以调用子程序和中断程序。主程序通过指令控制整个应用程序的执行，每个扫描周期都要执行一次主程序。

2）子程序：子程序是可选的，仅在被其他程序调用时执行。同一个子程序可以在不同的地方被多次调用。使用子程序可以简化程序代码和减少扫描时间。

3）中断程序：中断程序用来及时处理与用户程序的执行时序无关的操作，或者不能事先预测的中断事件。中断程序不是由用户程序调用的，但它是用户编写的，在中断事件发生时由操作系统调用。

八、S7-200 编程软件 STEP 7 Micro/WIN V4.0 的应用

STEP 7 Micro/WIN V4.0 是 S7-200 的专用编程软件，是 Micro/WIN V3.2.X 的升级版，早期版本中的程序全部可在 STEP 7 Micro/WIN V4.0 中打开，它支持当前所有 S7-200 CPU 22X 系列产品，用户均可从网站 www.s7-200.com 中免费下载。打开软件后，其主界面如图 3-12 所示。

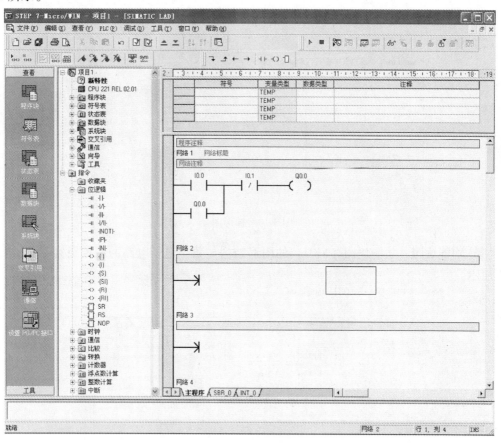

图 3-12　STEP 7 Micro/WIN V4.0 主界面

该界面包含主菜单、浏览条、指令树、工作区、程序区、状态条和局部变量表等几个主要的部分。选择"帮助"主菜单中的"这是什么？"项，鼠标变成"？"状，单击想了解的某部分，就会显示出这部分的功能介绍，此处不再赘述。

1. 使用软件编写程序

1）项目的创建。S7-200 的程序是以项目的形式存在的，单击"新建项目"按钮，生成

一个新的项目，项目存放在扩展名为"mwp"的文件中。

2）设置 PLC 的型号：执行菜单命令"PLC"→"类型"，在弹出的对话框中设置 PLC 的型号，如图 3-13 所示。

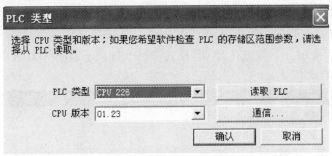

图 3-13　设置 PLC 的型号

3）编辑程序→保存→编译。

2. 使用 PC/PPI 电缆建立通信连接并设置通信参数

用计算机作为编程器时，计算机与 PLC 之间的连接一般是通过 PC/PPI 电缆进行通信的。

S7-200 PLC 的通信接口为 RS485，计算机可以使用 RS232C 或 USB 通信接口，因此 PC/PPI 电缆有 RS232C/PPI 和 USB/PPI 两种电缆。随着计算机技术的不断革新，USB/PPI 电缆将取代 RS232C/PPI 电缆，因此这里主要介绍 USB/PPI 电缆的通信连接。

1）把 USB/PPI 电缆的 USB 端（标着 PC）连接到计算机的 USB 通信接口，把 USB/PPI 电缆的 RS485 端（标着 PPI）连接到 CPU 的通信接口 Port1 或 Port2 端口，并拧紧连接螺钉。

2）单击指令树中的"通信"图标，进入"通信"对话框，如图 3-14 所示。单击"设置 PG/PC 接口"按钮，进入"设置 PG/PC 接口"对话框，在"为使用的接口分配参数"下拉框中选择"PC/PPI cable (PPI)"，单击"属性"按钮，在"PPI 栏"设置通信速率波特率默认值为 9.6kbit/s（旧标准中用 bps），在"本地连接"栏设置"连接到 USB"，单击"确定"按钮，返回"通信"对话框。

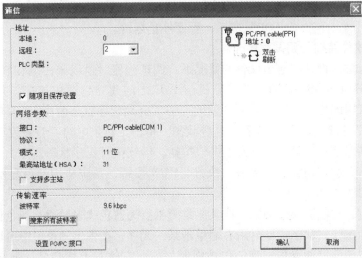

图 3-14　"通信"对话框

3）在"通信"对话框中，双击"双击刷新"旁边的蓝箭头组成的图标，编程软件会自动搜索连接在网络上的S7-200，并用图标显示搜索到的S7-200。

3. 在线连接

正确连接好输入/输出设备，在计算机与PLC建立好通信连接后，就可以建立与S7-200 CPU之间的在线联系。先将程序下载到PLC中去，单击工具栏中的"下载"按钮，开始下载数据，如图3-15所示。下载应在STOP模式进行，如果下载时PLC在RUN模式，CPU会自动提示切换到STOP模式。

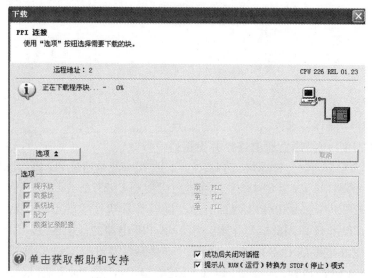

图3-15 "下载"对话框

4. 运行和调试程序

下载完成后，将PLC的工作模式切换到RUN模式，单击编程软件上的"RUN"按钮，用户程序开始运行，如果此时PLC处在STOP模式，系统会提示"设置PLC到RUN模式吗？"，单击"确定"按钮，程序开始执行。单击"输入设备"按钮，观察输出设备LED的状态变化是否正确。单击"STOP"按钮，程序停止运行。

5. 用编程软件监控与调试程序

在没有接入输入设备和输出设备的情况下，调试程序时可以采用编程软件的监控功能。但必须在运行STEP 7-Micro/WIN的计算机与PLC之间建立起通信连接，并将程序下载到PLC之后才可以用此功能。执行菜单"调试"→"开始程序状态监控"，或单击工具条中的"程序状态监控"按钮就可以进入程序监控状态。单击工具条中的"暂停程序状态监控"按钮，当前的数据保留在屏幕上，再次单击该按钮，继续执行程序状态监控。

进入程序状态监控功能后，单击"执行"RUN按钮，系统将用颜色显示出梯形图中各元件的状态，如图3-16所示。

初始状态时，有能流流过的地方或某些常闭触点为蓝色代表导通，灰色代表无能流，未导通，同时显示出强制状态。此时用右键单击某一元件，在弹出的菜单中可以对该元件执行写入、强制或取消强制的操作。某一位被强制之后，它的右上角会显示强制图标（一把黄色的锁），取消强制之后，强制图标消失。这样就方便了用户，即使没有接入输入设备，仍然可以用强制、取消强制的操作来模拟开关的闭合和打开。但是强制和取消强制功能不能用于 V、M、AI 和 AQ 位。

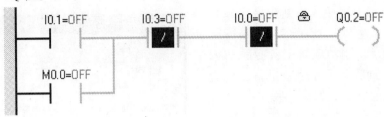

图 3-16　梯形图程序的程序状态监控

6. 用模拟仿真软件调试程序

用户可使用 S7-200 的模拟仿真软件对运行的结果进行调试。

该软件不需要安装，执行其中的 S7-200.exe，就可打开，单击屏幕中间的画面，输入密码"6596"，即可进入，如图 3-17 所示。

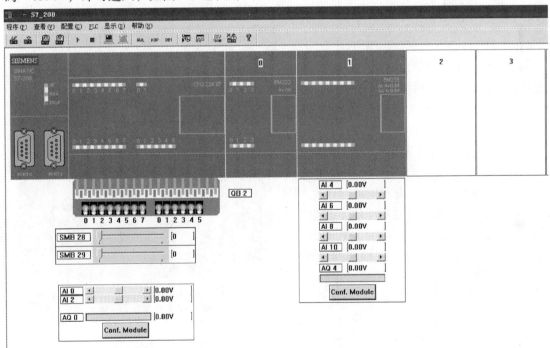

图 3-17　S7-200 模拟仿真软件界面

使用方法及步骤：

1）硬件设置："配置"→"CPU 型号"，这里的型号必须和编程软件中的 CPU 型号一致。图中选用的是 CPU 224XP 型号，此型号含有 14 个输入，10 个输出，2 个模拟量输入 AI0 和 AI2，1 个模拟量输出 AQ0，右边的 0～6 块为它的扩展模块，双击其中一个，会提示添加什么类型的模块，如图 3-18 所示，选择其中一种击"确定"即可加入。但是在这里要注意的是，在添加模块和卸载模块时必须按顺序进行，即添加模块时必须从 0 模块开始向右添加，卸载模块时必须从最后一个模块开始卸载，否则软件会提示。

2）导出程序：在 STEP 7 编程软件中将已编好的程序进行编译，编译成功后，执行"文件"→"导出"，就会生成一个扩展名为 awl 的 ASCII 文本文件。在这里要注意的是，如果程序中含有子程序或中断程序，那么导出时最好是在主程序 OB1 窗口下进行导出，这样就能导出当前项目中所有的 POU 程序，否则，如果在子程序窗口下，只能导出当前窗口的 ASCII 文本文件。

3）下载程序：在仿真软件中，单击"装入程序"按钮，会弹出一个对话框，选择导入文件的版本，根据编程软件的型号选择"Microwin V4.0"，其他项选默认就可以，单击"确定"，选择所导入的 awl 文件，单击"打开"，会弹出梯形图和助记符窗口，根据你的需要，也可以关闭它们。

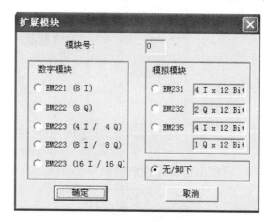

图 3-18　扩展模块

4）模拟调试程序：单击工具条中的"运行"按钮，就会切换到 RUN 状态，左上角的 RUN 灯会变绿，STOP 灯会灭。根据程序要求，单击 CPU 模块下面的小开关手柄，手柄向上代表触点闭合，对应的输入点 LED 灯会变绿，如果此时程序中有输入得电，则对应的输出点的 LED 灯也会变绿，如图 3-19 所示。如果有模拟量输入，在 STOP 状态，单击模块下面的"Conf. Module"，在出现的对话框中设置模拟量输入的量程，程序执行时，划动模块下相应的流动条可以设置此模拟量的值，从而可以了解程序执行的结果是否正确。

单击"程序监控"按钮，结合梯形图，可以看到程序中各变量的执行情况，单击"内存表监视"可以监控 V、M、T、C 等内部变量的值。

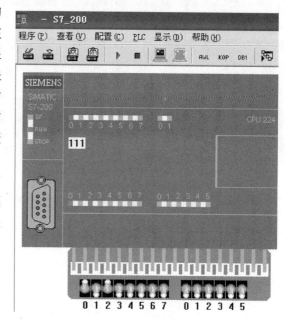

图 3-19　模拟仿真执行画面

【知识拓展】

西门子 S7-300 与 S7-200 PLC 编程的区别

1）先从两者总体应用而言，S7-200 在西门子的 PLC 产品类里属于小型 PLC 系统，适合的控制对象一般都在 256 点以下；S7-300 在西门子的 PLC 产品类里属于大中型 PLC 系统，适合的控制对象一般都在 256 点以上，1024 点以下。

2）硬件区别：S7-200 系列是整体式的，CPU 模块、I/O 模块和电源模块都在一个模块内，称为 CPU 模块；而 S7-300 系列为了适应大中型控制系统，而设计得更加模块化，电源、I/O、CPU 以及导轨都是单独模块。实际上 S7-200 系列也是可以扩展的，一些小型系统不需要另外定制模块，S7-200 系列的模块也有信号、通信、位控等模块。S7-200 系列的模块对机架未专门定义，称为导轨；S7-300 系列的模块装在一根导轨上，称为一个机架，与中央机架对应的是扩展机架，机架还在软件里反映出来。S7-200 系列的同一机架上的模块之间是通过模块正上方的数据接头联系的；而 S7-300 则是通过在底部的 U 形总线连接器连接的。S7-300 系列的 I/O 信号是接在前连接器上的，前连接器再接在信号模块上，而不是 I/O 信号直接接在信号模块上，这样可以更换信号模块而不用重新接线。S7-300 系列 2DP 的部分 CPU 带有 profibus 接口。S7-300 模块化的设计在大中型控制系统中极大地方便了系统的维护、设计及安装。

3）S7-300 与 S7-200 各有自己的指令系统与程序结构。S7-200 编程语言有三种：语句表（STL）、梯形图（LAD）和功能块图（FBD），用的是 STEP 7 Micro/WIN4.0sp6 软件，而 S7-300 与 S7-400、S7-1200 为一个编程体系。S7-300 采用结构化编程，即把程序分为多个功能模块，各模块完成指定功能，通过将各个功能模块结合起来构成完整的控制系统。其中 OB1 所编写的程序就是主程序，而功能（FC）、功能块（FB）、系统功能块（SFB）、系统功能（SFC）中的程序就是子程序，只不过 SFB 和 SFC 是集成在 S7 CPU 中的功能块，用户不需要自己编程，直接调用即可实现特定功能。

【评价标准】

可采用作业、小测试或技能考核的方式对学生掌握 S7-200 基础知识的情况进行评价。考核标准见表 3-7。

表 3-7 考核评价表

序号	考核内容	评价标准	评价方式	分数	得分
1	S7-200 的基础知识	①掌握 S7-200 系列各 CPU 的主要技术指标 ②掌握 S7-200 各型号 CPU 的外部接线方法 ③掌握编程软件 Micro/WIN V4.0 的使用方法 ④掌握 PLC 在线连接和通信参数设置的方法 ⑤掌握 PLC 程序下载、调试或程序状态监控的方法 ⑥掌握模拟仿真软件的使用方法	教师评价	70	
2	学习态度	认真、主动参与学习，守纪律	教师评价 小组成员互评	30	

任务三　西门子 S7-200 系列 PLC 基本指令的应用

【任务描述】

西门子 S7-200 系列 PLC 的基本指令系统包括位逻辑操作指令、定时器与计数器指令以及功能指令。本任务主要介绍位逻辑操作指令和定时器与计数器指令。

【任务分析】

这里通过一个程序实例引出对 S7-200 系列 PLC 位逻辑操作指令及定时器与计数器指令的介绍,如图 3-20 和图 3-21 所示。通过分析以下程序段的功能,掌握基本逻辑指令、定时器与计数器的用法,掌握 LAD 与 STL 指令的一一对应关系和相互转换的方法。

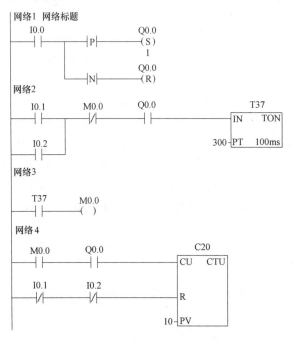

图 3-20 示例梯形图   图 3-21 示例程序指令

【任务实施】

任务实施中所用指令见表 3-8。

表 3-8 任务实施中所用的指令

LAD	STL	功能
标准触点、线圈指令		
─┤ ├─ bit	LD bit	装载,电路开始的常开触点
	A bit	与,串联的常开触点
	O bit	或,并联的常开触点
─┤ / ├─ bit	LDN bit	取反后装载,电路开始的常闭触点
	AN bit	取反后与,串联的常闭触点
─( )─ bit	ON bit	取反后或,并联的常闭触点
	= bit	线圈输出,逻辑置位指令
与堆栈有关的指令		
	ALD	栈装载与,电路块串联连接
	OLD	栈装载或,电路块并联连接
	LPS	逻辑入栈
	LRD	逻辑读栈
	LPP	逻辑出栈

(续)

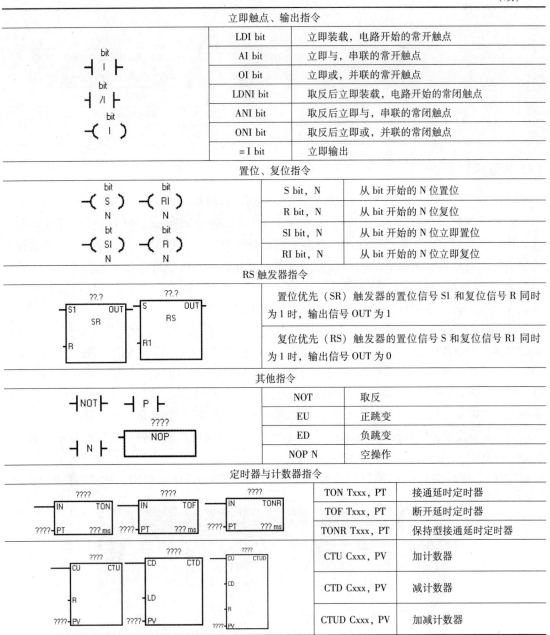

S7-200 的定时器在使用时要注意所选用的分辨率、定时范围及定时器号，定时时间 = 设定值×分辨率。具体见表 3-9。

回头再来分析前面的程序段，对照梯形图右边的 STL 指令表，该程序中包含了标准触点、线圈指令、堆栈指令、置位与复位指令、定时器与计数器指令。

根据各指令的具体用法，分析每个网络的功能可知，该程序段利用定时器与计数器的配合实现了一个 300s 的长延时程序。把程序在编程软件中进行编辑、编译、执行，验证程序的功能是否正确。

表 3-9 定时器分类

类型	分辨率	定时范围	定时器号
TONR	1ms	32.767s	T0 和 T64
	10ms	327.67s	T1~T4 和 T65~T68
	100ms	3276.7s	T5~T31 和 T69~T95
TON TOF	1ms	32.767s	T32 和 T96
	10ms	327.67s	T33~T36 和 T97~T100
	100ms	3276.7s	T37~T63 和 T101~T255

【知识拓展】

触摸屏在工业控制中的应用

触摸屏又称为触控屏、触控面板,是一种可接收触点等输入信号的感应式液晶显示装置,当接触了屏幕上的图形按钮时,屏幕上的触觉反馈系统可根据预先编程的程式驱动各种连接装置,可以取代机械式的按钮面板,并借助液晶显示画面制造出生动的影音效果,是目前最简单、方便、自然的一种人机交互方式(HMI)。它广泛地应用于公共信息的查询、办公、工业控制、军事指挥、电子游戏、多媒体教学等方面。

要制作触摸屏上的 HMI 画面,就要用到组态软件。组态软件,又称为组态监控系统软件,是数据采集与过程控制的专用软件。它是处在自动控制系统监控层一级的软件平台和开发环境,使用灵活的组态方式为用户提供快速构建工业自动控制系统监控的功能。常见的国外组态软件有 Wonderware 公司的 InTouch、Intellution 公司的 iFix、CiT 公司的 Citech、西门子公司的 WinCC、艾斯苯公司的 ASPEN-tech 等。国内的品牌有紫金桥的 Realinfo、纵横科技开发的 Hmi-builder、北京世纪长秋科技有限公司开发的世纪星、北京亚控科技发展有限公司开发的组态王 KingView 等。

图 3-22 所示灌装机触摸屏的主操作画面就是用 WEINVIEW HMI 组态软件 EasyBuilder8000 制作的。

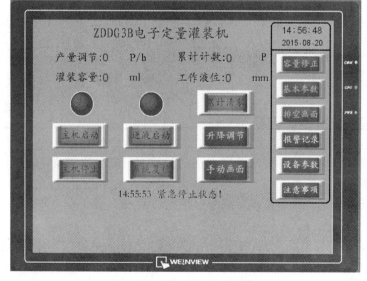

图 3-22 灌装机触摸屏的主操作画面

【评价标准】

可采用提问、作业或小测试的方式对学生掌握西门子 S7-200 系列 PLC 基本指令的情况进行评价。考核标准见表 3-10。

表 3-10 考核评价表

序号	考核内容	评价标准	评价方式	分数	得分
1	S7-200 的基础知识	①掌握各位操作及运算指令、定时器和计数器指令的正确用法 ②能指出所给梯形图的错误，并加以改正 ③能根据梯形图写出指令 STL 序列，能根据指令序列绘制出对应的梯形图 ④能分析出给定程序段的功能	教师评价	70	
2	学习态度	认真、主动参与学习，守纪律	教师评价 小组成员互评	30	

任务四 PLC 数字量控制系统程序的经验法设计

【任务描述】

数字量控制就是开关量控制，属于比较简单的控制方式。本任务以简单的数字量控制为对象，介绍 PLC 控制程序的经验法设计。经验法设计是在一些典型梯形图（如起-保-停电路、定时器电路等）的基础上，根据控制对象的控制要求及流程，编写程序，并通过多次反复调试和修改梯形图，从而得到一个较为满意的程序结果。本任务以 C650 车床的主电动机 M1 的正转连续运转及反接制动为例介绍经验法设计的具体编程思路及方法。

【任务分析】

经验法设计没有固定的步骤和规律，具有很大的试探性和随意性，设计所用的时间、设计的质量与编程者的经验有很大的关系，因此最后的结果不是唯一的，也许结果都能实现，但程序结构和大小可能千差万别。

经验法设计的基本步骤如下：
1) 分析控制要求、选择控制原则。
2) 设计主令和检测元件，确定输入/输出设备，填写 I/O 地址分配表，进行 PLC 的选型。
3) 画系统的外部接线图。
4) 设计执行元件的控制程序。
5) 检查修改和完善程序。

根据经验法的基本步骤，在设计程序之前，必须先分析 C650 车床主电动机 M1 的控制要求，确定其输入/输出设备，填写 I/O 地址分配表，确定 PLC 的型号，画出系统的外部接线图，根据电动机 M1 的控制流程设计控制程序，在 STEP 7 编程软件上编辑、完善程序，最后下载调试程序，直到满足要求为止。

【任务实施】

图 3-23 所示为 C650 车床主电动机 M1 的主电路及控制电路。

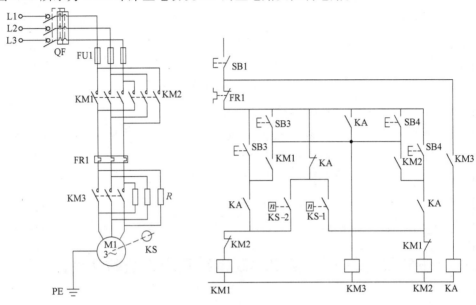

图 3-23 C650 车床主电动机 M1 的主电路及控制电路

在此机床中电动机 M1 可以进行点动调整、正反转的连续运转及正反转的反接制动操作。这里以电动机 M1 的正转连续运转及正转的反接制动操作为例介绍经验法设计的编程思路及操作步骤，其反转连续运转及反转的反接制动操作与此类似。

一、电动机 M1 的正转连续运转及正转的反接制动的操作流程

SB3→KM3＋→KA＋→KM1＋（则 M1 进入全压起动正转状态，当速度达到一定时）→KS-1＋（为反接制动做准备）→按下 SB1→KM1－、KM3－、KA－→R 串入主电路中→SB1 松开→KM2＋，正转的反接制动开始→当运转速度降到一定时，KS-1 断开→KM2－，正转的反接制动结束→自然停车。

二、确定输入/输出设备

输入设备有 SB1、SB3、KS-1、FR1，输出设备有 KM1、KM2、KM3，其 I/O 地址分配表见表 3-11。

表 3-11 I/O 地址分配表

输入设备	地址	作用	输出设备	地址	作用
SB1	I0.0	停止按钮	KM1	Q0.0	正转接触器
SB3	I0.1	起动按钮	KM2	Q0.1	反转接触器
KS-1	I0.2	速度继电器	KM3	Q0.2	中间接触器
FR1	I0.3	热继电器			

三、PLC 选型

根据 I/O 地址分配表，此任务共有 4 个输入点、3 个输出点，属于小型任务，以简单、经济、实用为原则，可以选择西门子 S7-200 CPU 221 AC/DC/Relay 型 PLC 作为控制器，CPU 221 共有 6 个输入接口、4 个输出接口，AC 220V 交流电源电压供电，直流数字量输入、继电器数字量输出方式，可以满足任务设计要求。

四、设计系统的外部接线图

系统外部接线图如图 3-24 所示。

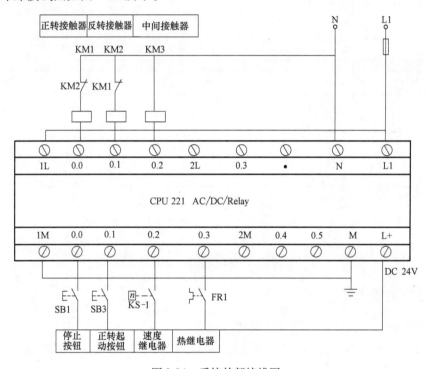

图 3-24 系统外部接线图

五、程序设计

此程序的设计采用梯形图进行编程，有两种方法，其中最简单的方法就是直接将继电器图"翻译"为梯形图。具体方法是：将原继电器图逆时针转 90°将图横着放，然后将图中的输入设备及线圈的触点改成相应的常开触点和常闭触点，并用相应的地址代替其符号表示，将图中的输出线圈改为梯形图中的线圈形式，并用相应的输出地址代替其符号表示。

值得注意的是对停止按钮 SB1 和热继电器 FR1 的处理。为了设计梯形图方便，使梯形图和继电器图中触点的类型相同，一般尽可能地用常开触点作 PLC 的输入信号，所以在设计 PLC 的外部接线图时，要把 SB1 和 FR1 的触点画成常开触点的形式，进而在设计梯形图时就可以按照电器常规的工作形式设计梯形图，即停止按钮画成常闭形式，热继电器也画成常闭形式。

第二种方法是经验法，根据电动机 M1 的工作要求及动作先后编程，如图 3-25 所示。

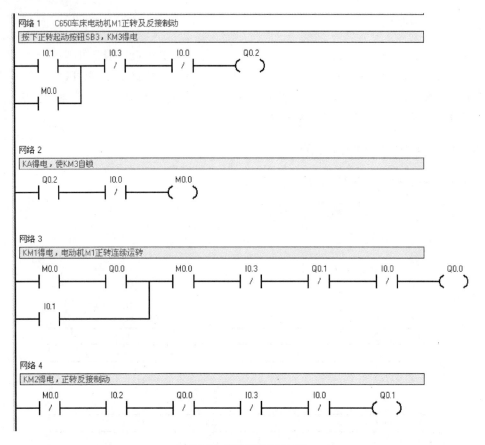

图 3-25 经验法编程示例

六、程序的模拟仿真

1）在断电状态下，接好 USB/PPI 电缆。

2）打开 PLC 的前盖，将运行模式选择开关拨到 STOP 位置，打开编程软件编写程序，修改 PLC 型号，保存，编译。

3）设置通信参数。

4）下载程序到 PLC。

5）单击运行按钮，PLC 进入运行方式。按下正转起动按钮 SB3（I0.1），如果程序正确，则 KM1、KM3 和 KA 得电，观察 PLC 上的 Q0.0、Q0.2 指示灯，应该是点亮的状态，此时电动机 M1 进入正转全压运行状态，如图 3-26 所示。

当速度达到一定值时，速度继电器 KS-1 闭合，观察 I0.2 的状态，此时 Q0.0、Q0.2 指示灯应该还是点亮的状态，如图 3-27 所示。

按下停止按钮 SB1（I0.0），KM1、KM3 和 KA 应失电，而 KM2 应得电，观察 PLC 上的 Q0.0、Q0.2 指示灯，应该是熄灭状态，而 Q0.1 指示灯应是点亮的状态，此时电动机 M1 进入正转反接制动状态，如图 3-28 所示。

当速度降到一定值时，KS-1 断开，KM2 失电，观察 PLC 上的 Q0.1 指示灯，应该是熄灭状态，反接制动结束，如图 3-29 所示。

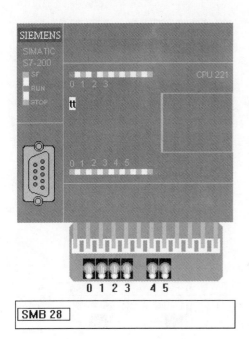

图 3-26 按下 SB3 按钮，电动机 M1 正转

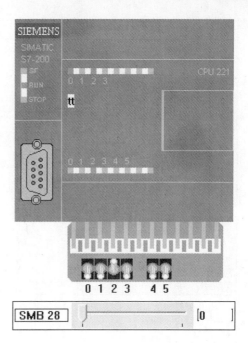

图 3-27 KS-1 闭合，为反接制动做准备

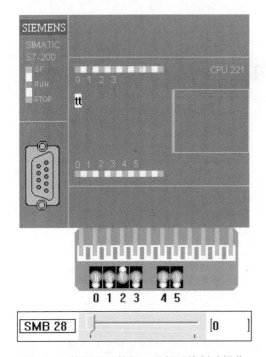

图 3-28 按下 SB1 按钮，进行反接制动操作

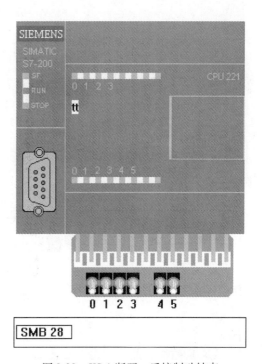

图 3-29 KS-1 断开，反接制动结束

如果没有接输入设备和输出设备，可采用程序的状态监控功能进行调试。按下"程序状态监控"按钮，进入程序状态监控状态。初始状态如图 3-30 所示。

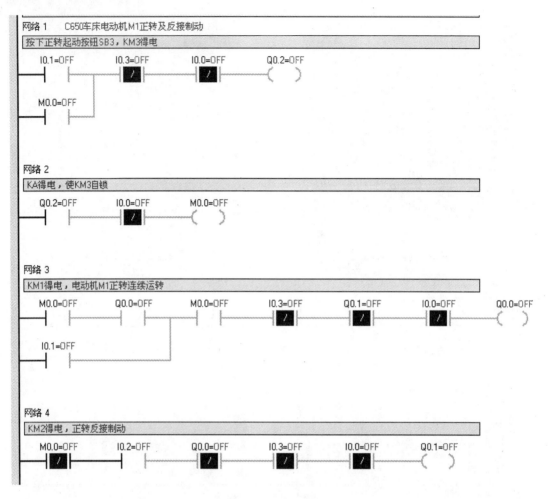

图 3-30 初始状态

按下 SB3 按钮，即 I0.1 强制 ON，KM3、KA、KM1 得电，Q0.2，Q0.0 点亮，电动机进入全压起动状态，如图 3-31 所示。

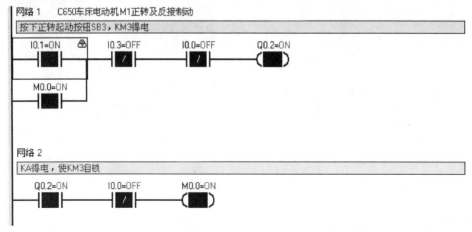

图 3-31 电动机全压起动状态

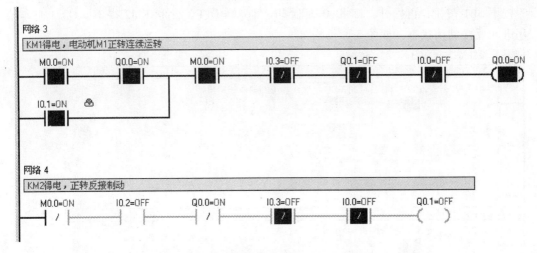

图 3-31　电动机全压起动状态（续）

松开 SB3 按钮，即 I0.1 取消强制，速度继电器 KS-1 闭合，即 I0.2 强制 ON，为反接制动做准备，如图 3-32 所示。

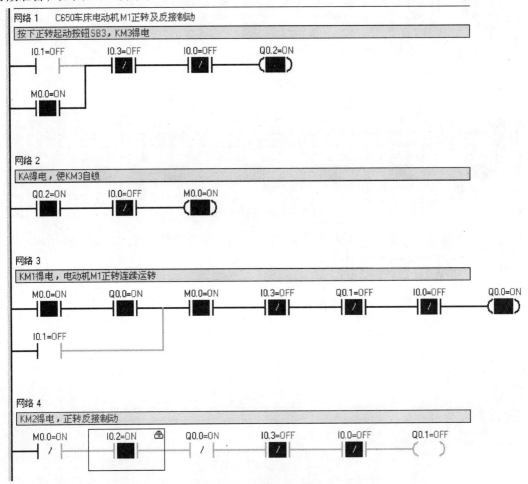

图 3-32　反接制动准备状态

按下 SB1 按钮，再松开，即 I0.0 强制 ON 再强制 OFF，此时 KM2 得电，Q0.1 灯点亮，程序进入反接制动状态，如图 3-33 所示。

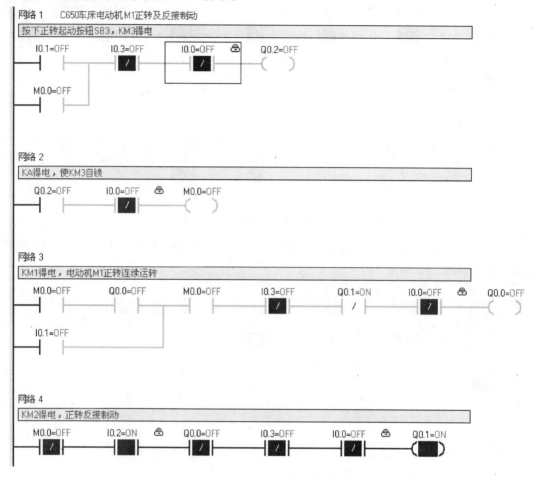

图 3-33 反接制动状态

速度继电器打开，即 I0.2 强制 OFF，Q0.1 失电，反接制动结束，如图 3-34 所示。

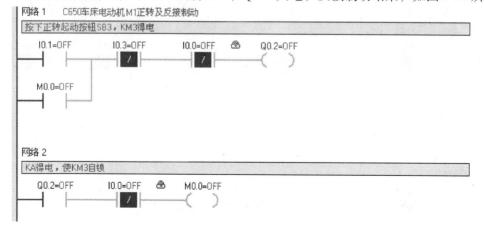

图 3-34 反接制动结束

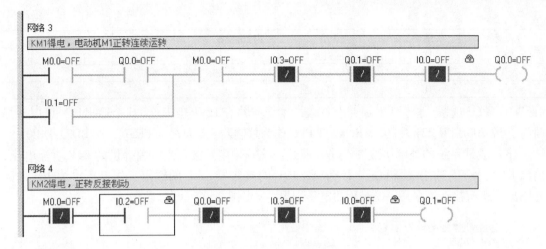

图 3-34 反接制动结束（续）

【知识拓展】

基于 PLC 的普通机床电气控制系统改造

由于机床的应用广泛，提高机床数控化效率则是大势所趋。购置新的数控机床是提高机床数控化效率的途径，对旧机床进行数控化改造也是提高机床数控化效率的重要途径。机床数控化改造可降低采购数控机床的成本，为企业节约资金。近几年，随着国内各种类型机床改造需求的扩大，机床改造已经逐渐形成了一个产业。

旧的普通机床要进行数控改造，需对改造的机床进行全面的了解。良好的力学性能是机床数控化改造成功的基础条件，否则，再好的数控系统也无法发挥其应有的性能。旧机床电气系统由于元器件老化故障不断，是机床改造的重点目标。旧的普通车床仍采用的是继电器系统，由于其接线复杂，故障诊断与排除困难，耗时耗力，造成了企业的生产率低下，效益差。随着 PLC 技术在工业中的大量应用，采用 PLC 改造传统机床的电气控制系统不失为一个选择。在此以 C650 车床的控制系统为例，介绍采用 PLC 改造其电气控制系统的设计过程。

C650 车床的电气控制要求及电气控制电路的分析在项目二的任务一中已做了详细的叙述，在此就不再赘述，下面重点介绍其控制电路的 PLC 改造过程。

（1）I/O 地址分配　输入设备有 SB1、SB2、SB3、SB4、SB5、SB6、KS-1、KS-2、FR1、FR2、ST、SA，输出设备有 KM1、KM2、KM3、KM4、KM5、EL，其 I/O 地址分配表见表 3-12。

表 3-12　I/O 地址分配表

输入设备	地址	作用	输出设备	地址	作用
SB1	I0.0	总停止按钮	KM1	Q0.0	正转接触器
SB2	I0.1	点动按钮	KM2	Q0.1	反转接触器
SB3	I0.2	正转起动按钮	KM3	Q0.2	中间接触器
SB4	I0.3	反转起动按钮	KM4	Q0.3	冷却泵电动机
SB5	I0.4	冷却泵电动机停止	KM5	Q0.4	快速移动电动机
SB6	I0.5	冷却泵电动机起动	EL	Q0.5	照明灯
KS-1	I0.6	速度继电器 1			
KS-2	I0.7	速度继电器 2			
FR1	I1.0	热继电器 1			

输入设备	地址	作用	输出设备	地址	作用
FR2	I1.1	热继电器2			
ST	I1.2	快速移动电动机起动			
SA	I1.3	照明灯点亮			

(2) PLC 选型 根据 I/O 地址分配表，本任务共有 12 个输入点、6 个输出点，可以选择西门子 S7-200 CPU 224 AC/DC/Relay 型 PLC 作为控制器，订货号为 6ES7 214-1BD23-0XB0。

(3) 设计系统的外部接线图 输入端开关统一采用外接直流电源提供的 24V 直流电压，输出 KM1~KM5 选用线圈额定电压为 AC 36V 的接触器，EL 的额定工作电压也为 36V，因此输出的所有接点均采用 AC 36V 的电压即可，如图 3-35 所示。

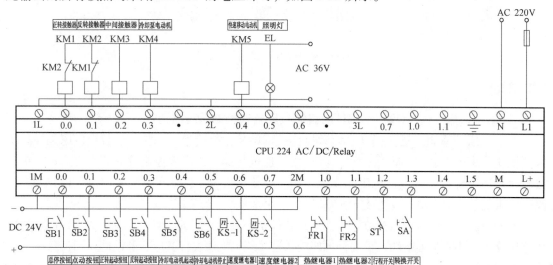

图 3-35 外部接线图

(4) 参考程序设计 参考程序设计图如图 3-36 所示。

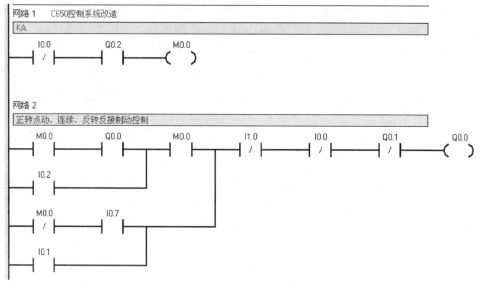

图 3-36 参考程序设计图

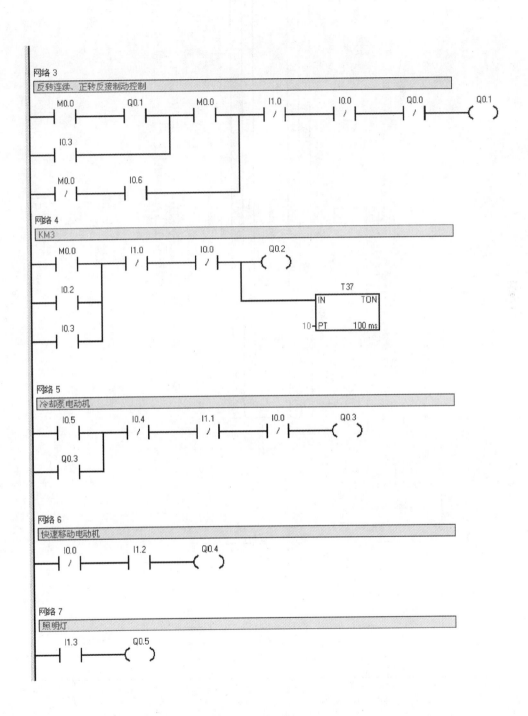

图 3-36　参考程序设计图（续）

（5）改造后的电气控制系统参考接线图　参考接线图如图 3-37 所示。

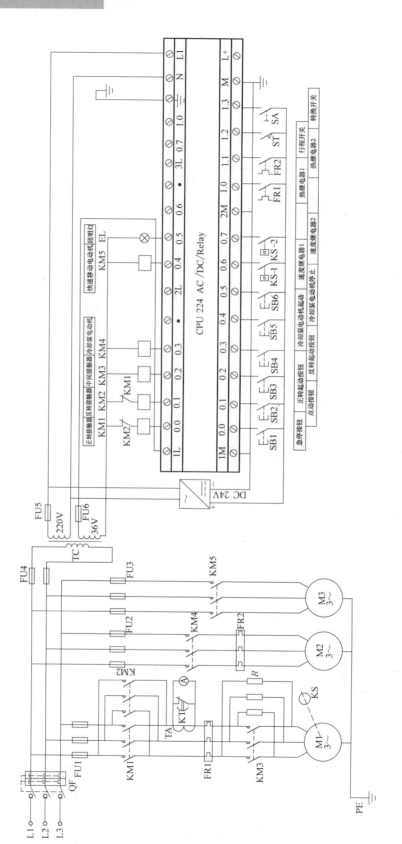

图3-37 改造后的电气控制系统参考接线图

读者可以自己进行程序的调试仿真。

【评价标准】

本任务应用性较强，可采用技能考核的方式对学生应用经验法编程解决实际问题的能力进行评价，可以采用实例进行考核，如对 Z3050 摇臂钻床的电气控制系统进行 PLC 改造。考核标准见表 3-13。

表 3-13 考核评价表

序号	考核内容	评价标准	评价方式	分数	得分
1	电气控制部分的改造	①能够列出 I/O 地址分配表，并进行 PLC 选型 ②能画出改造后的系统接线图 ③能设计出梯形图程序	教师评价	35	
2	改造后的调试	①能正确进行 PLC 在线连接，并进行通信参数设置 ②能进行程序下载并调试，或进行程序状态监控，或用仿真软件进行模拟调试 ③能够按规范进行安全操作		35	
3	学习态度	①认真、主动参与学习，守纪律 ②具有团队成员合作的精神 ③爱护实训室环境卫生	教师评价 小组成员互评	30	

任务五　PLC 程序的顺序控制法设计

【任务描述】

经验法没有固定的步骤可以遵循，具有试探性，所编程序的快慢、质量的完善与否均与编程者的经验有一定的关系。尤其是在设计较复杂系统的梯形图时，需要考虑的因素很多，因为它要用到大量的中间单元，因此在修改某一处时，往往会影响到其他部分，且读者在阅读程序时也很难一下就分析到位。本任务介绍顺序控制法。此编程方法有一定的步骤可循，很容易被初学者接受，尤其是对于一些较复杂的系统程序，用顺序控制法可以提高效率。

顺序控制就是按照生产工艺预先规定的顺序，在各个输入信号的作用下，根据内部状态和时间的顺序，在生产过程中各个执行机构自动地有秩序地进行工作。本任务以某专用钻床为例，介绍顺序控制法在实际机床加工上的应用。

【任务分析】

某专用钻床用于加工圆盘零件上均匀分布的 6 个孔，如图 3-38 所示。开始自动运行时，两个钻头在最上面的位置，操作人员放好工件后，按下起动按钮，工件被夹紧，两个钻头同时开始工作，钻到设定的深度时，两个钻头同时上行，升到起始位置时，分别停止上行，计数加 1。若没有钻完 3 对孔，工件旋转 120°，开始钻第 2 对孔。3 对孔都钻完以后，工件松开，系统返回初始状态。

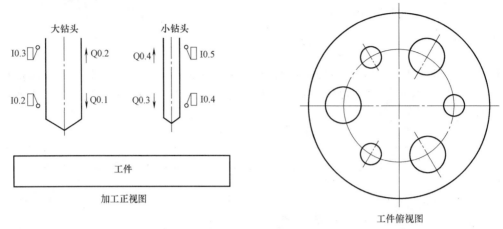

图 3-38 专用钻床加工示意图

根据任务要求完成以下几个方面的内容：
1）对任务进行详细分析，给后面的操作做好铺垫。
2）列出 I/O 地址分配表，并进行 PLC 的选型；
3）画出 PLC 的外部接线图。
4）画出顺序功能图。
5）设计梯形图程序。
6）程序调试。

【任务实施】

一、工作过程分析

开始自动运行时两个钻头在最上面的位置，应分别有两个限位开关来限定位置（SQ2 和 SQ4 为 ON）。操作人员放好工件后，按下起动按钮 SB1，工件被夹紧（KM1 为 ON），夹紧后应该用压力继电器进行测试（SP 为 ON），两个钻头同时开始工作（KM2 和 KM4 为 ON），分别钻到设定的深度时（由限位开关 SQ1 和 SQ3 设定），两个钻头同时上行（KM3 和 KM5 为 ON），升到设定的起始位置时（由限位开关 SQ1 和 SQ3 设定），分别停止上行，计数值加 1（设定值为 3 的计数器 C0 的当前值加 1）。两个都上升到初始位置后，若没有钻完 3 对孔（此时计数器 C0 的常闭触点仍闭合），工件旋转 120°（KM6 为 ON），旋转到位时（由限位开关 SQ5 为 ON 设定），又开始钻第 2 对孔。3 对孔都钻完后，计数器 C0 的当前值等于设定值 3（此时计数器 C0 的常开触点应闭合），工件松开（KM7 为 ON），松开到位时（由限位开关 SQ6 为 ON 设定），系统返回初始状态。

二、I/O 地址分配

I/O 地址分配表见表 3-14。

一共有 8 个输入端口，7 个输出端口，可以选择 CPU 224 DC/DC/DC 型 PLC 作为控制器，其订货号为 6ES7214-1AD23-0XB0。这里要注意的是，如果选用的输出设备分别由 KM1～KM7、7 个线圈额定电压为 AC 220V 的交流接触器来控制，因为 CPU 选择的型号是 DC/

DC/DC 型，其晶体管数字量输出设备的工作电压为 DC 24V，所以 PLC 上的输出设备应选用线圈额定电压为 24V 的直流继电器 KA1～KA7，再用 KA1～KA7 的常开触点分别来控制 KM1～KM7，具体接线如图 3-39 所示。

表 3-14 I/O 地址分配表

输入设备	地址	输出设备	地址
起动按钮 SB1	I0.0	工件夹紧继电器 KA1	Q0.0
压力继电器 SP	I0.1	大钻头下行继电器 KA2	Q0.1
设定深度限位开关（大）SQ1	I0.2	大钻头上行继电器 KA3	Q0.2
初始位限位开关（大）SQ2	I0.3	小钻头下行继电器 KA4	Q0.3
设定深度限位开关（小）SQ3	I0.4	小钻头下行继电器 KA5	Q0.4
初始位限位开关（小）SQ4	I0.5	工件旋转继电器 KA6	Q0.5
旋转到位限位开关 SQ5	I0.6	工件松开继电器 KA7	Q0.6
松开到位限位开关 SQ6	I0.7		

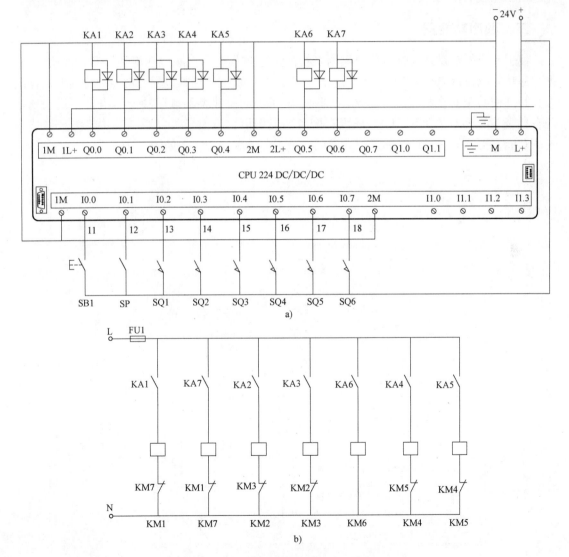

图 3-39 外部接线图及继电器连接控制图

需要注意以下几点：

1）在 PLC 输出端各直流继电器的两端应并联二极管。PLC 的输出是晶体管数字量输出，当所接的直流感性负载有电流通过时，会在其两端产生感应电动势。当电流消失时，其感应电动势会对电路中的晶体管产生反向电压，当反向电压高于晶体管的反向击穿电压时，会使晶体管造成损坏。续流二极管并联在感性负载两端，当流过感性负载中的电流消失时，由于二极管的接入正好和反向电动势方向一致，感性负载产生的感应电动势通过二极管和感应负载构成的回路做功而消耗掉，从而保护了电路中的晶体管和其他元件的安全。若输出中有电磁阀线圈，在电磁阀线圈两端并联一个快速开关二极管，在电磁阀线圈失电时，产生的反向电动势冲击可以得到明显抑制。

2）用 KA1～KA7 的常开触点间接地控制输出设备，所在 PLC 的外部接线图中，输出端口 KA1 和 KA7、KA2 和 KA3、KA4 和 KA5 均没有画出互锁环节，而在继电器连接控制图中体现出了互锁的作用。

三、顺序功能图

使用顺序控制设计法时，首先根据系统的工艺过程，画出顺序功能图（SFC），然后根据顺序功能图设计出梯形图。顺序功能图是描述控制系统的控制过程、功能和特性的一种图形，是一种通用的技术语言。S7-300/400 的 S7 Graph 是典型的顺序功能图语言，只是现在还有相当多的 PLC（如 S7-200）还没有配备功能图语言，但是可以用顺序功能图来描述系统的功能，再根据它来设计梯形图。专用钻床工艺的顺序功能图如图 3-40 所示。

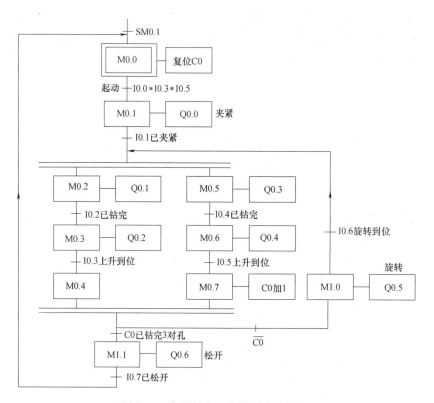

图 3-40　专用钻床工艺的顺序功能图

在设计顺序功能图时应注意如下几个问题:

1) 此程序根据输出量的状态变化划分了 10 步,各步采用位存储器来表示,其中 M0.0 为初始步,是用来等待起动命令的相对静止的状态,用双线方框表示。注意:初始步必不可少。

2) 当各步间的转换条件满足时,系统由当前步进入下一步。在某一步中,钻床要完成一定的动作,当该步为活动步时,对应的动作将被执行。

3) 顺序功能图共有三个基本结构:单序列、选择序列和并行序列。在此程序的功能图中包含了这三种基本结构。在这里要注意各序列上的结构区别。

4) 检查一个功能图是否正确,要注意两个步间不能直接连接,必须用一个转换条件将它们隔开;而两个转换条件也不能直接连接,必须用一个步将它们隔开。

5) 顺序功能图不能有死胡同,在完成一次工艺过程的全部操作之后,应能从最后一步返回初始步,为下一次执行做准备。

四、顺序控制梯形图的设计方法

梯形图有两种设计方法:使用起-保-停电路的顺序控制梯形图设计方法和以转换为中心的顺序控制梯形图设计方法。这里重点介绍起-保-停电路的顺序控制梯形图设计方法,如图 3-41 所示。

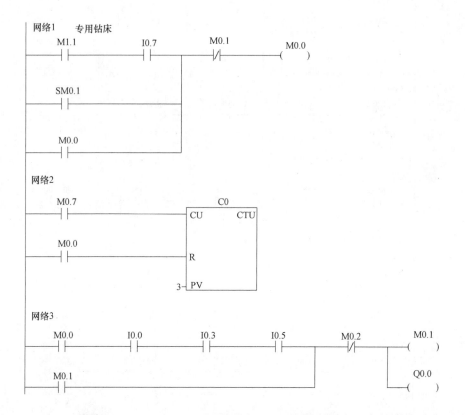

图 3-41 起-保-停电路的顺序控制梯形图

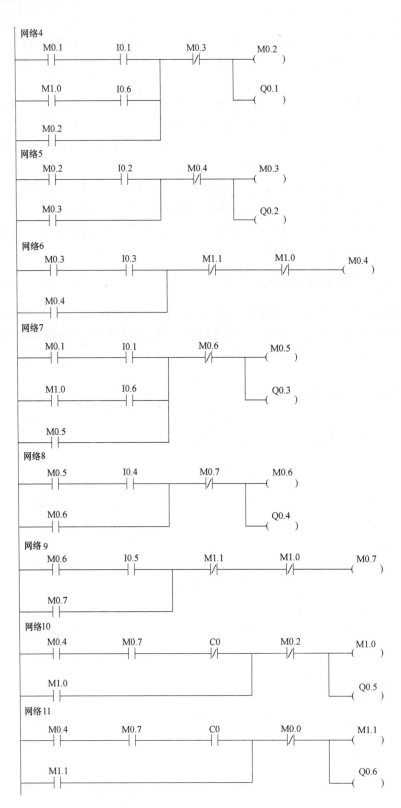

图 3-41 起-保-停电路的顺序控制梯形图（续）

程序编辑完后,可在模拟仿真软件中进行程序调试,请读者自行完成。

【知识拓展】

使用 SCR 指令的顺序控制梯形图设计方法

S7-200 中的顺序控制继电器(SCR)专门用于编制顺序控制程序。顺序控制程序被划分为 LSCR 与 SCRE 指令之间的若干个 SCR 段,一个 SCR 段对应顺序功能图中的一步。主要的顺序控制继电器指令见表 3-15。

表 3-15 顺序控制继电器指令

梯形图	SCR	SCRT	SCRE
描述	SCR 程序段开始	SCR 转换	SCR 程序段结束

采用 SCR 编制顺序功能图的方法与前面的相同,只是每一步采用顺序控制继电器 S 位来表示;也存在三种序列,只是将顺序功能图转换为梯形图的方式不同。

图 3-42 包含了单序列、选择序列和并行序列,下面分析将其转换为梯形图的形式。

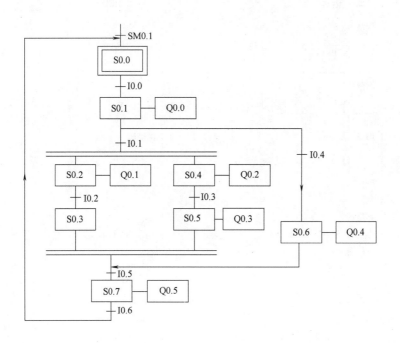

图 3-42 SCR 编制的顺序功能图

转换后的梯形图如图 3-43 所示。

但是值得注意的是:SCR 指令的顺序控制梯形图程序在 S7-200 仿真软件中进行仿真时,会提示在这个仿真软件版本中不支持指令 LSCR S0.0 的执行。只能用 PLC 进行在线调试,经调试证明以上梯形图的转换是符合顺序功能图要求的。

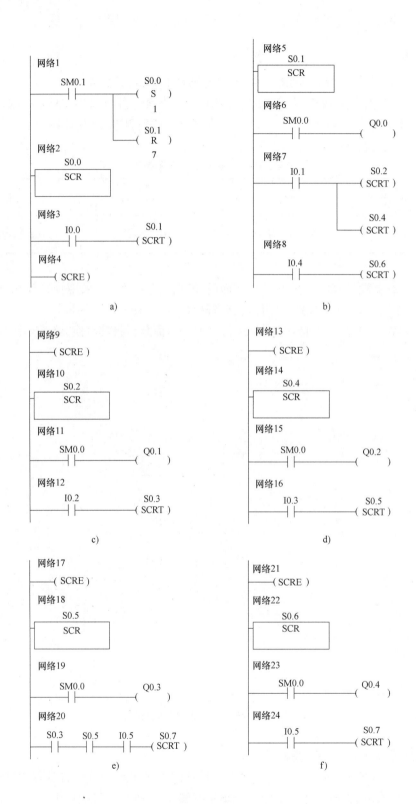

图 3-43 SCR 顺序功能图对应的梯形图

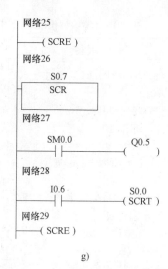

图 3-43　SCR 顺序功能图对应的梯形图（续）

【项目小结】

本项目共包含 4 个任务，主要介绍了 S7-200 系列 PLC 的特性、指令系统及数字量控制系统梯形图程序的设计方法，要求学生重点掌握梯形图的经验法设计和顺序控制法设计。

任务一要求学生对 PLC 的基础知识，如主要的生产厂家、基本结构、工作原理和主要应用等方面有一定了解。

任务二主要介绍西门子 S7-200 系列 PLC，要求学生重点掌握 S7-200 系列各 CPU 的主要技术指标、各型号 CPU 的外部接线及编程软件 Micro/Win V4.0 的使用方法、PLC 在线连接和通信参数设置的方法、程序下载、调试或程序状态监控的方法。

任务三重点介绍了位操作及运算指令、定时器和计数器指令，要求学生在掌握基本指令的基础上，能进行给定程序段的功能分析、梯形图 LAD 与指令 STL 间的相互转换。

任务四介绍了 PLC 程序的经验法设计，要求学生掌握一些典型的控制电路，如有记忆功能的电路、定时器与计数器应用电路等，并能根据实际被控对象的控制要求将其熟练应用到设计中来。

任务五介绍了顺序控制法设计，要求学生能够根据控制要求正确画出顺序功能图，并将其转换成梯形图加以调试。

【评价标准】

本项目应用性较强，要求学生在掌握重点知识点的基础上，能根据实际应用的要求，采用 S7-200 系列 PLC 对其进行编程控制。因此，可以采用实例进行考核，如下：初始状态时，某冲压机的冲压头停在上面，限位开关 I0.2 为 ON，按下起动按钮 I0.0，输出位 Q0.0 控制的电磁阀线圈通电并保持，冲压头下行。压到工件后压力升高，压力继电器动作，使输入位 I0.1 变为 ON，用 T37 保压延时 5s 后，Q0.0 为 OFF，Q0.1 为 ON，上行电磁阀线圈通电，冲压头上行。返回到初始位置时碰到限位开关 I0.2，系统回到初始状态，Q0.1 为 OFF，冲压头停止上行。考核标准见表 3-16。

表 3-16 考核评价表

序号	考核内容	评价标准	评价方式	分数	得分
1	程序设计	①能够列出 I/O 地址分配表,并进行 PLC 选型 ②能画出 PLC 的外部接线图 ③能设计出梯形图程序	教师评价	35	
2	程序调试	①能正确进行 PLC 在线连接并进行通信参数设置 ②能进行程序下载并调试,或进行程序状态监控,或用仿真软件进行模拟调试 ③能够按规范进行安全操作	教师评价	35	
3	学习态度	①认真、主动参与学习,守纪律 ②具有团队成员合作的精神 ③爱护实训室环境卫生	教师评价 小组成员互评	30	

【思考与练习】

1. 与继电器控制系统相比,PLC 有哪些优势?

2. 某一控制系统所需的输入/输出点数为:数字量输入 24 点、数字量输出 20 点、模拟量输入 6 点、模拟量输出 2 点。请针对此需求进行 PLC 型号的选择,判断其是否需要扩展模块,如需要,请列出一种可行的模块选取组合,并进行各模块的编址分配。

3. 根据梯形图写出对应的语句表,如图 3-44 所示。

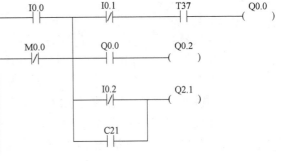

图 3-44 梯形图

4. 根据下列语句表程序,画出梯形图。

```
LD    I0.0
AN    I0.1
LD    I0.2
A     I0.3
O     I0.4
A     I0.5
OLD
LPS
A     I0.6
=     Q0.1
LPP
```

```
A      I0.7
=      Q0.2
A      I1.1
=      Q0.3
```

5. 分析下面程序（图3-45）的工作过程。

6. 根据三相电动机丫-△起动的继电器图设计出梯形图。

7. 有4个照明灯，控制要求如下：按下起动按钮SB1，L1亮，1s后L1灭L2亮，1s后L2灭L3亮，1s后L3灭L4亮，1s后L4灭L1亮，1s后循环，SB2为急停按钮。

8. 抢答器程序设计控制任务：有3个抢答席和1个主持人席，每个抢答席上各有1个抢答按钮和一盏抢答指示灯。参赛者在允许抢答时，第一个按下抢答按钮的，抢答席上的指示灯将会亮，且释放抢答按钮后，指示灯仍然亮；此后另外两个抢答席上即使再按各自的抢答按钮，其指示灯也不会亮。故主持人可以轻易地知道谁是第一个按下抢答器的。抢答结束后，主持人按下主持席上的复位按钮（常闭按钮），则指示灯熄灭，可以进行下一题的抢答比赛。

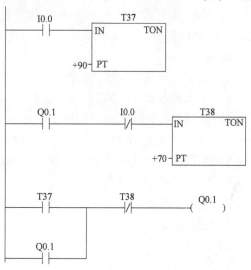

图3-45 梯形图练习

要求：本控制系统有4个按钮，其中3个常开SB1、SB2、SB3，一个常闭SB0。另外，有3盏灯HL1、HL2、HL3作为控制对象。

6~8题要求：

1) 列出I/O地址分配表，并进行PLC选型。

2) 画出PLC外部接线图。

3) 设计出梯形图程序（经验法或顺序控制法均可）。

4) 进行PLC在线连接并进行通信参数设置。

5) 程序下载并调试或进行程序状态监控。

项目四　数控机床故障诊断与维修基础

【学习目标】

通过此项目的学习，掌握数控机床故障诊断与维修的相关基础知识，为后续的数控系统、主轴驱动系统、伺服驱动系统等方面的故障诊断与维修做准备。

1. 知识目标

1）理解数控机床故障的概念。
2）了解数控机床故障产生的原因。
3）掌握数控机床的故障规律。
4）掌握数控机床故障诊断与维修的基本原则和要求。
5）掌握数控机床的三种维修方式的特征、特点。
6）掌握设备修理复杂系数和工时定额的概念。
7）初步掌握维修计划编制的内容。

2. 技能目标

1）能够根据数控机床的故障现象结合数控机床故障诊断与维修的基本原则估计数控机床故障产生的原因。
2）能够按照数控机床的特点及加工要求初步确定其维修方式。
3）能够进行数控机床故障维修的工时定额及维修资金的计算。
4）能够看懂数控机床的相关技术资料。

3. 能力目标

1）具备一定的数控机床专业知识及职业素养。
2）具备一定的动手实践操作能力。
3）具备正确操作维修工具及诊断仪表的能力。

【内容提要】

任务一：初识数控机床故障诊断，主要内容包括数控机床故障诊断与维修的一些基本概念、基本原则及故障产生的原因。

任务二：数控机床维修基础认知，主要内容包括数控机床故障维修的方式及数控设备修理复杂系数、工时定额等概念。

任务一　初识数控机床故障诊断

【任务描述】

本任务主要是让学生理解数控机床故障诊断与维修的一些基本概念，掌握数控机床故障诊断维修的基本原则，认识数控机床故障产生的原因和故障规律。

【任务实施】

一、数控机床故障的概念

从 1952 年美国研制出第一台数控机床以来，经过 50 多年的发展，数控机床已遍布全世界。为了适应多品种、换型快、中小批量生产的需要，数控机床的应用越来越普及。数控机床是一种自动化程度较高、结构较复杂的先进加工设备，是一种典型的机电一体化产品，能够实现机械加工的高速度、高精度和高自动化，在企业生产中占有重要地位。若数控机床出现故障后不能及时修复，将直接影响企业的生产效率和产品质量，给生产单位带来巨大的损失。所以熟悉和掌握数控机床的故障诊断与维修技术，及时排除故障是非常重要的。

数控机床在使用中一旦出现异常状态，就要利用各种检查和测试方法诊断其是否出了故障。检查机床是否存在故障的过程是故障检测，而进一步确定故障所在大致部位的过程是故障定位。要求把故障定位到实施修理时可更换的产品层次（可更换单位）的过程称为故障隔离。故障诊断就是指故障检测和故障隔离的过程。

数控机床故障诊断是在机床运行中或相对静止条件下测取状态信息，根据信息确定机床是否出现故障，进而确定故障的部位和原因，并预测、预报设备未来的状态和发展趋势，从而找出对策，是防止事故和计划外停机的有效手段。

二、故障产生的原因

数控机床是个复杂的系统，一台数控机床既有机械装置、液压系统，又有电气控制部分和软件程序等。组成数控机床的这些部分，由于种种原因，不可避免地会发生不同程度、不同类型的故障，导致数控机床不能正常工作。这些原因大致包括以下几个方面：

1) 机械锈蚀、磨损和损坏。
2) 元器件老化、损坏和失效。
3) 电气元件、插接件接触不良。
4) 环境变化，如电流或电压波动、温度变化、液压压力和流量的波动以及油污等。
5) 随机干扰和噪声。
6) 软件程序丢失或被破坏。

此外，错误的操作也会引起数控机床不能正常工作。数控机床一旦发生故障，必须及时予以维修，将故障排除。数控机床维修的关键是故障的诊断，即故障源的查找和故障定位。

三、数控机床的故障规律

按照数控机床产生故障频率的高低，数控机床的整个使用寿命期大致可分为三个阶段：磨合期、稳定工作期以及衰退期。图 4-1 所示为数控机床使用时间-故障率规律曲线（浴盆曲线）。

（1）磨合期（早期故障期） 从数控机床整机安装调试完成后开始运行半年至一年期间，故障频

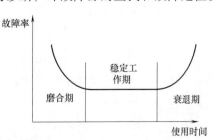

图 4-1 故障规律曲线（浴盆曲线）

率较高,一般无规律可循,但随着使用时间的增加迅速下降。在这期间,电气、液压和气动系统故障发生率较高,为此,要加强对机床的监测,定期对机床进行机电调整,以保证各种运行参数处于技术规范之内。

(2) 稳定工作期(使用期,偶发故障期) 设备开始进入相对稳定的正常运行期后,此时各类元器件器质性的故障较为少见,但不排除偶发性故障的产生,所以,在这个时期内要坚持做好设备运行记录,以备排除故障时参考。同时,要坚持每隔6个月对设备做一次机电综合检测和校核。这个时期内,机电故障发生率小,且大多数可以排除。相对稳定运行期较长,一般为7~10年。

该时期的特点是:故障率低而且相对稳定,近似常数。

(3) 衰退期(后期,耗损故障期) 机床进入衰退期后,各类元器件开始加速磨损和老化,故障率开始逐年递增,故障性质属于渐发性和器质性的。例如橡胶件的老化,轴承和液压缸的磨损,限位开关接触灵敏度以及某些电子元器件品质因数开始下降等,大多数渐发性故障具有规律性。在这个时期内,同样要坚持做好设备运行记录,所发生的故障大多数是可以排除的。

该时期的特点是:随着时间的增加,数控技术处于故障频发状态。

四、数控机床故障诊断与维修的基本原则和要求

所谓数控机床发生故障(或称失效)是指数控机床丧失了规定的功能。故障可按表现形式、性质、起因等分为多种类型。但不论哪种故障类型,在进行诊断时,都可遵循一些原则和诊断技巧。

1) 数控机床故障诊断与维修的基本原则主要包括以下几个方面:

① 充分调查故障现象,首先对操作者进行询问,详细询问出现故障的全过程,有些什么现象产生,采取过什么措施等。然后要对现场做细致的勘测。

② 查找故障的起因时,思路要开阔,无论是集成电器,还是机械、液压,只要有可能引起该故障的原因,都要尽可能全面地列出来。然后进行综合判断和优化选择,确定最有可能产生故障的原因。

③ 先机械后电气,先静态后动态原则。在故障检修之前,首先应注意排除机械性的故障。再在运行状态下,进行动态的观察、检验和测试,查找故障。而对通电后会发生破坏性故障的,排除危险后方可通电。

2) 数控机床故障诊断与维修的基本要求。除了丰富的专业知识外,进行数控机床故障诊断的工作人员需要具有一定的动手能力和实践操作经验。工作人员应结合实际经验,善于分析思考,通过对故障机床的实际操作分析故障原因,做到以不变应万变,达到举一反三的效果。完备的维修工具及诊断仪表必不可少,常用工具如螺钉旋具、钳子、扳手、电烙铁等,常用检测仪表包括万用表、示波器、信号发生器等。除此以外,工作人员还需要准备好必要的技术资料,如数控机床电器原理图样,结构布局图样,数控系统参数说明书,维修说明书,安装、操作、使用说明书等。

【知识拓展】

数控机床维修技术现状及发展趋势

数控机床作为机床领域的主流产品,已成为实现装备制造业现代化的关键设备。虽然我

国的数控机床产业发展迅速，但仍不能完全满足国内市场需求，至今许多重要功能部件、自动化刀具、数控系统仍需依靠国外技术支撑。尤其是对从国外引进的数控机床，一旦数控系统出现故障，其维修费用高达几十万到上千万美元，而且维修周期较长，故障若不及时排除，将会给企业造成较大的经济损失。因此如何提高我国数控机床的设计和制造水平，加速数控机床产业发展是目前我国有待解决的一大难题。

随着制造业对数控机床的大需求以及计算机技术的飞速进步，数控机床将向着高速化、高精度化、复合化、智能化、开放化、网络化、多轴化和绿色化等方向发展。这就使数控机床的故障诊断向数据化、网络化、智能化等方向发展，任何故障都可以通过仪器检测，或许有些故障通过远程网络在办公室就可以解决，有些数控系统可以通过自诊断就能自动修复部分故障，对维修人员经验的依赖程度将会降低。

【评价标准】

可采用提问或小测试的方式对学生掌握数控机床故障诊断与维修基本概念的理解进行评价。考核标准见表 4-1。

表 4-1　考核评价表

序号	考核内容	评价标准	评价方式	分数	得分
1	初识数控机床故障诊断	①能理解数控机床故障及数控机床故障诊断与维修的定义 ②能理解数控机床故障产生的原因 ③能理解数控机床故障产生的规律 ④能理解数控机床故障诊断与维修的基本原则和要求	教师评价	70	
2	学习态度	认真、主动参与学习，守纪律	教师评价 小组成员互评	30	

任务二　数控机床维修基础认知

【任务描述】

正确区别数控机床故障的三种维修方式的特征和特点，理解机床修理复杂系数和工时定额的概念，掌握数控机床维修工时定额的一般计算。

【任务实施】

数控机床属于精密机床，在生产中起着重要的作用，为了保证生产的正常进行，一旦出现故障，需要及时地进行修复。根据故障的表现形式，一般有三种维修方式：事后维修方式、定期维修方式和检测诊断维修方式。

一、事后维修方式

事后维修是指机床部件运行至损坏后再进行修理的方式。对于结构简单，价值相对较低，对机床操作控制影响不大，或出现故障后造成的损失不大的情况，常常采用这种方式进行维修。

特征：损坏后再修。
条件：价值低，对机床无重要影响，易换、易修零部件。
适用范围：简单、次要作用零部件。

二、定期维修方式

对于数控机床上那些价值高、维修周期长、一旦损坏后将对机床和生产造成较大损失、无相同备用的零部件，一般定期进行检修，间隔时间根据设备情况而定。

特征：按固定周期检修。
条件：一旦出现故障，损失较大。
适用范围：无备用零部件。
缺点：不科学、不经济，缺乏科学依据，容易造成过剩修理，且有时反而加速某些设备的人为损坏。因此以时间为基础的预防性维修是不经济的，需要一个更合理的解决方法，即诊断维修方式。

三、检测诊断维修方式

这是一种科学的维修方式，又称为预测或预知性维修。与定期维修相比，就是将定期检修变成定期诊断机床状态，如图4-2所示。

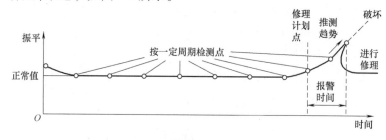

图4-2　检测诊断维修方式

检测诊断维修是一种以设备技术状态为基础的、按实际需要进行修理的预防维修方式，是在状态监测与故障诊断的基础上，掌握设备的运行状态信息，特别是故障发展的劣化趋势，在高度预知的情况下，实时、合理地安排预防性修理。在科技发展的今天，应用状态监测与故障诊断手段，推行设备状态维修，正是设备现代化管理的精髓和关键所在。

特征：变定期维修为定期测量，必要时才修。
条件：无限制、适应性广。

四、维修计划与组织工作

企业的设备管理部门常根据机床设备的状态对机床进行有计划的、适当规模的维修。在执行时，也需要合理组织，保证检修进度、质量和效益，这种计划组织工作就是维修计划管理。例如，在考虑一台机床的修理时，需要根据诊断的分析判断安排合适的修理时间，由哪个部门或哪些人员执行修理，需要多少修理时间，所需经费是多少等。

1. 机床维修工时定额

企业在确定机床整体修理计划时,要考虑维修总工时不得超过维修部门的承受能力。修理停机时间不影响生产计划,修理总费用不突破费用定额。因此,需要比较准确地确定各类设备在大、中、小修等类别下的工时定额、停机时间定额以及费用定额,因此需要一个可供参考的标准,这个参考标准就是机床修理复杂系数。

(1) 机床修理复杂系数 机床修理复杂系数是衡量修理复杂程度、工作量大小以及确定各项定额指标的一个参考单位。

机械方面:以标准等级机修钳工彻底检修(大修)一台标准机床 CA6140 所耗用劳动量的 1/11 作为一个机修复杂系数,即 CA6140 车床的复杂系数为 11。

电气方面:以标准等级电工彻底检修一台额定功率 P_e 为 0.6kW 的防护式笼型电动机需要耗用的劳动量作为一个电器的修理复杂系数。

表 4-2 给出了部分机床的修理复杂系数。

表 4-2 部分机床修理复杂系数

设备名称	型号	规格	复杂系数	
			机械	电气
卧式车床	C6136A	$\varphi 360mm \times 750mm$	7	4
卧式车床	CA6140	$\varphi 400mm \times 1000mm$	11	5.5
摇臂钻床	Z3050B	$\varphi 35mm$	9	7
卧式镗床	T611	$\varphi 110mm$	25	11
外圆磨床	M1432A	$\varphi 320mm \times 1000mm$	14	10
万能回转铣床	XQ6135	$350mm \times 1600mm$	14	8

(2) 修理工时定额 修理工时定额是指完成机床修理工作所需要的标准工时数,一般用一个修理复杂系数所需要的劳动时间表示。表 4-3 给出了一个修理复杂系数的修理工时定额。

表 4-3 一个修理复杂系数的修理工时定额   (单位: h)

设备	大修					小修				定期检查				精度检查			
	总计	钳	机	电	其他	总计	钳	机	电	总计	钳	机	电	总计	钳	机	电
一般机床	76	40	20	12	4	13.5	9	3	1.5	2	1	0.5	0.5	1.5	1		0.5
大型机床	90	50	20	16	4	16.5	11	4	1.5	3	2	0.5	0.5	2.5	2		0.5
精密机床	119	65	30	20	4	19.5	13	5	1.5	3	2	0.5	0.5	3.5	3		0.5
锻压设备	95	45	30	10	10	14	10	3	1	2	1	0.5	0.5				
起重设备	75	40	15	12	8	8	5	2	1	2	1	0.5	0.5				
电气设备	36	2	4	30	—	7.5	—	0.5	7	1		0.5	0.5				

【例1】 有一台 C6136A 卧式车床通过诊断后,认为需要进行大修才能解决故障,该机床机械复杂系数为 7,电气复杂系数为 4;若按每个复杂系数需 40h,50 元/h 计,且修理不能同时进行,则该机床需要停机多长时间(按 8h/天,折合为天数)? 按计划需要多少资金?

解:1) 停机维修时间 t:

$$t = t_{机} + t_{电} = 40h \times 7 + 40h \times 4 = 440h$$

折合天数为　440h÷8h/天=55 天

2）所需维修资金（修理费）：

$$440h \times 50 元/h = 22000 元$$

答：需停机 55 天，需要修理费 22000 元。

在实际大修工作中，机械部分和电气部分不能同时进行修理的事例一般不多见，大多数情况下两者可同时进行，因此机床大修的停歇期应以费时较长的一方作为依据。

2. 维修计划编制

（1）计划类别

1）按时间进度编制，分为年度修理计划、季度修理计划、月份修理计划。

2）按修理类别编制，有大修计划与定期维护计划。有的企业还有中修、小修、预修、预防性实验和定期精度调整计划。

（2）编制计划依据　编制计划依据主要是机床状态、生产工艺及产品质量对机床的要求、安全与环境保护要求以及机床修理周期与修理间隔期。

【知识拓展】

数控机床维修排故后的工作

对数控机床故障进行维修后的总结与提高工作是排故的最后一个阶段，也是十分重要的一环，但经常被忽略。其主要内容如下：

1）从故障的发生、分析判断到排故全过程中出现的各种问题、采取的各种措施、涉及的相关电路、参数、软件等都应填入维修档案。

2）有条件的维修人员应该从较典型的故障排除实践中找出带有典型意义的内容作为研究课题进行理论性探讨，从而达到提高的目的。

3）收集故障排除过程中所需要的各类图样、文字资料，以备将来之需。

4）从排故过程中发现自己欠缺的知识，制订学习计划，力争尽快提高。

5）从排故过程中发现对工具、仪表、备件的不足，条件允许的话应及时补齐。

做好以上工作将对提高维修者的维修能力、提高重复性故障的维修速度、提高机床寿命和利用率、发现原设计中的不足等有很大的改进和提升作用。

【评价标准】

可采用提问或小测试的方式对学生掌握数控机床维修基础知识的理解进行评价。考核标准见表 4-4。

表 4-4　考核评价表

序号	考核内容	评价标准	评价方式	分数	得分
1	数控机床维修基础认知	①能理解数控机床故障的三种维修方式 ②会计算机床维修的工时定额 ③了解数控机床维修计划编制的方法	教师评价	70	
2	学习态度	认真、主动参与学习，守纪律	教师评价 小组成员互评	30	

【项目小结】

本项目共包含两个任务，主要介绍了数控机床故障诊断与维修的相关基础知识，学生应初步具备一定的数控机床故障诊断与维修的基本技能。

【思考与练习】

1. 思考题
1）什么是故障诊断？
2）简述数控机床故障诊断的基本原则。
2. 名词解释
1）机床修理复杂系数
2）工时定额
3. 计算题

有一台 XA6132 万能升降台铣床经过分析诊断后，进行了及时修理。在修理过程中一共耗时 36 天（8h/天），耗资 3000 元，若按每个复杂系数需 24h，试问该机床修理复杂系数是多少？

项目五　典型数控系统常见故障与诊断维修

【学习目标】

数控机床的种类非常多，本项目以 FANUC 0iD 系统为例，通过对其硬件接口的介绍，学生应了解 FANUC 数控系统的硬件组成，掌握数控装置的硬件连接与接口作用、系统基本参数的设置与备份方法以及系统故障诊断等内容。

1. 知识目标

1）掌握数控系统的硬件组成。

2）熟悉系统每个接口的作用及与外围部件的连接方法。

3）熟悉参数的格式，掌握参数的设定方法与步骤，理解参数设定对数控机床运行的作用及影响。

4）理解与轴有关、与存储行程检测相关、与 DI/DO 有关、与主轴控制相关、与显示和编辑相关以及与手轮相关等参数的含义。

2. 技能目标

1）能够根据电路图完成数控系统的接口连接。

2）能够对系统基本参数进行设置。

3）能够完成对系统参数的传输与备份。

4）能够按照要求正确操作机床进行功能检查。

3. 能力目标

1）具备数控系统的连接与调试能力。

2）具备数控系统参数设定与调整能力。

3）具备对机床各功能进行检查、并排除故障的能力。

【内容提要】

任务一：CNC 硬件连接及接口作用认知，通过对 FANUC 0iD 系统硬件接口的学习，学生在了解 FANUC 数控系统的硬件组成，掌握数控装置每个接口的作用与外围部件的连接。

任务二：数控系统基本参数设置，通过对参数的类型、显示、设定、常用参数含义的学习，学生应能够对系统基本参数进行设置。其中，FSSB、伺服和主轴参数的设定将在项目八中介绍。

任务三：数控系统常见故障现象与诊断处理，通过对 FANUC 系统一些常见故障的原因分析和处理，学生应能够处理一些数控系统的基本故障。

任务四：数控系统的数据传输与备份，主要介绍 FANUC 系统和华中系统的参数备份方法。学生应掌握参数备份方法，当机床出现参数故障时，能恢复参数，保证机床正常有效使用。

任务一　CNC 硬件连接及接口作用认知

【任务描述】

数控系统是数控机床的核心，对数控系统的学习是重中之重，也为后面的伺服驱动系统的学习奠定基础。本任务将对 FANUC 数控系统的硬件连接和接口的作用进行介绍。

【任务分析】

通过对 FANUC 0iD CNC 硬件接口的学习，学生应了解 FANUC 数控系统的硬件组成，掌握数控装置每一个接口的作用与外围部件的连接。

【任务实施】

一、FANUC 0iD 系统的构成

图 5-1 所示为 0i-MD（铣削系列）的主要配置，其中，8.4in≈21cm，10.4in≈26cm。0i-TD（单路径的车削系列）与此类似，双路径如图 5-2 所示。

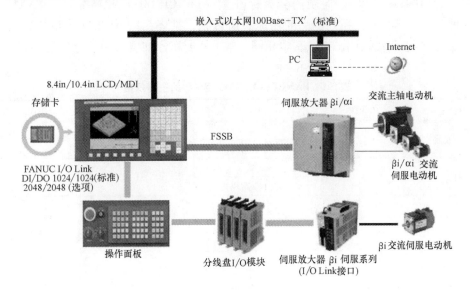

图 5-1　FANUC 0i-MD 的系统构成图

CNC 控制工作机械的位置和速度，CNC 控制软件于出厂前装入 CNC 控制器，机床生产厂家和最终用户都不能修改。数字伺服 CPU 控制机床的位置、速度和电动机的电流。通常 1 个 CPU 控制 4 个轴。由数字伺服 CPU 运算的结果通过 FSSB 伺服串行通信总线送到伺服放大器。伺服放大器对伺服电动机通电，驱动电动机回转。机床操作面板的开关和指示灯、机床上的限位开关与 I/O Link 进行通信。根据机床规格和使用目的，由机床生产厂家编制顺序程序。

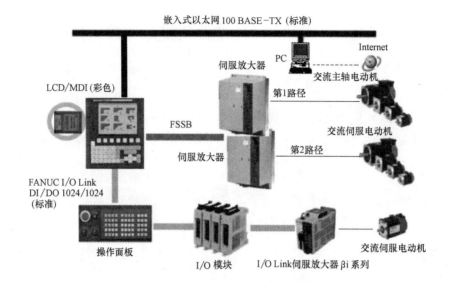

图 5-2 FANUC 0i-TD 双路径系统配置

二、FANUC 0iD 系统 CNC 控制器的结构和功能

FANUC 0iD 系统的 CNC 控制器分为标准型（FANUC 0iD）和精简型（FANUC Mate-0iD）两种系列产品，不同系列产品的功能有所区别，见表 5-1，但市场用量均较大，其硬件组成、连接要求、使用调试方法基本相同。本节主要以标准型为例进行介绍，如图 5-3 所示。

表 5-1 FANUC 0iD CNC 控制器的主要规格

功能	0i-MD	0i-TD	0i Mate-MD	0i Mate-TD
最大控制轴数	5	4	4	3
		8（双路径）		
主轴	2	2	1	1
		3（双路径）		
最大控制通道数	1	1	1	1
		2（双路径）		
通道内最大控制轴数	5	4	4	3
		5（双路径）		
最大同时控制轴数	4	4	3	3
		4（双路径）		
最大程序容量	320KB A 包 512KB B 包 2MB A 包	320KB A 包 512KB B 包 1MB（双路径）	512KB	512KB
PMC 规格	0iD PMC/L B 包 0iD PMC A 包	0iD PMC/L B 包 0iD PMC A 包	0i Mate-D PMC/L	0i Mate-D PMC/L
PMC 最大容量	32000 步	32000 步	8000 步	8000 步
最大 I/O 点数	2048/2048 （2 通道）	2048/2048 （2 通道）	256/256 （1 通道）	256/256 （1 通道）

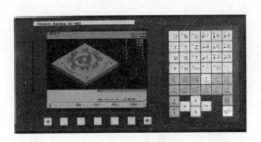
8.4in 水平安装彩色LCD/MDI

8.4in 垂直安装彩色LCD/MDI

10.4in 垂直安装彩色LCD/MDI

图 5-3　FANUC 0iD 系列的控制器类型

FANUC 0iD 系列的 CNC 控制器由主 CPU、存储器、数字伺服控制卡、主板、显卡、内置 PMC、LCD 和 MDI 键盘等构成。

1）主 CPU，负责整个系统的运算、中断控制等。

2）存储器，包括快速可改写只读存储器（Flash Read Only Memory，FROM）、静态随机存储器（Static Random Access Memory，SRAM）、动态随机存储器（Dynamic Random Access Memory，DRAM）。

FROM 存储 FANUC 公司的系统软件和机床应用软件，主要包括插补软件、数字伺服软件、PMC 软件、梯形图、网络通信控制软件、图形显示软件、加工程序等。

SRAM 存储机床制造商及用户数据，主要包括系统参数、用户宏程序、PMC 参数、刀具补偿、工件坐标系补偿数据及螺距误差补偿数据等。

DRAM 作为工作存储器，在控制系统中起缓存作用。

3）数字伺服控制卡。伺服控制中的全数字的运用以及脉宽调制采用应用软件来完成，并打包装入 CNC 系统（FROM）内，支撑伺服软件运行的硬件环境由 DSP 以及周边电路组成，这就是常说的数字伺服轴控制卡（简称轴卡）。

4)主板,包括 CPU 外围电路、I/O Link、数字主轴电路、模拟主轴电路、RS232C 数据输入/输出电路、MDI 接口电路、高速输入信号以及闪存卡接口电路等。

5)内置 PMC。PMC(Programmable Machine Controller)是为机床控制而制作的、装在 CNC 中的顺序控制器,它与 CNC 集成在一起,控制机床绝大部分的辅助动作,同时还负责机床与 CNC 之间的全部工作,保证机床动作正常,能可靠地执行指令。

6)LCD/MDI,用于显示及手动数据输入,如各坐标轴当前位置显示,程序的显示及输入,机床参数的设定及显示以及报警显示等。

三、FANUC 0iD 数控装置接口及硬件连接

FANUC 0iD 数控装置接口分布如图 5-4 所示,各接口的主要功能见表 5-2。

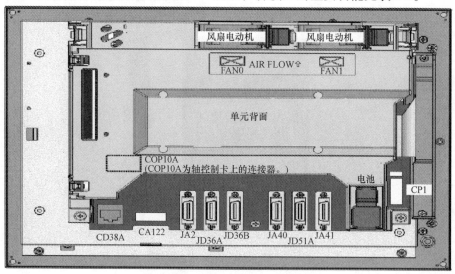

图 5-4　数控装置接口分布

表 5-2　数控装置接口主要功能

端口号	用途	端口号	用途
COP10A	伺服 FSSB 总线接口,此口为光缆口	JA40	模拟主轴信号接口/高速跳转信号接口
CD38A	以太网接口	JD51A	I/O Link 总线接口
CA122	系统软键信号接口	JA41	串行主轴接口/主轴独立编码器接口
JA2	系统 MDI 键盘接口	CP1	系统电源输入(DC 24V)
JD36A/JD36B	RS232C 串行接口 1/2		

数控装置与外围部件的连接包括以下几种。

(1)光缆连接(FSSB 总线)　FANUC 的 FSSB 总线采用光缆通信,在硬件连接方面,遵循从 A 到 B 的规律,即 COP10A 为总线输出,COP10B 为总线输入。需要注意的是:光缆在任何情况下不能硬折,以免损坏,如图 5-5 所示。

(2)控制电源连接　控制电源采用 DC 24V 电源,主要用于伺服控制电路的电源供电。在上电顺序中,推荐优先系统通电,如图 5-6 所示。

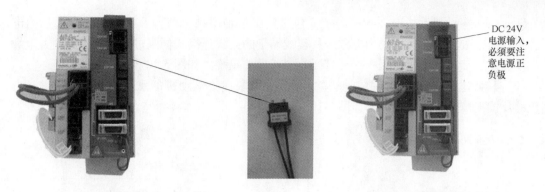

图 5-5 FSSB 连接图   图 5-6 24V 电源连接图

（3）主电源连接 主电源用于伺服电动机动力电源的变换，如图 5-7 所示。

（4）急停与 MCC 连接 该部分主要用于对伺服主电源的控制与伺服放大器的保护，如发生报警、急停等情况，可切断伺服放大器主电源，如图 5-8 所示。

图 5-7 主电源连接   图 5-8 急停与 MCC 连接

（5）主轴指令信号连接 FANUC 的主轴控制采用两种类型，分别是模拟主轴与串行主轴。模拟主轴通过系统 JA40 口输出 0～±10V 的电压给变频器，从而控制主轴电动机的转速，如图 5-9 所示，多用于数控车床。串行主轴与 CNC 通信，通过 FANUC 串行主轴指令线 JA41 来完成，多用于数控铣床及加工中心。

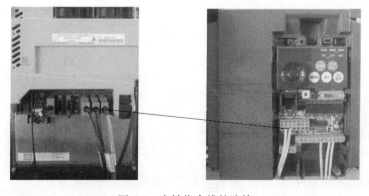

图 5-9 主轴指令线的连接

(6)伺服电动机动力电源连接 主要包含伺服主轴电动机与伺服进给电动机的动力电源连接,伺服主轴电动机的动力电源采用接线端子的方式连接,伺服进给电动机的动力电源采用接插件连接。在连接过程中,一定要注意相序的正确,如图 5-10 所示。

(7)伺服电动机反馈的连接 这里主要包含伺服进给电动机的反馈连接,伺服进给电动机的反馈接口接 JF1 等接口,如图 5-11 所示。

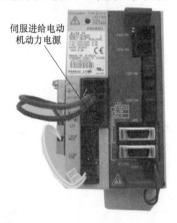
图 5-10 伺服电动机动力电源的连接

图 5-11 伺服电动机反馈的连接

伺服主轴电动机接线盒内不仅含有动力电源端子、编码器接口,还有伺服主轴电动机风扇接口,如图 5-12 所示。

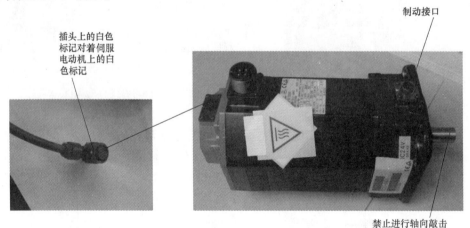
图 5-12 伺服电动机注意事项

(8)FANUC 数控系统的 I/O Link 连接 FANUC 系统的 PMC 是通过专用的 I/O Link 与系统进行通信的,PMC 在进行 I/O 信号控制的同时,还可以实现手轮与 I/O Link 轴的控制。但外围的连接却很简单,且很有规律,同样是从 A 到 B,系统侧的 JD51A(0iC 系统为 JD1A)接到 I/O 模块的 JD1B,JA3 或者 JA58 可以连接手轮,如图 5-13 所示。

FANUC 的 PMC 地址分配大致如下:

X——MT 输入到 PMC 的信号,如接近开关、急停信号等。

Y——PMC 输出到 MT 的信号。

F——CNC 输入到 PMC 的信号，是固定的地址。

G——PMC 输出到 CNC 的信号，也是固定的地址。

R、T、C、K、D、A 为 PMC 程序使用的内部地址。

（9）急停与伺服上电控制回路的连接　当 FSSB 总线与 I/O Link 的连接完成后，还需要对急停回路与伺服上电回路进行连接才能构成一个简单的数控机床控制回路，如图 5-14 所示。

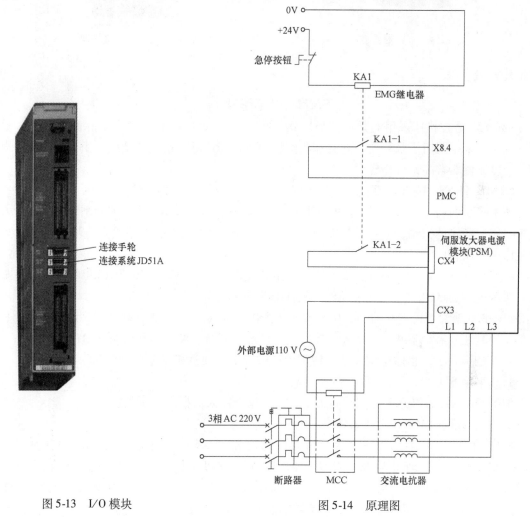

图 5-13　I/O 模块　　　　　图 5-14　原理图

1）急停控制回路。急停控制回路一般由两个部分构成：PMC 急停控制信号 X8.4 和伺服放大器的 ESP 端子。这两个部分中任意一个断开就出现报警，ESP 断开出现 SV401 报警，X8.4 断开出现 ESP 报警。但这两个部分的功能全部是通过急停继电器实现的，如图 5-15 所示。

2）伺服上电回路。伺服上电回路是给伺服放大器主电源供电的回路。伺服放大器的主电源一般采用三相 220V 的交流电源，通过交流接触器接入伺服放大器，交流接触器的线圈受到伺服放大器的 CX29 的控制，当 CX29 闭合时，交流接触器的线圈得电吸合，给放大器通入主电源。图 5-16 所示为交流接触器。

图 5-15　急停继电器　　　　　　图 5-16　交流接触器

【知识拓展】

SIEMENS 系统简介

VMC850 数控机床采用的是 FANUC 0iD 系统，该系统属于日系产品。除此系统外，数控机床还有采用西门子系列的，并且在我国使用也相当广泛，西门子系统体积小，功能却很强大，可靠性非常高，价格较贵。

1. SIEMENS 810/820 系统

该系统是西门子公司 20 世纪 80 年代中期开发的 CNC、PLC 一体型控制系统，适用于普通车、铣、磨床的控制，系统结构简单、体积小、可靠性高，在 80 年代末、90 年代初的数控机床上使用较广。

810 为 9in（1in = 2.54cm）单色显示，系统电源为 DC 24V；820 为 12in 单色或彩色显示，系统电源为 AC 220V，其余硬件、软件部分两者完全一致。

810/820 最大可控制 6 轴（其中允许有 2 个作为主轴控制），3 轴联动。系统由电源、显示器、CPU 板、存储器板、I/O 板、接口板、显示控制板、位控板和机箱等组成。

系统的模块少，整体结构简单，通常无需进行硬件调整和设定。

PLC 采用 STEP 5 语言编程，指令丰富。

810/820 系统可以两个通道同时工作，为机床设计人员提供了便利。

2. SIEMENS 810D/840D 系统

810D 采用 SIEMENS CCU 模块，最大控制轴数为 6 轴，1 通道工作；840D 采用 SIEMENS NCU 模块，处理器为 PENTIUM（NCU573）、AMDK6-2（NCU572）或 486（NCU571）系列。当采用 NCU572 或 NCU573 时，CNC 的存储器容量为 1GB，最大控制轴数可达 31 轴，10 通道同时工作；采用 NCU571 时，控制轴数为 6 轴，2 通道同时工作。

【评价标准】

CNC 系统的连接具体完成情况按表 5-3 进行考核评价。

表 5-3　CNC 系统的连接评分表

序号	考核内容	评价标准	评价方式	分数	得分
1	安全操作	①正确使用工具及仪器、仪表 ②操作中不伤及自己和他人 ③着装符合劳动保护要求，工位整洁	教师评价与小组成员互评	10	

（续）

序号	考核内容	评价标准	评价方式	分数	得分
2	硬件接口的连接	①正确填写各硬件型号 ②对系统与外设连接接口进行一一对应连接	教师评价	50	
3	绘制数控系统接口图	正确绘制数控系统接口图，理解各接口命名	教师评价与自评	40	

任务二　数控系统基本参数设置

【任务描述】

参数的设定可以让数控系统知道机床外部机电部件的规格、性能及数量，以便数控系统准确地控制机床的所有部件。CNC 参数是数控机床的灵魂，数控机床软硬件功能的正常工作是通过参数来设定的，机床的制造精度和维修恢复也需要通过参数来调整，如果 CNC 参数设定不当或者丢失，会导致机床动作错误甚至瘫痪。

数控系统中参数较多，不同 CNC 生产厂家的数控系统在参数名称、种类及功能上都不尽相同，例如 FANUC 系统参数多达上万种，参数的设定难度很大。本任务主要介绍基本参数的设置。

【任务分析】

数控系统基本参数包括系统单位、轴属性以及轴运行所需的速度、加速度时间等，是系统上电后必须设定的参数；FSSB、主轴以及基本伺服参数的初始化设定要更复杂一些。本任务主要介绍这部分参数的含义，学生应根据实际机床做出正确设定。

FANUC 0iD 系统功能完善、可靠性高、性价比高，是目前国内数控机床用量较大的系统。本任务以 FANUC 0i-MD 系统为例进行参数介绍。

【任务实施】

一、参数数据类型

机床参数是实现 CNC 功能的基本保证，其设定必须正确。系统参数较多，可分为以下 5 种类型。

1）位型：以二进制"位"为单位设定的参数，允许输入值为"0"或"1"。位型参数以"参数号.位"的形式表示，如 1002.6。

2）字节型：以 8 位二进制为单位进行设定的参数，允许输入范围为 -128 ~ 127 或 0 ~ 255。参数以十进制数的格式表示。

3）字型：以 16 位二进制为单位进行设定的参数，允许输入范围为 -32768 ~ 32767 或 0 ~ 65535。参数以十进制数的格式表示。

4）双字型：以 32 位二进制为单位进行设定的参数，允许输入范围为 0 ~ +99999999。

参数以十进制数的格式表示。

5）字符型：以特殊的字符编码表示的参数，如"88"代表"X"等。

【例1】 0000号参数的数据类型为位型参数：

1023号参数为位型以外的参数：

1023	各轴的伺服轴号
数据号	数据

二、参数显示

具体操作步骤如下：

1）按MDI面板上的功能键 [SYSTEM] 数次，或者在按下功能键 [SYSTEM] 后，按下章节选择的软键［参数］，系统出现参数界面，如图5-17所示。

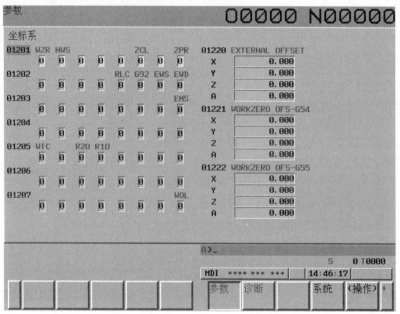

图5-17 参数界面

2）参数界面由数页构成。可通过如下任一方法显示目标参数所在页。

①用翻页键或光标移动键，显示目标页。

②输入目标参数的数据号，按下软键［搜索号码］，如图5-18所示，系统将显示包含所指定的数据号的那一页，光标指示所指定的数据号，数据部分的显示状态如图5-17中的参数01201。

图5-18 参数对应软键

三、参数的设定方法

通过 MDI 方式进行参数设定的具体操作步骤如下：

1）设定为 MDI 方式，或者设定为紧急停止状态。

2）选定为参数可写入状态。

①按功能键 [OFS/SET] 数次，或者在按下功能键 [OFS/SET] 后，按下章节选择软键［设定］，系统显示设定界面，如图 5-19 所示。

②用光标移动键将光标对准在"写参数"处。

③按下软键［操作］，将软键选定为操作选择键，如图 5-20 所示。

④按下软键［ON：1］或键入1，再按下软键［输入］，使"写参数 =1"，进入可进行参数设定的状态。与此同时，CNC 发出报警（SW0100）"参数写入开关处于打开"。

3）按功能键 [SYSTEM] 数次，或者在按下功能键 [SYSTEM] 后，按下章节选择软键［参数］，系统显示参数界面。

4）显示目标参数所在页，将光标指向目标参数。

5）键入数据，按下软键［输入］，所输入的数据即被设定在光标所指向的参数，如图 5-21 所示。希望从所选编号的参数连续输入数据时，可用分号（;）将数据与数据分开输入。

【例 2】 键入 10；20；30；40 时，按下［输入］键，则光标所指向的参数被依次设定为 10、20、30、40。

6）根据需要重复进行步骤 4）、5）的操作。

7）参数设定结束后，将设定界面上的"写参数"的设定重新改为 0，以禁止参数的设定。

8）复位 CNC，解除报警（SW0100）。根据不同的参数，在进行参数设定时，有时会发出报警（PW0000）"必须关断电源"。遇到这种情况时，暂时关断 CNC 电源。

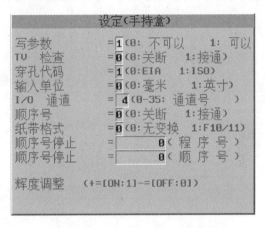

图 5-19 显示出设定画面的第 1 页

图 5-20 操作选择键

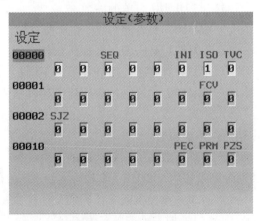

图 5-21 参数数据输入

四、机床常用参数的名称含义

（1）与轴有关的参数

1）参数号 1020：表示数控机床各轴的程序名称，如在系统显示界面中显示的 X、Y、Z 等。一般车床设定为 88、90，铣床与加工中心设定为 88、89、90，见表 5-4。

表 5-4 机床各轴的程序名称

轴名称	X	Y	Z	A	B	C	U	V	W
设定值	88	89	90	65	66	67	85	86	87

2）参数号 1022：表示数控机床设定各轴为基本坐标系中的哪个轴，一般设定为 1、2、3，见表 5-5。

表 5-5 基本坐标系中的对应设定值

设定值	含 义	设定值	含 义
0	旋转轴	5	X 轴的平行轴
1	基本 3 轴的 X 轴	6	Y 轴的平行轴
2	基本 3 轴的 Y 轴	7	Z 轴的平行轴
3	基本 3 轴的 Z 轴		

3）参数号 1023：表示数控机床各轴的伺服轴号，也可以称为轴的连接顺序，一般设定为 1、2、3，设定各控制轴为对应的第几号伺服轴。

4）参数号 8130：表示数控机床的控制轴数。

（2）与存储行程检测相关的参数

1）1320：各轴正向软限位。当机床回零后，该值生效，实际位移超出该值时，系统超程报警。

2）1321：各轴负向软限位。当机床回零后，该值生效，实际位移超出该值时，系统超程报警。

（3）与 DI/DO 有关的参数

1）3003#0：是否使用数控机床所有轴互锁信号。该参数需要根据 PMC 的设计进行设定。

2）3003#2：是否使用数控机床各个轴互锁信号。

3）3003#3：是否使用数控机床不同轴向的互锁信号。

4）3004#5：是否进行数控机床超程信号的检查，当出现 506、507 报警时可以设定。

5）3030：数控机床 M 代码的允许位数。该参数表示 M 代码后数字的位数，超出该设定值时，系统报警。

6）3031：数控机床 S 代码的允许位数。该参数表示 S 代码后数字的位数，超出该设定值时，系统报警。例如，当 3031 = 3 时，在程序中出现 "S1000" 时，系统将会报警。

7）3032：数控机床 T 代码的允许位数。

（4）与模拟主轴控制有关的参数

1）3717：各主轴的主轴放大器号设定为 1。

2）3720：位置编码器的脉冲数。
3）3730：主轴速度模拟输出的增益调整，调试时设定为1000。
4）3735：主轴电动机的最低钳制速度。
5）3736：主轴电动机的最高钳制速度。
6）3741~3744：主轴电动机一档到四档的最大速度。
7）3772：主轴的上限转速。
8）8133#5：是否使用主轴串行输出。
（5）与串行主轴控制相关的参数
1）3716#0：主轴电动机的种类。
2）3717：各主轴的主轴放大器号设定为1。
3）3735：主轴电动机的最低钳制速度。
4）3736：主轴电动机的最高钳制速度。
5）3741~3744：主轴电动机一档到四档的最大速度。
6）3772：主轴的上限转速。
7）4133：主轴电动机代码，具体数值见表5-6。有几种电动机代码相同（比如：α22/8000ip 等），需对两个参数（N4020、N4023）在初始化后手动修改。

表5-6 i系列主轴电动机代码

电动机型号	电动机代码	电动机型号	电动机代码
β3/10000i	332	α40/6000i	323
β6/10000i	333	α50/6000i	324
β8/8000i	334	α1.5/15000i	305
β12/7000i	335	α2/15000i	307
aC 15/6000i	246	α3/12000i	309
aC 1/6000i	240	α6/12000i	401
aC 2/6000i	241	α8/10000i	402
aC 3/6000i	242	α12/10000i	403
aC 6/6000i	243	α15/10000i	404
aC 8/6000i	244	α18/10000i	405
aC 12/6000i	245	α22/10000i	406
α0.5/10000i	301	α12/6000ip	407
α1/10000i	302	α12/8000ip	407，N4020=8000，N4023=94
α1.5/10000i	304	α15/6000ip	408
α2/10000i	306	α15/8000ip	408，N4020=8000，N4023=94
α3/10000i	308	α18/6000ip	409
α6/10000i	310	α18/8000ip	409，N4020=8000，N4023=94
α8/8000i	312	α22/6000ip	410
α12/7000i	314	α22/8000ip	410，N4020=8000，N4023=94
α15/7000i	316	α30/6000ip	411
α18/7000i	318	α40/6000ip	412
α22/7000i	320	α50/6000ip	413
α30/6000i	322	α60/4500ip	414

(6) 与显示和编辑有关的参数

1) 3105#0：是否显示数控机床实际速度。
2) 3105#1：是否将数控机床 PMC 控制的移动加到实际速度显示。
3) 3105#2：是否显示数控机床实际转速、T 代码。
4) 3106#4：是否显示数控机床操作履历界面。
5) 3106#5：是否显示数控机床主轴倍率值。
6) 3108#4：在工件坐标系界面上，计数器输入是否有效。
7) 3108#6：是否显示数控机床主轴负载表。
8) 3108#7：是否在当前界面和程序检查界面上显示 JOG 进给速度或者空运行速度。
9) 3111#0：是否显示数控机床用来显示伺服设定界面软件。
10) 3111#1：是否显示数控机床用来显示主轴设定界面软件。
11) 3111#2：数控机床主轴调整界面的主轴同步误差。
12) 3112#2：是否显示数控机床外部操作履历界面。
13) 3112#3：数控机床是否在报警和操作履历中登录外部报警/宏程序报警。
14) 3281：数控机床语言显示（见表 5-7），该参数也可以通过诊断参数进行查看。

表 5-7 数控机床语言显示对照

0	1	2	3	4	5	6	7	8
英语	日语	德语	法语	繁体中文	意大利语	韩语	西班牙语	荷兰语
9	10	11	12	13	14	15	16	17
丹麦语	葡萄牙语	波兰语	匈牙利语	瑞典语	捷克语	简体中文	俄语	土耳其语

(7) 手轮功能设定

1) 8131#0 = 1，手轮功能有效。
2) 7113 = 100，手轮 ×100 档倍率。
3) 7114 = 1000，如果手轮有 ×1000 档，则进行设定。

(8) 位置环增益和检测参数设定

1) 1825 = 5000，半闭环时可设定为 5000。
2) 2021 = 128，如果振动可适当降低，最低可设定为 0。
3) 1828 = 20000，如果移动伺服轴时 411 报警，可适当增大该值。
4) 1829 = 500，如果系统 410 报警，可适当增大该值。
5) 3003#0，#2，#3 = 1，若不使用互锁信号，则必须设定（视实际情况进行设定）。

五、基本参数设定

基本参数包括系统单位、轴属性以及轴运行所需的速度、加速度时间等，是系统上电后所必须设定的参数。表 5-8 中提供了部分需要设定的基本参数。

表 5-8 基 本 参 数

参数号	参数含义	参数号	参数含义
1001#0	米/英制	1023	轴顺序
1020	轴名称	1320	正软限位

(续)

参数号	参数含义	参数号	参数含义
1410	空运行速度	8130	CNC 控制轴数
1423	各轴手动速度	1321	负软限位
1425	各轴回参速度	1420	各轴快移速度
3003#0	互锁信号	1424	各轴手动快移速度
3003#3	各轴方向互锁	1430	最大切削进给速度
1828	移动中位置偏差极限值	3003#2	各轴互锁信号
1610#0	切削进给、空运行的加减速类型	3004#5	超程信号
1620	快速移动的直线型加减速时间常数	1829	停止时位置偏差极限值
1624	JOG 进给的加减速时间常数	1610#4	JOG 进给的加减速类型
1013#1	最小移动单位	1622	切削进给的加减速时间常数
1022	轴属性	3716#0	主轴电动机类型

【知识拓展】

西门子 840D 数控系统的参数

840D 数控系统的参数主要包括 NC 数据和 PLC 数据。

NC 数据（NC-MD）是使系统与具体机床相匹配所设置的有关数据。

SIEMENS 系统 PLC 用户数据一般包括 PLC 机床参数（PLC-MD）、PLC 用户程序和 PLC 报警文本三部分。PLC 机床参数和 PLC 报警文本都是根据 PLC 用户程序的要求进行设定和编写的，机床交付使用后，一般不再需要对它们进行修改。840D 数控系统的参数种类多、数量大，具体见表 5-9。

表 5-9 840D 数据分类

参数区域	说　　明	参数区域	说　　明
1000 ~ 1799	驱动用机床数据	39000 ~ 39999	预留
9000 ~ 9999	操作面板用机床数据	41000 ~ 41999	通用设定数据
10000 ~ 18999	通用机床数据	42000 ~ 42999	通道类设定数据
19000 ~ 19999	预留	43000 ~ 43999	轴类设定数据
20000 ~ 28999	通道类机床数据	51000 ~ 61999	编译循环用通用机床数据
29000 ~ 29999	预留	62000 ~ 62999	编译循环用通道类机床数据
30000 ~ 38999	轴类机床数据	63000 ~ 63999	编译循环用轴类机床数据

机床参数决定了数控机床的功能和控制精度。参数的正确设定是使系统与机床的电气控制部分、伺服驱动部分（驱动单元与位置反馈回路）、机床机械部分以及外部设备连接并匹配的前提条件。

机床数据设定中的几项最重要的工作如下：

1）通道 MD 数据的设定，包括各个进给轴和主轴的定义及通道名的设定。

2）轴相关 MD 数据的设定。对各个轴的特征参数进行设定，如软限位、最大进给速度等。

3）轴的试运行及优化。在轴的参数设定完成后，轴就可以运动了。如果轴的运动状态不理想，如抖动、响应差等，那么需要对轴进行参数优化。

【评价标准】

请在VMC850机床上查找以下基本参数的设置值，填入表5-10。

表5-10 基本参数

参数号	参数含义	设置值	参数号	参数含义	设置值
1001#0			1013#1		
1020			1022		
1023			8130		
1320			1321		
1410			1420		
1423			1424		
1425			1430		
3003#0			3003#2		
3003#3			3004#5		
1828			1829		
1610#0			1610#4		
1620			1622		
1624			3716#0		

系统基本参数设定任务考核学生掌握机床常用参数的含义，并根据实际情况做出正确设定。考核评价见表5-11。

表5-11 考核评价表

序号	考核内容	评价标准	评价方式	分数	得分
1	查找基本参数	①能正确操作机床 ②在机床上熟练查找基本参数	教师评价	40	
2	设置基本参数	①根据使用机床的相关指标进行基本参数的设置 ②理解各种参数对机床正常运行的意义	教师评价与小组成员互评	60	

任务三 数控系统常见故障现象与诊断处理

【任务描述】

数控系统的型号很多，本任务主要介绍FANUC系统的常见故障。

【任务分析】

FANUC系统常见的共性故障有：数据输入/输出接口（RS232）不能正常工作；电源单元不能打开；返回参考点时，出现偏差；在手动、自动方式下机床都不能运转；在自动方式下，系统不运行。

【任务实施】

FANUC 系统共性故障的分析

1. 数据输入/输出接口（RS232）不能正常工作

对于 FANUC 系统，当数据输入/输出接口不能正常工作且报警时，一般有如下两个系列的报警号：

1) 3/6/0/16/18/20/power-mate，发生报警时，显示 85~87 报警。

2) 10/11/12/15，当发生报警时，显示 820~823 报警。

当数据输出接口不能正常工作时，一般有以下几个原因：

1) 做输入/输出数据操作时，系统没有反应。

①检查系统工作方式是否正确。把系统工作方式置于 EDIT 方式，且打开程序保护键，或者在输入参数时，也可以置于急停状态。

②按 FANUC 出厂时数据单重新输入功能选择参数。

③检查系统是否处于 RESET 状态。

2) 做输入/输出数据操作时，系统发生报警。

①检查系统参数。表 5-12 给出了各系统有关的输入/输出接口参数。

表 5-12 各系统有关的输入/输出接口参数

机　种	项目设定	CNC 侧设定		便携式 3in 磁盘驱动器或计算机侧的设定
		第 1 通道	第 2 通道	
FANUC 16/18/21/0i	通道名称	JD5A	JD5B	波特率 =4800bit/s 停止位 =2 奇偶校验位 =偶校验 通道 = RS232
	通道设置	020 = 1	020 = 2	
	停止位	0101 = 1＊＊＊0＊＊1	0121 = 1＊＊＊0＊＊1	
	输入/输出设备	0102 = 3	0102 = 3	
	波特率	0103 = 10	0103 = 10	
FANUC 10/11/12/15	通道名称	CD4A 或 JD5A(15B)	CD4B 或 JD5B(15B)	波特率 =4800bit/s 停止位 =2 奇偶校验位 =偶校验 通道 = RS232
	通道设置	020 = 1,021 = 1	020 = 2021 = 2	
	输入/输出设备番号	5001 = 1	5001 = 1	
	输入/输出设备	5110 = 7	5110 = 7	
	停止位	5111 = 2	5111 = 2	
	波特率	5112 = 10	5113 = 10	
	控制码	0000 = ＊＊＊0＊0＊＊	0000 = ＊＊＊0＊0＊＊	
FANUC 0A/0B/0C/0D	通道号名称	M5	M74	波特率 =4800bit/s 停止位 =2 奇偶校验位 =偶校验 通道 = RS232
	通道号	I/O = 0,I/O = 1	I/O = 2	
	停止位	0002 = 1＊＊＊＊0＊1 0012 = 1＊＊＊＊0＊1	0050 = 1＊＊＊＊0＊1	
	输入/输出设备	0038 = 10＊＊＊＊＊＊	0038 = ＊＊10＊＊＊＊	
	波特率	0552 = 10 0552 = 10	0250 = 10	

(续)

机　种	项目设定	CNC 侧设定		便携式 3in 磁盘驱动器或计算机侧的设定
		第 1 通道	第 2 通道	
FANUC 3	通道号	I/O = 0		波特率 = 4800bit/s 停止位 = 2 奇偶校验位 = 偶校验 通道 = RS232
	停止位	0005 = 1＊＊＊＊0＊1		
	波特率	0068 = 4800		
FANUC 6	通信通道	INPUTDEVICE = 0 INPUTDEVICE = 1		波特率 = 4800bit/s 停止位 = 2 奇偶校验位 = 偶校验 通道 = RS232
	输入/输出设备	0340 = 3 0341 = 3		
	停止位/波特率	0312 = 10011001		
0P	通道名称	M5	M74	
	通道设置	0340 = 1, 0341 = 1, 018#1 = 1	0340 = 3 0341 = 3 018#1 = 1	
	停止位/波特率	0311 = 10011001	0312 = 10011001	
Power mate A/B/C	通道名称	JD5		
	通道设置	I/O = 0		
	停止位	1＊＊＊＊＊＊1		
	波特率	0226 = 10		

②电缆接线。FANUC 系统到机床面板的连接中继终端如图 5-22 所示。

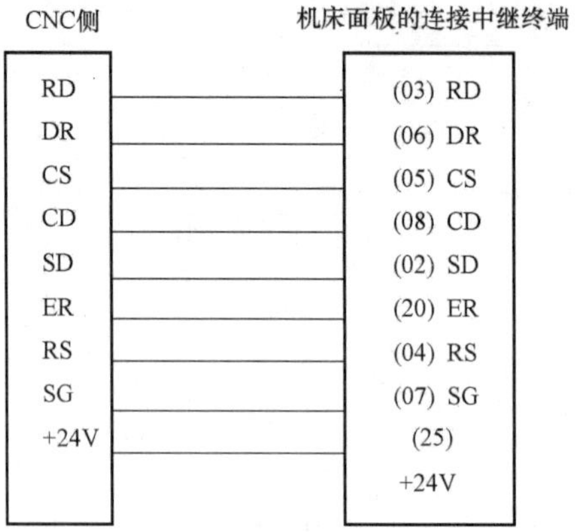

```
   CNC侧              机床面板的连接中继终端
   RD  ─────────────  (03) RD
   DR  ─────────────  (06) DR
   CS  ─────────────  (05) CS
   CD  ─────────────  (08) CD
   SD  ─────────────  (02) SD
   ER  ─────────────  (20) ER
   RS  ─────────────  (04) RS
   SG  ─────────────  (07) SG
  +24V ─────────────  (25)
                      +24V
```

图 5-22　FANUC 系统到机床面板的连接中继终端

接口和计算机连接线如图 5-23 所示。
① 25 芯（机床）→25 芯（I/O 设备），如图 5-23a 所示。
② 25 芯（终端）→9 芯（I/O 计算机），如图 5-23b 所示。

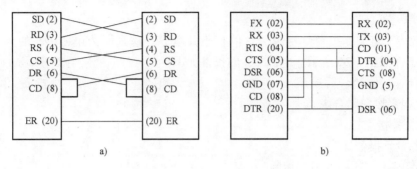

图 5-23 接口和计算机连接线

3）外部输入/输出设备的设定错误或硬件故障。外部输入/输出设备有手持磁盘盒、FANUC P-G 和计算机等设备。在进行传输时，要确认以下内容：

①电源是否打开。
②波特率与停止位是否与 FANUC 系统的数据输入/输出参数设定匹配。
③硬件是否存在故障。
④传输的数据格式是否为 ISO/EIA。
⑤数据位设定是否正确，一般为 7 位。

4）CNC 系统与通信接口有关的印制板见表 5-13。

表 5-13 各系统与通信接口有关的印制板

通信接口	有关印制板	通信接口	有关印制板
0	存储板，或主板	16/18 A/B/C	主板上的通信接口模块
3	主板	0IA	I/O 接口板，或主板
6	显示器控制板（CRTC 板）	0IB/C	主板，或 CPU 板
11	主板或显示器/MDI 控制板	21B	I/O 接口板
15A	BASE 0	16/18/21i	主板，或 CPU 板
15B	主 CPU 板或 OPTI 板	Power Mate	基板

5）当 FANUC 系统与计算机进行通信时，要注意以下几点：
①计算机的外壳与 CNC 系统同时接地。
②不要在通电的情况下拔掉连接电缆。
③不要在有雷雨时进行通信作业。
④通信电缆不能太长。

2. 电源单元不能打开

FANUC 系统的电源有两个指示灯：一个是电源指示灯，是绿色的；一个是电源报警灯，是红色的。这里所说的电源单元，包括电源输入单元和电源控制部分。

1）电源打不开，电源指示灯（绿色）不亮。
①电源单元的熔断器 FU1、FU2 已熔断。这主要由输入高电压引起，或者是由于电源单元本身的元器件损坏。
②输入电压低，检查进入电源单元的电压，电压的容许值为 AC 200V（1±10%）、50Hz/60Hz±1Hz，或 AC 220V（1±10%）、60Hz±1Hz。

③电源单元不良。

2）电源指示灯亮，报警灯也熄灭，但打不开电源。这是因为电源 ON 的条件不满足。电源 ON 的条件如图 5-24 所示。电源 ON 的条件如下：

①电源 ON 按钮闭合后断开。

②电源 OFF 按钮闭合。

③外部报警接点打开。

3）电源单元报警灯亮。

① +24V 输出电压的熔断器熔断。

a. 9in 显示器使用 +24V 电压，参照图 5-25，检查 +24V 与地是否短路。

b. 显示器/手动数据输入板单元不良。

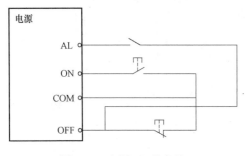
图 5-24　电源 ON 的条件

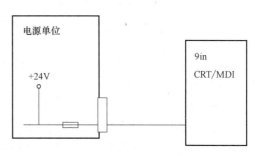
图 5-25　+24V 与地接线图

②电源单元不良。

a. 把电源单元所有输出插头拔掉，只留下电源输入线和开关控制线。

b. 把机床整个电源关掉，把电源控制部分整体拔掉。

c. 再打开电源，此时如果电源报警灯熄灭，那么可以认为电源单元正常；如果电源报警灯仍然亮，那么电源单元损坏。

注意：16/18 系统电源拔下的时间不要超过半小时，因为 SRAM 的后备电源在电源上。

③ +24E 的熔断器熔断。

a. +24E 是供外部输入/输出信号用的，参照图 5-26，检查外部输入/输出回路是否短路。

b. 外部输入/输出开关引起 +24E 短路或系统 I/O 板不良。

④ +5V 的负荷电压短路。检查方法：把系统所带的 +5V 电源负荷一个一个地拔掉，每拔一次，必须关电源再开电源。系统与 +5V 负荷电压接线图如图 5-27 所示。

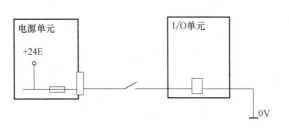
图 5-26　外部输入/输出回路

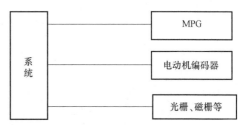
图 5-27　系统与 +5V 负荷电压接线图

如果拔掉任意一个 +5V 电源负荷后，电源报警灯熄灭，那么可以证明该负荷及其连接电缆出现故障。

注意：当拔掉电动机编码器的插头时，如果是绝对位置编码器，还需要重新回零，机床才能恢复正常。

⑤系统各印制板有短路。用万用表测量 +5V、±15V、+24V 与 0V 之间的电阻。必须在电源关的状态下测量。

a. 把系统各印制板一个一个地拔掉，再开电源，确认报警灯是否再亮。

b. 如果某一印制板拔下后，电源报警灯不亮，那就可以证明该印制板有问题，应更换该印制板。

c. 对于 0 系统，如果 +24V 与 0V 短路，更换时一定要把输入/输出板与主板同时更换。

d. 当用计算机与 CNC 系统进行通信作业时，如果 CNC 通信接口烧坏，也会使系统电源打不开。

3. 返回参考点时，出现偏差

1）参考点位置偏差 1 个栅格，见表 5-14。

表 5-14 参考点位置故障

项目	可能原因	检查方法	解决办法
1	减速挡块位置不合适	用诊断功能监视减速信号，并记下参考点位置与减速信号起作用的那点的位置	这两点之间的距离应该约等于电动机转一圈时机床所走的距离的一半
2	减速挡块太短	按第一项的方法计算减速挡块的长度	按计算长度，安装新的挡块
3	回零开关不良	在一个栅格内，*DECX 发生变化	*DECX 电气开关性能不良，应更换
		在一个栅格内，*DECX 信号不发生变化	挡块位置安装不正确

2）参考点返回位置是随机变化的，见表 5-15。

表 5-15 参考点返回位置时故障

项目	可能原因	检查方法	解决办法
1	干扰	①检查位置编码器反馈信号线是否屏蔽 ②检查位置编码器是否与电动机动力线分开	①屏蔽位置编码器反馈信号线 ②分离位置编码器与电动机动力线
2	位置编码器的供电电压太低	检查编码器供电电压不能低于 4.8V	
3	电动机与机械的联轴器松动	在电动机和丝杠上分别做一个记号，然后运行该轴，观察其记号	拧紧联轴器
4	位置编码器不良		更换位置编码器，并观察偏差更换后，故障是否消除
5	回参考点计数器容量设置错误	重新计算参考点计数器容量	特别是在 0.1μ 的系统里，更要按照说明书，仔细计算
6	伺服控制板或伺服接口模块不良		更换伺服控制板或接口模块

4. 返回参考点异常，并在显示器上出现 Alarm90

（1）参考点返回位置偏差量未超过 128 时，位置误差量可以在诊断界面里确认。3/6/0 系统诊断号为 800~803，16/18 系统的诊断号为 300。

1）检查确认快进速度。

2）检查确认快进速度的倍率选择信号（ROV1、ROV2）。

3）检查确认参考点减速信号（*DECX）。

4）检查确认外部减速信号±*EDCX。

5）离参考点距离太近。

（2）参考点返回位置偏差量超过128

1）位置反馈信号没有输出。

2）位置编码器不良。

3）位置编码器的供给电压偏低，一般不能低于4.8V。

4）伺服控制部分和伺服接口部分不良。

5. 在手动、自动方式下机床都不能运转

1）位置界面的数值是否变化，见表5-16。

表5-16 位置界面地址参数值

项	原　　因	有关地址、参数		
		0	16/18/21/0i	11/12/15
1	系统处于急停状态 *ESP	G121.4	G8.4 或 G1008.4	G0.4
2	系统处于复位状态 ①外部复位 ERS ②MDI 的复位键	G121.7 G104.6	G8.7 G8.6	G0.0 G0.6
3	确认工作方式 MD4、MD2、MD1 JOG=101，AUTO=001 EDIT=011，MDI=000	G122#2，1，0	G43#2，1，0	G3
4	JOG 的轴方向选择信号 查看内部诊断，确认： ①倍率为0 ②正在执行到位检查 ③主轴速度到达信号（SAR） ④锁住信号	G116#3，2 G118#3，2 DGN700	G100 G102 DGN15	DGN1000~1001
5	正在执行到位检查 条件：位置误差值大于在位宽度设定值	DGN800>PRM500	DGN300>PRM1826	
6	互锁信号输入 *ILK	G117.0	G8.0 PRM3003#0	G0.0
	*ITX	PRM8.7 G128	PRM3003#2 G130	
	±MITX	G42 PRM24#7	G132 G134 PRM3003#3	
7	JOG 速度为 0（JV0~JV7）	G121 PRM3.4	G010 G011	
8	系统有报警			
	位置界面数值变化			
	MLK 信号输入了系统	G117.1	G44.1 G108	

2）CNC 内部状态。

3）利用 PMC 的信号诊断功能，确认输入/输出信号。

6. 在自动方式下，系统不运行

1）自动运行启动灯不点亮时的检查点见表 5-17。

①确认机床操作面板上自动运行启动灯是否点亮。

②确认 CNC 状态。

表 5-17 自动运行时，启动灯不点亮时的检查点

项	原 因	有关地址、参数		
		0	16/18/0i	11/12/15
1	确认方式选择开关 MD4、MD2、MD1 在自动方式时等于 001	G122#2, 1, 0	G43#2, 1, 0	G3
2	自动运行启动 "START" 没输入到系统	G120#2	G7.2	G5.0
3	自动运行停止信号 *SP 输入了系统	G121.5	G8.5	G0.5

2）自动运行启动指示灯点亮时的有关地址、参数见表 5-18。

表 5-18 自动运行启动指示灯点亮时的有关地址、参数

项	原 因	有关地址、参数		
		0	16/18/0i	11/12/15
1	确认 CNC 内部状态	DGN700 DGN701	DGN0~15	DGN1000 DGN1001
2	正在等待辅助功能完毕信号（FIN）	G121.3	G4.3	G5.1
3	自动运行时，正在执行读取轴移动指令			
4	在自动运行时，正在执行（G04）暂停指令			
5	正在执行到位检查条件，位置误差值要大于参数设定值	DGN800 > PRM500	DGN300 > PRM1826	
6	进给速度为 0（FV0~FV7）	G121	G12 PRM3.4	G12
7	起动锁住信号输入系统 STLK	G120.1	G7.1	G4.6
8	锁住信号输入系统 *ILK	G117.0	G8.0 PRM3003#0	G0.0
9	*ITX	PRM8.7 G128	PRM3003#2 G130	
10	CNC 正在等待主轴速度到达信号（SAR）	G120.4 PRM24#2	G29#4 PRM3708#10	
11	确认快进速度 ROV1 ROV2	PRM518~521 G116#7 G117#7	PRM1420 G14 G96	
12	确认切削进给速度。如果设定为每转进给时，必须有主轴位置编码器	PRM527	PRM1422	

7. 在 MPG 方式下，机床不运行

在 MPG 方式下，机床不运行的原因见表 5-19。

表 5-19 MPG 方式下机床不运行的原因

项	原　因	有关地址、参数		
		0	16/18/01	11/12/15
1	方式选择开关 MD4、MD2、MD1 在 MPG 方式时等于 100	G122#2，1，0	G43#2，1，0	G3
2	手动脉冲发生器的轴选择信号 HX	G116#72 G119#7	G18，G19	G11
3	手动脉冲发生器的倍率选择信号 MP2、MP1	G120#1，0（M 系） G117.0 G118.0（T 系） PRM121，PRM699	G19#4，#5 PRM7113 PRM7114	G6#4，3，2
4	手动脉冲发生器的确认 ①信号线断线，短路 ②手动脉冲发生器不良			

【知识拓展】

华中数控系统不能正常启动及诊断方法

1. 屏幕没有显示

屏幕没有显示的原因与措施见表 5-20。

表 5-20 屏幕没有显示的原因与措施

故障原因	措　施	参　考
系统电源不正常	1）检查电源插头（XS1） 2）检查输入电源是否正常，应该为 AC 24V 或 DC 24V	接线极性是否正确，参见《世纪星连接说明书》2.3 节
亮度调整太低或太高	调整亮度调节开关	仅限 HNC-18i/19i
硬件板卡损坏	需更换系统或送厂维修	

2. 屏幕没有显示但操作面板能正确控制

屏幕没有显示但操作面板能正常控制的原因与措施见表 5-21。

表 5-21 屏幕没有显示但操作面板能正常控制的原因与措施

故障原因	措　施	参　考
亮度调整太低或太高	调整亮度调节开关	仅限 HNC-18i/19i
主板分辨率设置太高	调整主板 COMS 分辨率参数为 640×480	
液晶屏损坏	需更换系统或送厂维修	

3. DOS 系统不能启动

DOS 系统不能启动的原因与措施见表 5-22。

表 5-22　DOS 系统不能启动的原因与措施

故障原因	措施	参考
文件被破坏	1）软盘运行系统 2）用杀毒软件检查软件系统 3）重新安装系统软件	
CF 卡、电子盘物理损坏	更换 CF 卡、电子盘	

4. 不能进入数控主菜单

不能进入数控主菜单的原因与措施见表 5-23。

表 5-23　不能进入数控主菜单的原因与措施

故障原因	措施	参考
系统文件被破坏	1）用杀毒软件检查系统 2）重新安装系统软件	
CF 卡、电子盘物理损坏	更换 CF 卡、电子盘	

5. 进入数控主菜单后黑屏

进入数控主菜单后黑屏的原因与措施见表 5-24。

表 5-24　进入数控主菜单后黑屏的原因与措施

故障原因	措施	参考
接线电源不正常	1）检查电源插座 2）检查电源电压 3）确认电源的负载能力不低于 100W	参见《世纪星连接说明书》2.3 节
系统文件被破坏	1）用杀毒软件检查系统 2）重新安装系统软件	

6. 运行或操作中出现死机或重新启动

运行或操作中出现死机或重新启动的原因与措施见表 5-25。

表 5-25　运行或操作中出现死机或重新启动的原因与措施

故障原因	措施	参考
参数设置不当	重新启动后，在急停状态下检查参数，检查坐标轴参数，PMC 用户参数作为分母的参数不应该为 0	参见《世纪星连接说明书》3.7.3 和 3.7.7 节
1）操作同时运行了系统以外的其他内存驻留程序 2）调用较大的程序 3）调用已损坏的程序	1）等待 2）中断零件程序的调用	
系统文件被破坏	1）用杀毒软件检查系统 2）重新安装系统软件	

(续)

故障原因	措施	参考
DOS 系统配置文件 CONFIG.SYS 中，同时打开的文件数量过少	设置为 50 或更正 FILES = 50	
电源功率不够	1) 检查电源插座 2) 检查电源电压 3) 确认电源的负载能力不低于 100W	参见《世纪星连接说明书》2.3 节
硬件板卡损坏	需更换系统或送厂维修	

【评价标准】

FANUC 系统常见的故障考核见表 5-26。

表 5-26 CNC 系统故障考核

序号	考核内容	评价标准	评价方式	分数	得分
1	安全操作	①正确使用工具及仪器、仪表 ②操作中不伤及自己和他人 ③着装符合劳动保护要求,工位整洁	教师评价与小组成员互评	10	
2	通道设置	系统参数修改通道设置	教师评价	50	
3	手摇不工作	手摇倍率选择信号(MP1、MP2)有关参数和地址	教师评价	40	

任务四 数控系统的数据传输与备份

【任务描述】

在使用数控机床的过程中，有时会因为各种原因发生数据丢失、参数紊乱等故障。如果发生了这样的故障，而之前又没有对数据进行恰当的保存，那么就会给生产带来巨大的损失。因此对数据的备份工作一定要做好，以防意外的发生。对于不同的系统，数据备份和恢复方法会有一些不同，但都是将系统数据通过某种方式存储到系统以外的介质里或恢复到系统里。本任务主要介绍 FANUC 系统的数据备份与恢复。

【任务分析】

数控系统的维修离不开实际操作，首先要求维修人员能熟练操作机床，而且要能进入一般操作者无法进入的特殊操作模式，如各种机床以及有些硬件设备自身参数的设定与调整需利用 PLC 编程器监控等。另外数控系统要正常运行，必须保证各种参数设定正确，不正确的参数设置与数据错误可能造成设备无法正常运行并产生严重的后果。因此，理解参数的含义和功能，熟悉参数查看、设置方法并进行数据备份、恢复是数控维修人员必备的基础技能。本任务的具体步骤为：先查阅数控系统手册，了解机床数据分类及含义，再学会查看数据，修改相关数据并运行机床，对已经调试好的机床或者新购置的机床进行数据备份，当出现机床参数故障时要学会数据恢复。

【任务实施】

FANUC 数控系统中的加工程序、参数、螺距误差补偿、宏程序、PMC 程序、PMC 数据等，如果发生电池失效或误操作，可能会导致其数据的丢失。因此，要做好数据备份与恢复工作，保证机床的正常运行。

一、使用存储卡进行数据备份与恢复

数控系统的启动和计算机的启动一样，会有一个引导过程。用存储卡进行数据备份与恢复时，必须要准备一张符合 FANUC 系统要求的存储卡（工作电压为 5V）。具体操作步骤如下：

(1) 通过 BOOT 界面进行数据备份

1) 关闭系统，将存储卡（CF 卡）插入存储卡接口上（NC 单元上或显示器旁边）。
2) 同时按下显示器最右下端两按键，给系统上电，进入系统引导界面。
3) 弹出引导界面，如图 5-28 所示。
4) 在引导界面中，用"UP"或"DOWN"键选择第四项，进入系统数据备份界面，如图 5-29 所示。

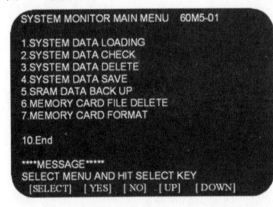

图 5-28　引导界面　　　　　　图 5-29　系统数据备份界面

5) 在备份界面中有很多项，选择要备份的项，按下"YES"键，将数据备份到存储卡中。
6) 按下"SELECT"键，退出备份过程。

(2) 通过 BOOT 界面进行数据恢复

1) 若要进行数据恢复，按照相同的步骤进入系统引导界面。
2) 在引导界面中选择第一项"SYSTEM DATA LOADING"。
3) 选择存储卡上所要恢复的文件。
4) 按下"YES"键，将数据恢复到系统中。
5) 按下"SELECT"键，退出数据恢复过程。

二、FANUC 系统引导界面详解

1) 关闭系统，插入存储卡。

2) 启动系统引导界面（BOOT SYSTEM），如图 5-28 所示。

注意：CF 卡如果初次使用，应事先格式化；抽取或安装 CF 卡时，应先关闭控制器电源，避免 CF 卡损坏；不要在格式化或数据存取的过程中关闭控制器电源，避免 CF 卡损坏。

3) 系统数据被分在两个区存储。FROM 中存放的是系统软件和机床厂家编写的 PMC 程序以及 P-CODE 程序。SRAM 中存放的是参数、加工程序、宏变量等数据。进入 BOOT 界面可以对这两个区的数据进行操作（按下显示器最右下端两个按键，给系统上电，进入系统引导界面）。

4) 用软键"UP"或"DOWN"把光标移到要选择的功能上，按软键"SELECT"，按软键"YES"或"NO"进行选择。正常结束时应按"SELECT"键。最终选择"END"，结束系统引导，起动 CNC，进入主界面。

5) 软菜单包括 [<1] [SELECT 2] [YES 3] [NO 4] [UP 5] [DOWN 6] [7 >]。使用软键起动时，数字显示部的数字不显示。用软键或数字键进行 1~7 操作。

① "<1"：在界面上不能显示时，返回前一界面。
② "SELECT 2"：选择光标位置的功能。
③ "YES 3"：确认执行时，按"是"回答。
④ "NO 4"：不确认执行时，按"否"回答。
⑤ "UP 5"：光标上移一行。
⑥ "DOWN 6"：光标下移一行。
⑦ "7 >"：在界面上不能显示时，移向下一界面。

6) 显示标题。右上角显示的是引导系统的系列号和版号。

①SYSTEM MONITOR MAIN MENU 60M4-01。
②SYSTEM DATA LOADING：把系统文件、用户文件从存储卡写入数控系统的快闪存储器中。
③SYSTEM DATA CHECK：显示数控系统快闪存储器上存储的文件一览表、各文件 128KB 的管理单位数与软件的系列以及确认 ROM 版号。
④SYSTEM DATA DELETE：删除数控系统快闪存储器中的文件。
⑤SYSTEM DATA SAVE：对数控系统 FROM 中存放的用户文件、系统软件、机床厂家编写的 PMC 程序以及 P-CODE 程序写到存储卡中。
⑥SRAM DATA BACKUP：将数控系统 SRAM 中存放的 CNC 参数、PMC 参数、螺距误差补偿量、加工程序、刀具补偿量、用户宏变量、宏 P-CODE 变量和 SRAM 变量参数全部下载到存储卡中，作备份用或复原到存储器中。注意：对于使用绝对编码器的系统，若要把参数等数据从存储卡恢复到系统 SRAM 中去，应把 1815 号参数的第 4 位设为 0，并且重新设置参考点。备份：SRAM BACKUP [CNC→MEMORY CARD]；恢复：RESTOR SRAM [MEMORY CARD→CNC]）。
⑦MEMORY CARD FILE DELETE：删除存储卡上存储的文件。
⑧MEMORY CARD FORMAT：可以进行存储卡的格式化。存储卡第一次使用、电池电量耗尽或存储卡的内容被破坏时，需要进行格式化。
⑨END：结束引导系统"BOOT SYSTEM"，起动 CNC。
⑩ * * * MESSAGE * * *

SELECT MENU AND HIT SELECT KEY。

【知识拓展】

华中世纪星系统的数据备份与恢复

1. 数据的备份

1）在辅助菜单目录下，系统显示菜单如图 5-30 所示。

图 5-30　系统显示菜单

2）选择功能键 F3，然后输入密码，系统菜单显示如图 5-31 所示。

图 5-31　参数修改菜单

3）选择功能键 F7，系统显示如图 5-32 所示，输入文件名确认。文件名可以随意命名。至此，参数备份完成。

图 5-32　输入文件名菜单

2. 参数的恢复

首先执行参数备份的 1）、2）步骤，然后选择功能键 F8（装入参数），选择事先备份好的参数文件，确认后即可恢复。

注意：华中数控系统参数在更改后一定要重新启动，修改的参数才能够起作用。

3. 华中世纪星系统（HNC-21T）的参数设置

1）参数的分类：系统参数、通道参数、坐标轴参数、轴补偿值参数、硬件配置参数、PMC 用户参数、外部报警信息、机床参数及 DNC 参数设置。

2）参数的级别。数控系统按功能和重要性把参数划分为三个不同的级别：数控厂家、机床厂家和用户。通过权限口令的限制对重要参数进行保护。查看参数和备份参数不需要口令密码。HNC-21T 系统中，不同级别的权限可以修改的参数是不同的，数控厂家权限级别最高，机床厂家权限其次，用户权限的级别最低。

3）主菜单与子菜单：在某一个菜单中，用 Enter 键选中某项后，出现另一个菜单，则前者称为主菜单，后者称为子菜单。菜单可以分为两种：弹出式菜单和图形按键式菜单，如图 5-33 所示。

图 5-33　弹出式菜单和图形按键式菜单

4）修改参数常用的功能键

①Esc：终止输入操作、关闭窗口、返回上一级菜单。

②Enter：确认开始修改参数、进入下一级菜单、对输入的内容进行确认。

③F1～F10：直接进入相应的菜单和窗口。

④Page Up、Page Down：在菜单或窗口内前后翻页。在辅助菜单目录下，按 F3 键进入参数功能子菜单。命令行与菜单条的显示如图 5-34 所示。

参数查看与设置的具体操作步骤如下：

1）在参数功能子菜单下，按 F1 键，系统将弹出如图 5-33 所示的参数索引子菜单。

2）选择要查看或设置的选项，按 Enter 键进入下一级菜单或窗口。

3）如果所选的选项有下一级菜单，如坐标轴参数，系统会弹出该坐标轴参数选项的下一级菜单。

若需要修改参数，首先应输入参数修改的权限口令（F3→F3），具体操作步骤如下：

1）在参数功能子菜单（图 5-33）下按 F3 键，系统会弹出权限级别选择窗口。

参数索引子菜单

图 5-34　参数查看菜单

2）选择权限，按 Enter 键确认，系统将弹出输入口令对话框。

3）输入相应的权限口令，按 Enter 键确认。

4）若所输入的权限口令正确，则可进行此权限级别的参数修改；否则，系统会提示权限口令输入错误。

【评价标准】

根据要求完成 HNC-21T 和 FANUC-0iTC 系统参数的备份和恢复，见表 5-27。

表 5-27　HNC-21T 和 FANUC-0iTC 系统参数备份和恢复

序号	考核内容	评价标准	评价方式	分数	得分
1	HNC-21T 系统的数据备份	正确完成数据备份	教师评价	25	
2	HNC-21T 系统的数据恢复	正确完成数据恢复	教师评价	25	
3	FANUC-0iTC 系统的数据备份	正确完成数据备份	教师评价	25	
4	FANUC-0iTC 系统的数据恢复	正确完成数据恢复	教师评价	25	

【项目小结】

本项目包括四个任务：CNC 硬件连接及接口作用认识、数控系统基本参数设置、数控系统常见故障现象与诊断处理以及数控系统的数据传输与备份。

通过本项目的学习，学生要了解 FANUC 0i-MD/TD 系统的构成，掌握 CNC 控制器的组成，熟悉数控装置的硬件接口和与外围设备的连接，具备数控系统基本参数的设置和调试能力，为机床的安装调试和故障诊断奠定基础。

【思考与练习】

1. FANUC 0iD 系列的 CNC 控制器由哪些部分组成？
2. 三种类型的存储器是哪些？分别存储什么内容？
3. 简述数控装置的硬件接口和功能。
4. 系统基本参数的设定有哪些内容？
5. 简述利用存储卡对 FANUC 0i 系统数据进行备份与恢复的过程。

项目六　数控机床主要机械部件的结构与维修

【学习目标】

数控机床主要包括主轴、进给轴、导轨和丝杠、刀库和换刀装置、液压和气动等部件，在机械结构上和普通机床不同，其传动链缩短，传动部件的精度高，机械维护的面更广。数控机床在运行过程中，机械零部件受到力、热以及摩擦等诸多因素的作用，导致其偏离或丧失了原有的功能。根据数控机床运行状态的识别、运行状态的信号获取、特征参数的分析，进行数控机床故障性质的判断和故障部位的确定，排除机械故障，对机械装置的运行状态进行预测和预报。本项目主要从数控机床主传动系统、进给系统、自动换刀装置三个主要的机械部件介绍数控机床故障诊断与维修的方法。

1. 知识目标

1）掌握数控机床的机械结构及数控机床机电设备之间的内在联系。
2）认识并熟悉主传动系统的结构形式。
3）掌握机床主传动系统的机械故障特征。
4）掌握主传动系统诊断维修方法。
5）正确理解进给系统的结构形式。
6）掌握进给机构故障诊断与维修方法。
7）熟悉自动换刀装置的结构。
8）理解自动换刀装置的工作原理。
9）掌握自动换刀装置诊断与维修的方法。

2. 技能目标

1）能够进行数控机床主传动系统的故障诊断与维修。
2）能够进行数控机床进给机构的故障诊断与维修。
3）能够进行数控机床自动换刀装置的故障诊断与维修。
4）能够正确使用数控机床监测仪器、仪表。

3. 能力目标

1）具备操作常用数控机床的能力。
2）具备一定的数控机床机械故障诊断与维修的能力。
3）具备一定的机电联调的能力。
4）具备一定的分析问题、解决实际问题的能力。
5）具备一定的语言表达、动手操作、团结合作的能力。
6）具备一定的安全用电、急救的能力。

【内容提要】

任务一：主传动系统的典型结构分析与维修，能够进行数控机床主传动系统的结构原理分析，掌握数控机床主传动系统常见故障现象及原因，能够进行数控机床主传动系统的故障诊断与维修。

任务二：进给机构的典型结构分析与维修，能够进行数控机床进给系统的结构原理分析，掌握伺服进给系统的组成及特点，能够进行数控机床进给系统常见故障现象的分析及处理。

任务三：换刀装置结构剖析与维修，能够理解自动换刀装置的结构原理，能够进行数控机床自动换刀系统的故障诊断与维修。

任务一 主传动系统的典型结构分析与维修

【任务描述】

数控机床的主传动系统是承受主切削力的传动运动，用于实现机床的主运动，它将主电动机的原动力变成可供主轴上刀具切削加工的切削力矩和切削速度。它的功率大小与回转速度直接影响机床的加工效率，而主轴部件是保证机床加工精度和自动化程序的主要部件，它们对数控机床的性能有决定性的影响。为适应不同的加工要求，数控机床的主传动系统应具有较大的调速范围，以保证加工时能选用合理的切削用量；同时，主传动系统还需要有较高的精度及刚度，并尽可能降低噪声，从而获得最佳的生产率、加工精度和表面质量。

【任务分析】

主传动系统是数控机床主运动的主要动力来源，要进行数控机床主传动系统的维护，必须要先掌握数控机床主传动系统的结构，分析其配置形式和主轴部件，掌握主传动系统常见的故障现象及产生的原因，最终结合具体的主传动系统的故障进行故障现象的分析、诊断及排除。

【任务实施】

一、数控机床主传动系统的结构原理

1. 主传动系统的类型

目前，数控机床主传动系统大致可分为以下几类：

（1）电动机与主轴直连的主传动 其优点是结构紧凑，但主轴转速的变化、转矩的输出和电动机的输出特性一致，因而使用上受到一定的限制，如图6-1所示。

（2）经过一级变速的主传动 目前一级变速多用V带或同步带来完成，其优点是结构简单，安装调试方便，且在一定程度上能够满足转速与转矩的输出要求，但主轴调速范围比仍与电动机一样，受电动机调速范围比的约束，如图6-2所示。

（3）带有变速齿轮的主传动 这种配置方式在大、中型数控机床中采用较多。它通过少数几对齿轮，使之成为分段无级变速，确保低速大转矩，以满足主轴输出转矩特性的要求，如图6-3所示。

图 6-1　电动机与主轴直连的主传动　　　　图 6-2　通过带传动的主传动

（4）电主轴　电主轴通常作为现代机电一体化的功能部件，装备在高速数控机床上，如图 6-4 所示。其主轴部件结构紧凑、重量轻、惯量小，可提高起动、停止的响应特性，有利于控制振动和噪声；缺点是制造和维护困难，且成本较高。电动机运转产生的热量直接影响主轴，主轴的热变形严重影响机床的加工精度，因此，合理选用主轴轴承以及润滑、冷却装置十分重要。

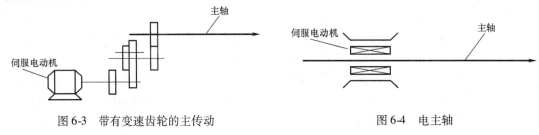

图 6-3　带有变速齿轮的主传动　　　　图 6-4　电主轴

2. 主轴部件

数控机床的主轴是影响机床加工精度的主要部件，它的回转精度影响工件的加工精度；它的功率大小与回转速度影响加工效率；它的自动变速、准停和换刀等影响机床的自动化程度。因此，要求主轴部件具有与本机床工作性能相适应的高回转精度、刚度、抗振性、耐磨性和低的温升。在结构上，必须很好地解决刀具和工具的装夹、轴承的配置、轴承间隙的调整和润滑密封等问题。

根据数控机床的规格、精度不同，采用不同的主轴轴承。一般中小规格数控机床的主轴部件多采用成组高精度滚动轴承，重型数控机床则采用液体静压轴承，高速主轴常采用氮化硅材料的陶瓷滚动轴承。

（1）主轴轴承的配置形式　加工中心的主轴轴承一般采用 2 个或 3 个角接触球轴承组成，或用角接触球轴承与圆柱滚子轴承组成，这种轴承经过预紧后可得到较高的刚度。当要求刚度很高时，则采用圆柱滚子轴承和双向推力球轴承的组合。机床主轴一般承受两个方向的轴向载荷，需要两个相应的推力轴承匹配使用。推力轴承的布置方式（或称为主轴组件的轴向定位方式）共有三种以下：

1）前端定位，如图 6-5 所示。前端定位结构的特点如下：

①主轴受热变形，向后伸长（热位移），不影响主轴前端的轴向精度。

②主轴切削力受压段短，纵向稳定性好。

③前支承的角刚度高，角阻尼大，因此主轴组件的刚度高、抗振性好。

④前支承的结构较复杂，温升较高。

前端定位的适用范围是：对轴向精度和刚度要求较高的高速机床、精密机床主轴（如精密车床、镗床和坐标镗床等）及对抗振性要求较高的普通机床主轴（如卧式车床、多刀车床、铣床等）。

2）后端定位，如图 6-6 所示。后端定位结构的特点如下：

① 前支承的结构简单，温升较小。

② 主轴受热向前伸长，影响主轴的轴向精度。

③ 刚度及抗振性较差。

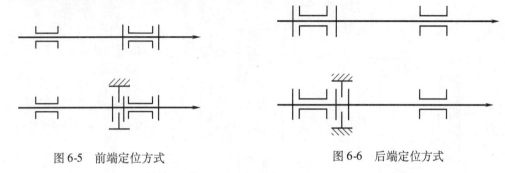

图 6-5　前端定位方式　　　　　图 6-6　后端定位方式

后端定位的适用范围：不宜用于精密、抗振性要求高的机床，可用于要求不高的中速、普通精度机床的主轴（卧式车床、多刀车床、立式铣床等）。

3）两端定位，如图 6-7 所示。两端定位结构的特点如下：

① 支承结构简单，间隙调整方便。

② 主轴受热伸长会改变轴承间隙，影响轴承的旋转精度及寿命。

③ 刚度和抗振性较差。

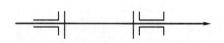

图 6-7　两端定位方式

两端定位的适用范围是：轴向间隙变化不影响正常工作的机床主轴，如钻床；支距短的机床主轴，如组合机床；有自动补偿轴向间隙装置的机床主轴。

（2）刀具的自动夹紧和切屑的清除装置　在自动换刀机床的刀具自动夹紧装置（图 6-8）中，刀杆常采用 7:24 的大锥度锥柄，既利于定心，也为松刀带来方便。用碟形弹簧通过拉杆及夹头拉住刀柄的尾部，使刀具锥柄和主轴锥孔紧密配合，夹紧力达 10000N 以上。松刀时，通过液压缸活塞推动拉杆来压缩碟形弹簧，使夹头胀开，夹头与刀柄上的拉钉脱离，刀具即可拔出并进行新旧刀具的交换。新刀装入后，液压缸活塞后移，新刀具又被碟形弹簧拉紧。在活塞推动拉杆松开刀柄的过程中，压缩空气由喷气头经过活塞中心孔和拉杆中的孔吹出，将锥孔清理干净，防止主轴锥孔中掉入的切屑和灰尘把主轴孔表面和刀杆的锥柄划伤，保证刀具的正确位置。

（3）主轴准停装置　数控机床为了完成 ATC（刀具自动交换）的动作过程，必须设置主轴准停机构。由于刀具装在主轴上，切削时切削转矩不可能仅靠锥孔的摩擦力来传递，因此，在主轴前端设置一个突键，当刀具装入主轴时，刀柄上的键槽必须与突键对准，才能顺利换刀，因此，主轴必须准确停在某固定的角度上。由此可知，主轴准停是实现 ATC 过程的重要环节。主轴准停装置原理如图 6-9 所示。

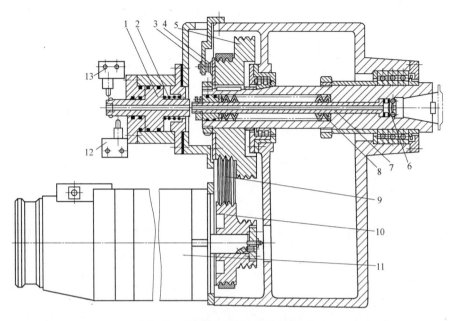

图6-8 数控机床主轴部件结构图

1—活塞 2—螺旋弹簧 3—磁传感器 4—永久磁铁 5—带轮 6—钢球 7—拉杆 8—碟形弹簧
9—多联V带 10—带轮 11—交流调速电动机 12、13—限位开关

通常主轴准停机构有两种方式：机械方式与电气方式。机械方式采用机械凸轮机构或光电盘方式进行粗定位，然后有一个液动或气动的定位销插入主轴上的销孔或销槽实现精确定位，完成换刀后定位销退出，主轴才开始旋转。采用这种传统方式定位，结构复杂，在早期数控机床上使用较多。而现代数控机床采用电气方式定位较多。电气定位一般有两种方式：一种是用磁传感器检测定位，在主轴上安装一个发磁体与主轴一起旋转，在距离发磁体旋转外轨迹1~2mm处固定一个磁传感器，它经过放大器并与主轴控制单元连接，当主轴需要定向时，便可停止在调整好的位置上；另一种是用位置编码器

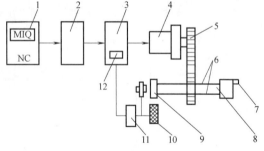

图6-9 主轴准停装置原理

1—主轴定向指令 2—强电时序电路 3—主轴伺服单元
4—主轴电动机 5—同步齿形带 6—位置控制回路
7—主轴端面键 8—主轴 9—发磁体 10—磁传感器
11—放大器 12—定向电路

检测定位，这种方法是通过主轴电动机内置的位置编码器或在机床主轴箱上安装一个与主轴1∶1同步旋转的位置编码器来实现准停控制，准停角度可任意设定。

(4) 主轴的润滑与密封

1) 主轴的润滑。为了保证主轴有良好的润滑，减少摩擦发热，同时又能把主轴组件的热量带走，通常采用循环式润滑系统。用液压泵供油强力润滑，在油箱中使用油温控制器控制油液温度。近年来，一部分数控机床的主轴轴承采用高级油脂封放式润滑，每加一次油脂可以使用7~10年，简化了结构，降低了成本，且维护保养简单，但需防止润滑油和油脂混

合,通常采用迷宫式密封方式。为了适应主轴转速向更高速化发展的需要,新的润滑冷却方式相继开发出来。新的润滑方式不但要降低轴承温升,还要减小轴承内外圈的温差,以保证主轴的热变形小。

① 油气润滑方式。这种润滑方式近似于油雾润滑方式,所不同的是,油气润滑是定时定量地把油雾送进轴承空隙中,既实现了油雾润滑(连续供给油雾),又不至于因油雾太多而污染周围的空气。

② 喷注润滑方式。它用较大流量的恒温油(每个轴承3~4L/min)喷注到主轴轴承上,以达到润滑、冷却的目的。这里需特别指出的是,较大流量喷注的油不是自然回流,而是用排油泵强制排油。同时,采用专用高精度大容量恒温油箱,油温变动控制在±0.5℃。

2) 主轴的密封。在密封件中,被密封的介质往往是以穿漏、渗透或扩散的形式越界泄漏到密封连接处的另一侧。造成泄漏的基本原因是:流体从密封面上的间隙中溢出,或是由于密封部件内外两侧密封介质的压力差或浓度差,致使流体向压力或浓度低的一侧流动。图6-10所示为一个卧式加工中心主轴前支承的密封结构。

该卧式加工中心主轴前支承处采用双层小间隙密封装置。主轴前端车出两组锯齿形护油槽,在法兰盘4和5上开沟槽及泄漏孔,喷入轴承2内的油液流出后被法兰盘4的内壁挡住,并经其下部的泄油孔9和套筒3上的回油斜孔8流回油箱,少量油液沿主轴6流出时,主轴护油槽在离心力的作用下被甩至法兰盘4的沟槽内,经回油斜孔8流回油箱,达到防止润滑介质泄漏的目的。当外部切削液、切屑及灰尘等沿主轴6与法兰盘5之间的间隙进入时,经法兰盘5的沟槽由泄漏孔7排出,达到了主轴端部密封的目的。

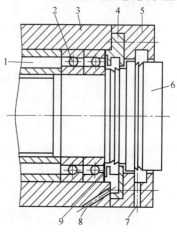

图6-10 卧式加工中心主轴前支承的密封结构
1、3—套筒 2—轴承
4、5—法兰盘 6—主轴
7—泄漏孔 8—回油斜孔
9—泄油孔

要使间隙密封结构能在一定的压力和温度范围内具有良好的密封防漏性能,必须保证法兰盘4和5与主轴及轴承端面的配合间隙。

二、数控机床主传动系统的故障诊断

1. 数控机床主传动系统常见的故障现象及原因

数控机床主传动系统常见的故障现象、原因及排除方法见表6-1。

表6-1 数控机床主传动系统常见的故障现象、原因及排除方法

故障现象	故障原因	排除方法
主轴发热	轴承损伤或不清洁,轴承油脂耗尽或油脂过多,轴承间隙过小	更换轴承,清除脏物;涂抹润滑油,每个3mL;轴承与后盖有0.02~0.05mm的间隙
主轴强力切削停转	电动机与主轴传动的传送带过松,传送带表面有油,传送带使用过久而失效,离合器松	移动电动机座,拉紧传送带,再重新锁紧电动机座;将传送带擦洗干净,再装上;更换新传送带;调整摩擦离合器
润滑油泄漏	润滑油过量,密封件损伤或失效,管件损坏	调整供油量;更换密封件;更换管件

(续)

故障现象	故 障 原 因	排 除 方 法
主轴有噪声(振动)	缺少润滑,带轮动平衡不佳,带轮过紧,齿轮磨损或啮合间隙过大,轴承损坏	涂抹润滑油脂,保证每个轴承涂抹润滑脂量不超过3mL;带轮上的平衡块脱落,重新进行动平衡;移动电动机座,使传送带松紧合适;调整啮合间隙或更换新齿轮;修复或更换轴承,校直传动轴
主轴没有或润滑不足	油泵转向不正确,油管或滤油器堵塞,油压不足	改变油泵转向;清除堵塞物;调整供油压力
刀具不能夹紧	碟形弹簧位移量太小,刀具松夹弹簧上螺母松动	调整碟形弹簧行程长度;顺时针旋转刀具松夹弹簧上的螺母,使其最大工作载荷不超过13kN
刀具夹紧后不能松开	刀具松夹弹簧压合过紧,液压缸压力和行程不够	逆时针旋转刀具松夹弹簧上的螺母,使其最大工作载荷不超过13kN;调整液压力和活塞行程开关位置

2. 数控机床主传动系统故障诊断与维修实例

【例1】 主轴定位不良。

故障现象:加工中心主轴定位不良,引发换刀过程发生中断。

分析及处理过程:某加工中心主轴定位不良,引发换刀过程发生中断。开始时出现的次数不多,重新开机后又能工作,但故障反复出现。在故障出现后,对机床进行仔细观察,才发现故障的真正原因是,主轴在定向后发生位置偏移,且主轴在定位后若用手碰一下(和工作中在换刀时当刀具插入主轴时的情况相近),主轴会产生相反方向的漂移。检查电气单元无任何报警,该机床的定位采用的是编码器,从故障现象和可能发生的部位来看,电气部分的可能性比较小;机械部分又很简单,关键是连接部分易出现故障,所以决定检查连接部分。在检查到编码器的连接时发现,编码器上连接套的紧定螺钉松动,使连接套后退,造成与主轴的连接部分间隙过大,旋转不同步。将紧定螺钉按要求固定好后,故障消除。

注意:发生主轴定位方面的故障时,应根据机床的具体结构进行分析处理,先检查电气部分,确认正常后再考虑机械部分。

【例2】 主轴出现噪声。

故障现象:主轴噪声较大,主轴空载情况下,负载表指示超过40%。

分析及处理过程:首先检查主轴的参数设定,包括放大器型号、电动机型号以及伺服增益等。确认无误后,将检查重点放在机械侧。发现主轴轴承损坏,更换轴承之后,在脱开机械侧的情况下,检查主轴电动机的运转情况。发现负载表指示已正常,但仍有噪声。随后,将主轴参数00号设定为1,即让主轴驱动系统开环运行,结果噪声消失,说明速度检测器件PLG有问题。经检查,发现PLG的安装不正,调整位置后再运行主轴电动机,噪声消失,机床能正常工作。

【知识拓展】

数控机床机械故障诊断的方法

随着电子测试技术、信号处理技术以及计算机技术的迅猛发展,数控机床机械故障诊断的方法已从传统的凭感觉器官和经验来判定故障的部位和原因，拓展到采用先进的测试仪器和手段乃至故障诊断专家系统等现代化的故障诊断方法来对机械故障进行诊断和预测，主要有以下几种：实用诊断技术，振动、噪声测试法，油液分析法，无损检测法，温度监测法以及专家诊断系统（包含专家的经验、数据）。

（1）实用诊断技术　靠人的感官功能（问、听、看、闻、触），借助一些常用工具对机床的运行状态进行监测和判断。

1）问——操作者（渐发/突发故障现象、加工件的情况，传动系统的运动和动力，润滑，保养和检修情况）。

2）看——机床的转速变化，工件的表面质量、振纹和颜色伤痕等明显症状。

3）听——机床运转声（声音强弱、频率高低等）。

4）闻——润滑油脂氧化蒸发油烟气、焦煳气。

5）触——用触感来判别机床的故障（温升、振动、伤痕和波纹、爬行、松紧）。

其中，实用诊断技术在机械故障的诊断中具有实用简便、快速有效的特点，但诊断效果的好坏在很大程度上取决于维修技术人员的经验，而且有一定的局限性和粗略性，对一些疑难故障难以奏效。

（2）机械振动检测、噪声监测诊断法　数控机床处于完好状态的振动强度与出现故障时的振动强度是不同的，以机床振动作为信息源，在机床运行过程中获取信号，对信号做各种处理和分析，通过某些特征量的变化来判断有无故障，根据以往的诊断经验形成的一些判据确定故障的性质，并综合一些其他依据进一步确定故障的部位。

在机床轴承、齿轮的运行过程中，借助噪声测量计以及声波计进行检测，可以深入地理解和把握噪声信号的变化规律。在此基础上，可以更深层次地分析、判断、识别齿轮和轴承所形成的磨损失效故障状态。

振动和噪声在检测过程中具有实用可靠、判断准确的特点，成为广泛运用的诊断手段。

（3）油样分析法　在数控机床中存在两类工作油液：液压油和润滑油。它们带有大量的关于机床运行状态的信息，通过对工作油液的合理取样，用原子吸收光谱仪对进入油液中磨损的各种金属微粒和外来杂质等残余物形状、大小、成分及深度的分析，间接地监测磨损的类型和程度，判断磨损的部位，找出磨损的原因，从而对机床的工作状况进行科学的判断。

（4）无损检测法　无损检测是在不损坏检测对象的前提下，检测其内部或外表缺陷（伤痕）的现代检测技术。目前用于机器故障诊断的无损检测方法多达几十种，在工业生产检验中，应用最广泛的有超声检测、射线检测、磁粉检测及渗透检测等。就其检测对象而言，超声检测和射线检测比较适合检测机体内部缺陷，而对于机体表面缺陷，采用磁粉检测和渗透检测更为合适。除此之外，许多现代无损检测技术（如红外线检测、激光全息摄影、同位素射线示踪等）也获得了应用。对数控机床采用无损检测技术进行机械故障诊断可有效地提高机床的运行可靠性。

（5）温度监测法　温度是一种表象，它的升降反映了数控机床机械零部件的热力过程，异常的温度变化表明了热故障、温度与数控机床的运行状态密切相关。检测方式有接触型和非接触型，接触型是借助测温传感器直接与轴承、电动机及齿轮箱等进行表面接触，根据测温传感器中的温度敏感元件的某一物理性质随温度而变化的特性来监测机械部件的表面温度；非接触型是运用红外热像仪等进行检测，可以方便、快速地遥测那些不易接近的机床部位。

【评价标准】

可采用技能考核的方式对学生分析与处理故障的能力进行评价。有一台 CK6132A 数控车床，其主传动有一个故障，要求在规定的时间内完成此数控机床主传动系统故障的检查和排除。说明每个故障所在的可能位置，分析故障性质及可能造成的后果。

考核标准见表 6-2。

表 6-2 考核评价表

序号	考核要点	评价标准	评价方式	分数	得分
1	故障现象检查	能快速、正确地检查出故障	教师评价	15	
2	故障分析诊断	①能正确分析故障原因 ②能准确查找故障位置		30	
3	故障排除	①能正确排除故障 ②是否按照安全规范及仪器规范进行操作		35	
4	学习态度	①认真、主动参与学习，守纪律 ②是否具有团队成员合作的精神 ③是否爱护实训室环境卫生	教师评价 小组成员互评	20	

任务二　进给机构的典型结构分析与维修

【任务描述】

数控机床进给系统主要包括齿轮传动副、滚珠丝杠螺母副、静压蜗杆蜗轮副、双齿轮齿条副及其相应的支承部件等。由于数控机床功能及性能上的要求，这些部件用在数控机床上与用在普通机床上是有不同点的。换言之，用于数控机床上时，就必须要满足数控机床对进给伺服系统的要求。数控机床对进给伺服系统主要有稳、准、快、宽、足五大要求，而其中稳、准、快这三项指标都是与机械传动结构密切相关的。这是由于数控机床的进给运动是数字控制的直接对象，被加工工件的最终坐标位置精度和轮廓精度都与其传动结构的几何精度、传动精度、灵敏度和稳定性密切相关。可以说，影响整个伺服进给系统精度的因素除了伺服驱动单元和电动机外，很大程度上取决于机械传动机构。因此，进给伺服系统中机械传动机构的故障诊断及排除是保证数控机床正常工作的重要环节。

【任务分析】

进给驱动系统的性能在一定程度上决定了数控系统的性能，直接影响了加工工作的进度，决定了数控机床的档次。进给驱动系统中常用的机械传动装置有滚珠丝杠螺母副、静压蜗杆蜗轮副、预加载荷双齿轮齿条副及直线电动机。其中滚珠丝杠螺母副是最重要的机械传动装置，要做好滚珠丝杠螺母副的安装、防护和润滑。针对进给系统的组成特点，分析进给系统常见的故障现象及原因，进而对具体的故障进行诊断处理。

【任务实施】

一、数控机床进给系统的结构原理

1. 伺服进给系统的组成及特点

数控机床的进给系统一般由驱动控制单元、驱动元件、机械传动部件、执行元件和检测反馈环节等组成。驱动控制单元和驱动元件组成伺服驱动系统，机械传动部件和执行元件组成机械传动系统，检测元件与反馈电路组成检测装置，亦称检测系统。

目前，数控机床进给驱动系统中常用的机械传动装置有滚珠丝杠螺母副、静压蜗杆蜗轮副、预加载荷双齿轮齿条副及直线电动机。数控机床进给系统中的机械传动装置和器件具有高寿命、高刚度、无间隙、高灵敏度和低摩擦阻力等特点。

2. 滚珠丝杠螺母副

滚珠丝杠螺母副是在丝杠和螺母之间以滚珠为滚动体的螺旋传动元件。滚珠丝杠螺母副有多种结构形式。按滚珠循环方式分为外循环和内循环两大类。外循环回珠器用插管式的较多，内循环回珠器用腰形槽嵌块式的较多。

按螺纹轨道的截面形状分为单圆弧和双圆弧两种截面形状。由于双圆弧截面形状轴向刚度大于单圆弧截面形状，因此目前普遍采用双圆弧截面形状的丝杠。

按预加负载形式分，可分为单螺母无预紧、单螺母变位导程预紧、单螺母加大钢球径向预紧、双螺母垫片预紧、双螺母差齿预紧、双螺母螺纹预紧。数控机床上常用双螺母垫片预紧，其预紧力一般为轴向载荷的1/3。

滚珠丝杠螺母副与滑动丝杠螺母副相比有很多优点：传动效率高、灵敏度高、传动平稳，磨损小、寿命长，可消除轴向间隙，提高轴向刚度等。

滚珠丝杠螺母传动广泛应用于中小型数控机床的进给传动系统中。在重型数控机床的短行程（6m以下）进给系统中也常被采用。

（1）滚珠丝杠螺母副的安装　数控机床的进给系统要获得较高的传动刚度，除了加强滚珠丝杠螺母本身的刚度之外，滚珠丝杠的正确安装及支承的结构刚度也是不可忽视的因素。螺母座及支承座都应具有足够的刚度和精度。通常都适当加大和机床结合部件的接触面积，以提高螺母座的局部刚度和接触强度，新设计的机床在工艺条件允许时常常把螺母座或支承座与机床本体做成整体来增大刚度。

为了提高支承的轴向刚度，选择适当的滚动轴承也是十分重要的。国内目前主要采用两种组合方式：一种是把向心轴承和圆锥轴承组合使用，其结构虽简单，但轴向刚度不足；另一种是把推力轴承或向心推力轴承和向心轴承组合使用，其轴向刚度有了提高，但增大了轴承的摩擦阻力和发热，而且增加了轴承支架的结构尺寸。近年来，国内、外的轴承生产厂家已生产出一种滚珠丝杠专用轴承，这是一种能够承受很大轴向力的特殊向心推力球轴承，与一般的向心推力球轴承相比，其接触角增大到60°，增加了滚珠的数目，相应减小了滚珠的直径。这种新结构的轴承比一般轴承的轴向刚度提高了两倍以上，使用极为方便，产品成对出售，而且在出厂时已经选配好内外环的厚度，装配时只要用螺母和端盖将内环和外环压紧，就能获得出厂时已经调整好的预紧力。

滚珠丝杠螺母副的安装方式通常有以下几种：

1) 双推-自由方式。如图 6-11 所示，丝杠一端固定，另一端自由。固定端轴承同时承受轴向力和径向力。这种支承方式可用于行程小的短丝杠。

2) 双推-支承方式。如图 6-12 所示，丝杠一端固定，另一端支承。固定端轴承同时承受轴向力和径向力；支承端轴承只承受径向力，而且能做微量的轴向浮动，可以避免或减少丝杠因自重而出现的弯曲。同时丝杠热变形可以自由地向一端伸长。

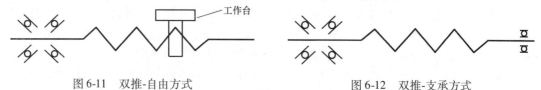

图 6-11　双推-自由方式　　　　　　　图 6-12　双推-支承方式

3) 双推-双推方式。如图 6-13 所示，丝杠两端均固定。固定端轴承可以同时承受轴向力和径向力。这种支承方式可以对丝杠施加适当的预拉力，提高丝杠支承刚度，可以部分补偿丝杠的热变形。

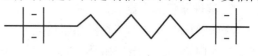

图 6-13　双推-双推方式

(2) 滚珠丝杠螺母副的防护和润滑

1) 滚珠丝杠螺母副的防护。滚珠丝杠螺母副和其他滚动摩擦的传动器件一样，应避免硬质灰尘或切屑污物进入，因此必须装有防护装置。如果滚珠丝杠螺母副在机床上外露，则应采用封闭的防护罩，如采用螺旋弹簧钢带套管、伸缩套管以及折叠式安装时，将防护罩的一端连接在滚珠螺母的侧面，另一端固定在滚珠丝杠的支承座上。如果滚珠丝杠螺母副处于隐蔽的位置，可采用密封圈防护，密封圈装在螺母的两端。接触式的弹性密封圈采用耐油橡胶或尼龙制成，其内孔做成与丝杠螺纹滚道相配的形状；接触式密封圈的防尘效果好，但由于存在接触压力，使摩擦力矩略有增加。非接触式密封圈又称迷宫式密封圈，它采用硬质塑料制成，其内孔与丝杠螺纹滚道的形状相反，并稍有间隙，可避免产生摩擦力矩，但防尘效果差。工作中应避免碰击防护装置，防护装置一旦损坏应立即更换。

2) 滚珠丝杠螺母副的润滑。润滑剂可提高耐磨性及传动效率，一般分为润滑油和润滑脂两大类。润滑油一般为全损耗系统用油，润滑脂可采用锂基润滑脂。润滑脂一般加在螺纹滚道和安装螺母的壳体空间内，而润滑油则经过壳体上的油孔注入螺母的空间内。每半年对滚珠丝杠上的润滑脂更换一次，清洗丝杠上的旧润滑脂，涂上新的润滑脂。用润滑油润滑的滚珠丝杠螺母副，可在每次机床工作前加油一次。

二、数控机床进给系统故障诊断方法及实例

1. 数控机床进给系统常见故障现象及原因（表 6-3）

表 6-3　数控机床进给系统常见故障现象及原因

故障现象	故障原因	排除方法
滚珠丝杠螺母副噪声大	丝杠支承轴承损坏或压盖压合不好，电动机与丝杠联轴器松动，润滑不良或丝杠副滚珠有破损	更换新轴承或调整轴承压盖，使其压紧轴承端面；拧紧联轴器锁紧螺钉；改善润滑条件，使润滑油充足或更换新滚珠

(续)

故障现象	故障原因	排除方法
丝杠运动不灵活	轴向预紧力太大,丝杠或螺母轴线与导轨不平行,丝杠弯曲	调整轴向间隙和预加载荷;调整丝杠支座的位置或螺母座的位置,使其与导轨平行;校直丝杠
滚珠丝杠螺母副传动状况不良	滚珠丝杠螺母副润滑状况不良	涂上润滑脂

2. 数控机床进给系统故障诊断实例

【例1】 故障现象:某加工中心运行时,工作台 Y 轴方向位移过程中产生明显的机械抖动故障,故障发生时系统不报警。

分析及处理过程:因故障发生时系统不报警,同时观察 CRT 显示出来的 Y 轴位移脉冲数字量的速率均匀(通过观察 X 轴与 Z 轴位移脉冲数字量的变化速率比较后得出),故可排除系统软件参数与硬件控制电路的故障影响。由于故障发生在 Y 轴方向,故可以采用交换法判断故障部位。通过交换伺服控制单元,故障没有转移,所以故障部位应在 Y 轴伺服电动机与丝杠传动链一侧。为区别电动机故障,可拆卸电动机与滚珠丝杠之间的弹性联轴器,单独通电检查电动机。检查结果表明,电动机运转时无振动现象,显然故障部位在机械传动部分。脱开弹性联轴器,用扳手转动滚珠丝杠进行手感检查。通过手感检查,感觉到这种抖动故障的存在,且丝杠的全行程范围均有这种异常现象。拆下滚珠丝杠检查,发现滚珠丝杠轴承损坏。换上新的同型号规格的轴承后,故障排除。

【例2】 故障现象:某加工中心运行时,工作台 X 轴方向位移过程中产生明显的机械抖动故障,故障发生时系统不报警。

分析及处理过程:因故障发生时系统不报警,但故障明显,故采用上例方法,通过交换法检查,确定故障部位应在 X 轴伺服电动机与丝杠传动链一侧。为区别电动机故障,可拆卸电动机与滚珠丝杠之间的弹性联轴器,单独通电检查电动机。检查结果表明,电动机运转时无振动现象,显然故障部位在机械传动部分。脱开弹性联轴器,用扳手转动滚珠丝杠进行手感检查。通过手感检查,感觉到这种抖动故障的存在,且丝杠的全行程范围均有这种异常现象。拆下滚珠丝杠检查,发现滚珠丝杠螺母在丝杠副上转动不畅,时有卡死现象,故引起机械传动过程中的抖动现象。拆下滚珠丝杠螺母,发现螺母内的反向器处有脏物和小铁屑,因此钢球流动不畅,时有卡死现象。经过认真清洗和修理,重新装好,故障排除。

【例3】 丝杠窜动引起的故障维修。

故障现象:TH6380 卧式加工中心,启动液压后,手动运行 Y 轴时,液压自动中断,CRT 显示报警,驱动失效,其他各轴正常。

分析及处理过程:该故障涉及电气、机械、液压等部分。任一环节有问题均可导致驱动失效,故障检查的顺序大致如下:伺服驱动装置→电动机及测量器件→电动机与丝杠连接部分→液压平衡装置→开口螺母和滚珠丝杠→轴承→其他机械部分。

①检查驱动装置外部接线及内部元器件的状态良好,电动机与测量系统正常;②拆下 Y 轴液压抱闸后情况同前,将电动机与丝杠的同步传动带脱离,手摇 Y 轴丝杠,发现丝杠上下窜动;③拆开滚珠丝杠上轴承座正常;④拆开滚珠丝杠下轴承座后,发现轴向推力轴承的紧固螺母松动,导致滚珠丝杠上下窜动。

由于滚珠丝杠上下窜动,造成伺服电动机转动带动丝杠空转约一圈。在数控系统中,当 NC 指令发出后,测量系统应有反馈信号,若间隙的距离超过了数控系统所规定的范围,即电动机空走若干个脉冲后光栅尺无任何反馈信号,则数控系统必报警,导致驱动失效,机床不能运行。拧好紧固螺母,滚珠丝杠不再窜动,故障排除。

【知识拓展】

数控机床常用的维修工具和仪器

1. 数控机床常用的维修工具

(1) 拆卸及装配工具

1) 单头钩形扳手:分为固定式和调节式,可用于扳动在圆周方向上开有直槽或孔的圆螺母。

2) 端面带槽或孔的圆螺母扳手:可分为套筒式扳手和双销叉形扳手。

3) 弹性挡圈装拆用钳子:分为轴用弹性挡圈装拆用钳子和孔用弹性挡圈装拆用钳子。

4) 弹性锤子:可分为木锤和铜锤。

5) 拉带锥度平键工具:可分为冲击式拉锥度平键工具和抵拉式拉锥度平键工具。

6) 拉带内螺纹的小轴、圆锥销工具,俗称拔销器。

7) 拉卸工具:用于拆装在轴上的滚动轴承、带轮式联轴器等零件时使用。拉卸工具常分为螺杆式及液压式两类,螺杆式拉卸工具分两爪、三爪和铰链式。

8) 拉开口销扳手和销子冲头。

(2) 常用的机械维修工具

1) 尺:分为平尺、刀口尺和直角尺。

2) 垫铁:包括面为 90°的垫铁、角度面为 55°的垫铁和水平仪垫铁。

3) 检验棒:有带标准锥柄检验棒、圆柱检验棒和专用检验棒。

4) 杠杆千分尺:当零件的几何形状精度要求较高时,使用杠杆千分尺可满足其测量要求,其测量精度可达 0.001mm。

5) 游标万能角度尺:用来测量工件内外角度的量具。

2. 数控机床常用的维修仪表

1) 百分表:用于测量零件相互之间的平行度、轴线,导轨的平行度、导轨的直线度、工作台台面平面度以及主轴的轴向圆跳动、径向圆跳动和轴向窜动。

2) 杠杆百分表:用于受空间限制的工件,如内孔跳动、键槽等。

3) 千分表及杠杆千分表:其工作原理与百分表和杠杆百分表一样,只是分度值不同,常用于精密机床的修理。

4) 比较仪:可分为扭簧比较仪与杠杆齿轮比较仪。扭簧比较仪特别适用于精度要求较高的跳动量的测量。

5) 水平仪:机床制造和修理中最常用的测量仪器之一,用来测量导轨在垂直面内的直线度、工作台台面的平面度以及零件相互之间的垂直度、平行度等。

6) 光学平直仪:在机械维修中,常用来检查床身导轨在水平面内和垂直面内的直线度、检验用平板的平面度。光学平直仪是当前导轨直线度测量方法中较先进的仪器之一。

7) 经纬仪:是机床精度检查和维修中常用的高精度的仪器之一,常用于数控铣床、加工中心的水平转台和万能转台的分度精度的精确测量,通常与平行光管组成光学系统来使用。

8)转速表:用于测量伺服电动机的转速,是检查伺服调速系统的重要依据之一。

3. 数控机床常用的维修仪器

在数控机床的故障检测过程中,借助一些必要的仪器是必要的,仪器能从定量分析角度直接反映故障点状况,起到决定作用。

①测振仪器:最常用、最基本的仪器,它将测振传感器输出的微弱信号放大、变换、积分、检波后,在仪器仪表或显示屏上直接显示被测设备的振动值大小,用来测量数控机床主轴的运行情况、电动机的运行情况,甚至整机的运行情况。

②红外测温仪:用于检测数控机床容易发热的部件,如功率模块、导线接点、主轴轴承等。红外测温是利用红外辐射原理,将对物体表面温度的测量转换成对其辐射功率的测量,采用红外探测器和相应的光学系统接收被测物不可见的红外辐射能量,并将其变成便于检测的其他能量形式予以显示和记录。

③激光干涉仪:可对机床、三坐标测量机及各种定位装置进行高精度的(位置和几何)精度校正,可完成各项参数的测量,如线形位置精度、重复定位精度、角度、直线度、垂直度、平行度及平面度等,精度高,效率高,使用方便,测量长度可达十几米甚至几十米,精度达微米级。其次,它还具有一些选择功能,如自动螺距误差补偿(适用于大多数控系统)、机床动态特性测量与评估、回转坐标分度精度标定、触发脉冲输入/输出功能等。

【评价标准】

可采用技能考核的方式对学生分析与处理故障的能力进行评价。有一台 CK6132A 数控车床,其进给机构有一个故障,要求在规定的时间内完成此数控机床进给系统故障的检查和排除。说明每个故障所在的可能位置,分析故障性质及可能造成的后果。

考核标准见表6-4。

表6-4 考核评价表

序号	考核要点	评价标准	评价方式	分数	得分
1	故障现象检查	能快速、正确地检查出故障	教师评价	15	
2	故障分析诊断	①能正确分析故障原因 ②能准确查找故障位置	教师评价	30	
3	故障排除	①能正确排除故障 ②是否按照安全规范及仪器规范进行操作		35	
4	学习态度	①认真、主动参与学习,守纪律 ②是否具有团队成员合作的精神 ③是否爱护实训室环境卫生	教师评价 小组成员互评	20	

任务三 换刀装置结构剖析与维修

【任务描述】

数控机床要完成对工件的多工序加工,必须要在加工过程中自动更换刀具,要做到这一点，就要配备刀库及自动换刀装置。刀库与自动换刀装置是影响数控机床或加工中心自动化程度及工作效率至关重要的部分，及时对刀库及自动换刀装置的故障进行诊断及维修对于用好数控机床或加工中心有着极其重要的现实意义。因此，对数控机床的自动换刀装置故障分析和排除技术的研究十分必要。减少故障，及时排除故障不仅有利于生产，还有利于整个数控机床操作技术的进步与发展。

【任务分析】

了解数控机床自动换刀装置的结构原理，是对换刀装置进行故障维修的基础。另外，本任务还介绍了数控机床自动换刀装置维护要点及容易产生的故障及其原因，详细地阐述对故障的排除方法。最后通过几个具体维修实例来说明故障的分析与排除的基本过程和基本方法。

【任务实施】

一、自动换刀装置的结构原理

自动换刀装置是加工中心的重要执行机构，它的形式多种多样，目前常见的有以下几种：

（1）回转刀架换刀　数控机床使用的回转刀架是最简单的自动换刀装置，有四方刀架、六角刀架，即在其上装有四把、六把或更多的刀具。

回转刀架必须具有良好的强度和刚度，以承受粗加工的切削力。同时要保证回转刀架在每次转位的重复定位精度。

图 6-14 所示为四方刀架的结构图，该刀架广泛应用于经济型数控车床。当机床执行加工程序中的换刀指令时，刀架自动转位换刀，其换刀过程如下：

1）刀架抬起。当数控装置发出换刀指令后，电动机 1 正转，经联轴器 2 带动蜗杆轴 3 转动，蜗杆轴传动蜗轮丝杠 4。刀架体 7 的内孔加工有螺纹，与蜗轮上的丝杠连接，刀架底座 5 与机床固定连接，当蜗轮丝杠转动时，刀架体 7 的端齿盘与刀架底座的端齿盘脱开啮合，完成刀架抬起动作。

2）刀架转位。由于转位套 9 用销钉与蜗轮丝杠 4 连接，因此随蜗轮丝杠一起转动，当刀架抬起端面齿完全脱开时，转位套恰好转过 160°（如 A-A 剖视图所示），球头销 8 在弹簧力的作用下进入转位套 9 的槽中，带动刀架体转位。

3）刀架定位。刀架体转动时带着电刷座 10 转动，当转到程序指定的刀号时，粗定位销 15 在弹簧的作用下向下进入粗定位盘 6 的槽中进行粗定位，同时电刷 13 接触导体使电动机 1 反转。由于粗定位槽的限制，刀架体不能转动，而是垂直向下移动，刀架体 7 和刀架底座 5 上的端面齿啮合实现定位。

4）刀架夹紧。电动机继续反转，当两端面齿增加到一定夹紧力时，电动机停止转动。电刷 13 负责发信号，电刷 14 负责位置判断。当刀架定位出现过位或不到位时，可松开螺母 12，调整发信体 11 与电刷 14 的相对位置。

（2）更换主轴头换刀　在带有旋转刀具的数控机床中，更换主轴头是一种简单的换刀方式。主轴头通常有卧式和立式两种，而且常用转塔的转位来更换主轴头，以实现自动换刀。在转塔的各个主轴头上，预先安装有各工序所需的旋转刀具。当发出换刀指令时，各主轴头依次转到加工位置，并接通主轴运动，使相应的主轴带动刀具旋转，而其他处于不加工位置上的主轴都与主运动脱开。

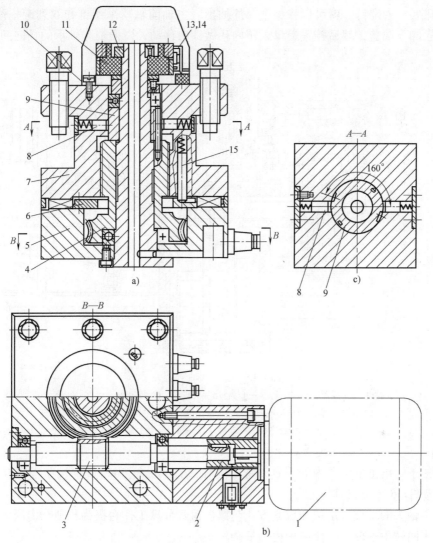

图6-14 数控车床四方刀架结构图
1—电动机 2—联轴器 3—蜗杆轴 4—蜗轮丝杠 5—刀架底座 6—粗定位盘
7—刀架体 8—球头销 9—转位套 10—电刷座 11—发信体
12—螺母 13、14—电刷 15—粗定位销

图6-15为卧式八轴转塔头结构。转塔头上径向分布着八根结构完全相同的主轴1，主轴的回转运动由齿轮15输入。当数控装置发出换刀指令时，先通过液压拨叉将移动齿轮6与齿轮15脱离啮合，同时在中心液压缸13的上腔通液压油。由于活塞杆和活塞12固定在底座上，因此中心液压缸13带着由两个推力轴承9和11支承的转塔刀架体10抬起，离合器7和8脱离啮合。然后液压油进入转位液压缸，推动活塞齿条，再经过中间齿轮使大齿轮5与转塔刀架体10一起回转45°，将下一工序的主轴转到工作位置。转位结束后，液压油进入中心液压缸13的下腔，使转塔头下降，离合器7和8重新啮合，实现了精确的定位。在液

压油的作用下,转塔头被压紧,转位液压缸退回原位。最后,通过液压拨叉移动齿轮6,使它与新换上的主轴齿轮15相啮合。为了改善主轴结构的装配工艺性,整个主轴部件装在套筒4内,只要卸去螺钉,就可以将整个部件抽出。主轴前轴承采用锥孔双列圆柱滚子轴承,调整时,先卸下端盖,然后拧紧螺母,使内环做轴向移动,以便消除轴承的径向间隙。

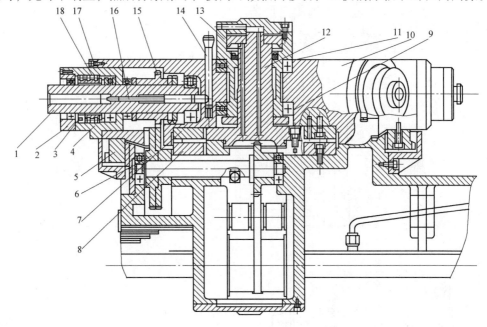

图 6-15 卧式八轴转塔头

1—主轴 2—端盖 3—螺母 4—套筒 5—大齿轮 6—移动齿轮 7、8—离合器
9、11—推力轴承 10—转塔刀架体 12—活塞 13—中心液压缸 14—操纵杆
15—齿轮 16—推动杆 17—螺钉 18—轴承

为了便于卸出主轴锥孔内的刀具,每根主轴都有操纵杆14,只要按压操纵杆,就能通过斜面推动杆16顶出刀具。

转塔主轴头的转位、定位和压紧方式与鼠齿盘式分度工作台极为相似,但因为在转塔上分布着许多回转主轴部件,使结构更为复杂。

由于空间位置的限制,主轴部件的结构不可能设计得十分结实,因而影响了主轴系统的刚度。为了保证主轴的刚度,主轴数目必须加以限制,否则会使结构尺寸大为增加。

转塔主轴头换刀方式的主要优点是:省去了自动松夹、卸刀、装刀、夹紧以及刀具搬运等一系列复杂的操作,从而提高了换刀的可靠性,并显著缩短了换刀时间。但由于上述结构的原因,转塔主轴头通常只是用于工序较少、精度要求不太高的机床,如数控钻床等。

(3) 带刀库的自动换刀系统 带刀库的自动换刀系统由刀库和刀具交换机构组成。首先把加工过程中需要使用的全部刀具分别安装在标准刀柄上,在机外进行尺寸预调整后,按一定的方式放入刀库中。换刀时先在刀库中进行选刀,并由刀具交换装置从刀库和主轴上取出刀具。完成刀具交换后,将新刀具装入主轴,将旧刀具放回刀库。存放刀具的刀库具有较大的容量,它既可以安装在主轴箱的侧面或上方,也可作为单独部件安装到机床以外,并由搬运装置运送刀具。

与转塔主轴头相比较，由于带刀库的自动换刀装置数控机床主轴箱内只有一个主轴，因此为了满足精密加工的要求，在设计主轴部件时可充分增强其刚度。另外，刀库可以存放数量很大的刀具，因而能够进行复杂零件的多工序加工，明显提高机床的适应性和加工效率。所以带刀库的自动换刀装置特别适用于数控钻床、数控铣床和数控镗床。

1) 刀库。刀库是自动换刀装置的主要部件，其容量、布局以及具体结构对数控机床的设计有很大的影响。

①直线刀库。直线刀库如图 6-16a 所示，刀具在刀库中直线排列，结构简单，存放刀具数量有限（一般为 8~12 把），多用于数控车床，数控钻床也有采用。

②圆盘刀库。圆盘刀库如图 6-16b~g 所示，其存刀量少则 6~8 把，多则 50~60 把，并且有多种形式。

如图 6-16b 所示刀库，刀具径向布置，占有较大空间，一般置于机床立柱上端。

如图 6-16c 所示刀库，刀具轴向布置，常置于主轴侧面，刀库轴心线可垂直放置，也可水平放置，其使用较为广泛。

如图 6-16d 所示刀库，刀具为伞状布置，多斜放于立柱上端。

③链式刀库。链式刀库也是较常使用的一种形式，如图 6-16h、i 所示。这种刀库的刀座固定在链节上，常用的有单排链式刀库，如图 6-16h 所示，一般存刀量少于 30 把，个别能达到 60 把。若要进一步增加存刀量，则可使用加长链条的链式刀库，如图 6-16i 所示。

④格子箱式刀库。常见的有单面格子箱式刀库和多面格子箱式刀库，如图 6-16j、k 所示。这种刀库结构紧凑，刀库空间利用率高，但换刀时间较长。

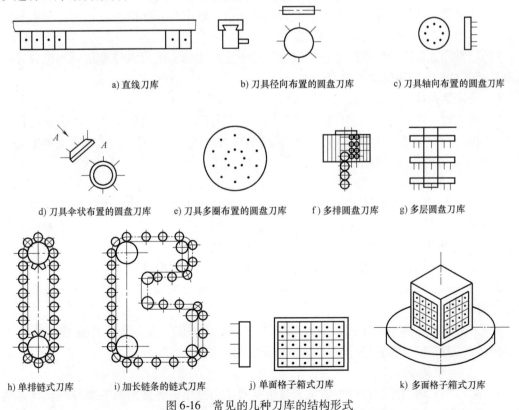

图 6-16 常见的几种刀库的结构形式

2)刀具交换装置。数控机床的刀具交换方式通常分为由刀库与机床主轴的相对运动实现刀具交换和采用机械手进行刀具交换两类。刀具的交换方式和它们的具体结构对机床的生产率和工作可靠性有直接的影响。

由刀库与机床主轴的相对运动实现刀具交换的装置,在换刀时必须先将用过的刀具送回刀库,然后再从刀库中取出新刀具,这两个动作不可同时进行,因此换刀时间长。

采用机械手进行刀具交换的方式应用最为广泛,这是因为机械手换刀有很大的灵活性,而且可以减少换刀时间。目前在加工中心上绝大多数都使用记忆式的任选换刀方式。这种方式能将刀具号和刀库中的刀套位置(地址)对应地记忆在数控系统中,不论刀具放在哪个刀套内都始终记忆着它的踪迹。刀库上装有位置检测装置(一般与电动机装在一起),可以检测出每个刀套的位置,这样刀具就可以任意取出并送回。刀库上还设有机械原点,使每次选刀时,就近选取,如对于盘式刀库来说,每次选刀运动或正转或反转不会超过180°。

二、自动换刀装置故障诊断方法及实例

1. 自动换刀装置故障诊断方法

(1) 刀库及换刀机械手的维护要点

1)严禁把超重、超长的刀具装入刀库,防止在机械手换刀时掉刀或刀具与工件、夹具等发生碰撞。

2)顺序选刀方式必须注意刀具放置在刀库中的顺序要正确,其他选刀方式也要注意所换刀具是否与所需刀具一致,防止换错刀具导致事故发生。

3)用手动方式往刀库上装刀时,要确保装到位,装牢靠,并检查刀座上的锁紧装置是否可靠。

4)经常检查刀库的回零位置是否正确,检查机床主轴回换刀点位置是否到位,发现问题要及时调整,否则不能完成换刀动作。

5)要注意保持刀具刀柄和刀套的清洁。

6)开机时,应先使刀库和机械手空运行,检查各部分工作是否正常,特别是行程开关和电磁阀能否正常动作。检查机械手液压系统的压力是否正常,刀具在机械手上锁紧是否可靠,发现不正常时应及时处理。

(2) 刀库的故障

1)刀库不能转动或转不到位。刀库不能转动的原因可能有:连接电动机轴与蜗杆轴的联轴器松动;变频器故障,应检查变频器的输入、输出电压是否正常;PLC无控制输出,可能是接口板中的继电器失效;机械连接过紧;电网电压过低。

刀库转不到位的原因可能有:电动机转动故障,传动机构误差。

2)刀套不能夹紧刀具。原因可能是刀套上的调整螺钉松动,或弹簧太松,造成卡紧力不足;或刀具超重。

3)刀套上下不到位。原因可能是装置调整不当或加工误差过大而造成拨叉位置不正确;限位开关安装不正确或调整不当,造成反馈信号错误。

(3) 换刀机械手故障

1)刀具夹不紧掉刀。原因可能是卡紧爪弹簧压力过小,弹簧后面的螺母松动,刀具超重,或机械手卡紧锁不起作用等。

2) 刀具夹紧后松不开。原因可能是松锁的弹簧压合过紧，卡爪缩不回。应调松螺母，使最大载荷不超过额定数值。

3) 刀具交换时掉刀。换刀时主轴箱没有回到换刀点或换刀点漂移，机械手抓刀时没有到位，就开始拔刀，都会导致换刀时掉刀。这时应重新移动主轴箱，使其回到换刀点位置，重新设定换刀点。

2. 自动换刀装置故障维修实例

【例1】 故障现象：某加工中心采用凸轮机械手换刀，换刀过程中，动作中断，发出2035#报警，显示内容：机械手伸出故障。

分析及处理过程：根据报警内容，机床是因为无法执行下一步"从主轴和刀库中拔出刀具"，而使换刀过程中断并报警。

机械手未能伸出，产生故障的原因如下：

1) 松刀感应开关失灵。在换刀过程中，各动作的完成信号均由感应开关发出，只有上一动作完成后才能进行下一动作。第三步为主轴松刀，如果感应开关未发信号，则机械手拔刀就不会动作。检查两感应开关，信号正常。

2) 松刀电磁阀失灵。主轴的松刀是由电磁阀接通液压缸来完成的。若电磁阀失灵，则液压缸未进油，刀具就松不了。检查主轴的松刀电磁阀动作均正常。

3) 松刀液压缸因液压系统压力不够或漏油而不动作，或行程不到位。检查刀库松刀液压缸，动作正常，行程到位；打开主轴箱后罩，检查主轴松刀液压缸，发现已到达松刀位置，油压也正常，液压缸无漏油现象。

4) 机械手系统有问题，建立不起"拔刀"条件。其原因可能是电动机控制电路有问题。检查电动机控制电路系统正常。

5) 主轴系统有问题。刀具是靠碟形弹簧通过拉杆和弹簧卡头而将刀具柄尾端的拉钉拉紧的，松刀时，液压缸的活塞杆顶压顶杆，顶杆通过空心螺钉推动拉杆，一方面使弹簧卡头松开刀具的拉钉；另一方面又顶动拉钉，使刀具右移而在主轴锥孔中变松。

主轴系统不松刀的原因估计有以下五点：①刀具尾部拉钉的长度不够，致使液压缸虽已运动到位，而仍未将刀具顶松；②拉杆尾部空心螺钉位置起了变化，使液压缸行程满足不了松刀的要求；③顶杆出了问题，已变形或磨损；④弹簧卡头出故障，不能张开；⑤主轴装配调整时，刀具移动量调得太小，致使在使用过程中一些综合因素导致不能满足松刀条件。

处理方法：拆下松刀液压缸，检查发现，这一故障是因为制造装配时，空心螺钉的伸出量调整得太小，故松刀液压缸行程到位，而刀具在主轴锥孔中压出不够，刀具无法取出。调整空心螺钉的伸出量，保证在主轴松刀液压缸行程到位后，刀柄在主轴锥孔中的压出量为 0.4~0.5mm。经以上调整后，故障排除。

【例2】 故障现象：自动换刀时，刀链运转不到位。当进行到自动换刀程序时，刀库开始运转，但是所需要换的刀具没有传动到位，刀库就停止运转了，3min后机床自动报警。

分析及处理过程：TH42160龙门加工中心采用链式刀库，其配套的CNC系统为SIEMENS 840D。

由上述故障查报警可知，是换刀时间超时。此时在MDI方式中，无论用手动输入刀库顺时针旋转还是逆时针旋转动作指令，刀库均不动作。检查电气控制系统，没有发现异常；

PLC 输出指示器上的发光二极管点亮,表明 PLC 有输出,那么问题应该发生在机械传动方面。估计故障出在减速机上。为此,拆除防护罩,卸下伺服电动机,拆开减速机,发现减速机内一传动轴上的连接键脱落,致使动力传动线路中断,刀库无法旋转。修复减速机后,故障排除。

【知识拓展】

数控机床液压、气动系统的故障诊断与维修

液压、气动系统具有广泛的工艺适应性、优良的控制性能和较低廉的成本,在数控机床中获得越来越广泛的应用,它已经成为现代数控机床的重要组成部分。各种液压、气动元件在机床工作过程中的状态直接影响机床的工作状态。因此,液压与气动部件的故障诊断与维修、维护对数控机床的影响是至关重要的。

但由于客观上元件、辅件质量不稳定和主观上使用、维修不当,且系统中各元件和工作介质都是在封闭管路内工作,不像机械设备那样直观,也不像电气设备那样可利用各种检测仪器方便地测量各种参数,在液压、气动系统中,仅靠有限的几个压力表、流量计等来指示系统某些部位的工作参数,其他参数难以测量,这给液压、气动系统的故障诊断带来一定困难。因此对于液压与气动系统经常采取以维护为主、维修为辅的原则,根据液压、气动系统的情况和实际经验,制订维护规章和检修周期。

1. 液压系统的故障诊断与维修、维护

(1) 液压系统的维护要点

1) 控制油污,保持清洁。

2) 控制温升,减少能耗。

3) 控制液压系统泄漏。

4) 防止液压系统振动与噪声。

5) 严格执行日常点检制度。

6) 严格执行定期紧固、清洗、过滤和更换制度。

(2) 液压系统的点检

1) 液压阀、液压缸及管接头是否泄漏。

2) 泵与电动机是否有异常噪声等现象。

3) 系统各处压力是否在正常范围内。

4) 油温是否在允许范围内。

5) 系统工作时是否有高频振动。

6) 辅助件是否损坏,是否需要更换。

(3) 液压系统常见故障(表6-5)

表6-5 液压系统常见故障

故障现象	产生原因	排除方法
液压系统外露	由于振动、腐蚀、压差、温度、装配不良等,液压元件的质量、管路的连接、系统的设计、使用维修不当等引起接头、接合面、密封面及壳体外露	采用提高几何精度、降低表面粗糙度值、加强密封的方法,严格检查各处的密封装置,发现有问题要及时更换

(续)

故障现象	产生原因	排除方法
液压系统压力无法提高或建立不起压力	压力油路和回油路短接,或有较严重的泄漏,液压泵本身根本无液压油输入液压系统或压力不足,或电动机方向反转或功率不足致溢流阀失灵等	对照元件仔细检查进、出油口的方位是否接错,管路是否接错,电动机旋转是否反向,液压泵是否泄漏,压力表开关是否堵塞,对有缺陷的元件要立即更换,有磨损严重的应修理,有杂质卡住元件的应清洗或更换
噪声和振动	各液压元件的间隙因磨损增大导致高、低油路互通,引起压力波动,油量不足,发出噪声;各液压元件精度不高,密封不严,产生漏气或油液中有空气析出,形成空穴;工作油液不清洁,有杂质混入,使元件运行不灵活,产生噪声;电动机与液压泵连接时有松动、碰擦、不同轴或由于电动机平衡不良造成轴承损坏,从而产生振动	及时修复或更换各有关液压元件;认真检查液压元件的接合是否牢靠,密封是否损坏,进、出油口是否拧紧,在管子安排上,使进、回油路尽可能远一些,避免回油飞溅产生气泡;及时清洗各元件中的杂质,努力提高油液清洁度,使各元件运动灵活,减少噪声。同时努力提高零件的加工精度,使电动机主轴与液压泵传动轴的同轴度尽可能高,将电动机进行动平衡,并检查轴承精度
油温过高	液压系统在工作中大量的油液由压力阀溢回油箱,从而使压力变为热能	在选用液压元件时,合理选用相应的泵、阀等,使其规格合适;尽量采用简单回路,使系统中无多余元件,避免因能量损失过大而引起发热。优化液压系统设计,使非工作过程中的能量损耗尽可能小;在管路布置时,尽量减少弯管,缩短管道长度。同时应定期进行保养、清洗,保持管道内壁光滑,合理选择油液品质。改善润滑条件,改善油箱的散热或增加油箱容积,采取强制冷却等

2. 气动系统故障诊断与维修、维护

(1) 气动系统日常维护与定期检查

1) 注意压缩空气的质量。

2) 确保气动系统密封良好。

3) 采取合适的降噪措施。

4) 对气动系统的管路进行点检,对各气动元件进行定检。

(2) 气动系统维护要点

1) 保证供给洁净的压缩空气。

2) 保证空气中含有适量的润滑油。

3) 保证气动系统的密封性。

4) 保证气动元件中运动零件的灵敏性。

5) 保证气动装置具有合适的工作压力和运动速度。

(3) 气动系统常见故障(表6-6)

表6-6 气动系统常见故障

故障现象	产生原因	排除方法
气缸漏气,输出力不足,动作不平稳,缓冲效果不好,外载造成气缸损伤等	密封圈损坏、润滑不良、活塞杆偏心或损伤;缸筒内表面有锈蚀或缺陷,进入冷凝水杂质,活塞或活塞杆卡住;缓冲部分密封损坏,调节螺钉损坏,气缸速度太快;由偏心负载或冲击负载等引起的活塞杆折断	更换密封圈,加润滑油,清除杂质;重新安装活塞杆,使其不受偏心负荷;检查过滤器有无问题;更换缓冲机构

(续)

故障现象	产生原因	排除方法
压力控制阀的二次压力升高，压力降很大，漏气，阀体泄漏，异常振动等	调压弹簧损坏，阀座有伤痕或阀座橡胶有剥离，阀体中进入灰尘，阀活塞导向部分摩擦阻力大，阀体接触面有伤痕等	找准故障位置，查清故障原因，如将损坏的弹簧、阀座、阀体、密封件等更换，清洗检查过滤器，不让杂质混入，注意阀的规格等
溢流阀压力虽已上升，但不溢流，压力未超过设定值却溢出，有振动发生，从阀体和阀盖向外漏气	阀内部混入杂质或异物，将孔堵塞或将阀的移动零件卡死；调压弹簧损坏，阀座损坏；膜片破裂，密封件损伤；压力上升速度慢，阀放出流量过多引起振动等	将破损的零件、密封件、弹簧更换；清洗阀内部，微调溢流量，使其与压力上升速度相匹配
方向控制阀不能换向，阀泄漏，阀产生振动等	润滑不良，滑动阻力和始动摩擦大；密封圈压缩量大或膨胀变形；尘埃或油污等被卡在滑动部分或阀座上；弹簧卡住或损坏；密封圈压缩量过小或有损伤；阀杆或阀座有损伤；壳体有缩孔；压力低或电压低等	针对故障现象，有目的地进行清洗，更换破损零件和密封件，改善润滑条件，提高电源电压或提高先导操作压力

【评价标准】

可采用技能考核的方式对学生分析与处理故障的能力进行评价。有一台 CK6132A 数控车床，其换刀装置有一个故障，要求在规定的时间内完成此数控机床换刀装置故障的检查和排除。说明每个故障所在的可能位置，分析故障性质及可能造成的后果。

考核标准见表6-7。

表6-7 考核评价表

序号	考核要点	评价标准	评价方式	分数	得分
1	故障现象检查	能快速、正确地检查出故障	教师评价	15	
2	故障分析诊断	①能正确分析故障原因 ②能准确查找故障位置	教师评价	30	
3	故障排除	①能正确排除故障 ②是否按照安全规范及仪器规范进行操作		35	
4	学习态度	①认真、主动参与学习，守纪律 ②是否具有团队成员合作的精神 ③是否爱护实训室环境卫生	教师评价 小组成员互评	20	

【项目小结】

主传动系统、进给系统、自动换刀装置是数控机床的三个主要的机械部件，其运行情况直接影响数控机床的工作效率。对数控机床的机械系统进行监测与诊断可以及时发现机床的故障，预防设备恶性事故的发生，从而避免人员的伤亡、环境的污染和造成巨大的经济损失，还可以找出生产系统中的事故隐患，避免更大的事故发生。

【思考与练习】

故障分析题：

1. 故障现象：传动主轴发热。根据故障现象分析故障产生的原因，并进行故障的排除。
2. 故障现象：主轴在强力切削时停转。根据故障现象分析故障产生的原因，并进行故障的排除。
3. 故障现象：刀具不能夹紧。根据故障现象分析故障产生的原因，并进行故障的排除。
4. 故障现象：刀具夹紧后不能松开。根据故障现象分析故障产生的原因，并进行故障的排除。
5. 故障现象：滚珠丝杠螺母副传动不良。根据故障现象分析故障产生的原因，并进行故障的排除。
6. 故障现象：刀库中的刀套不能卡紧刀具。根据故障现象分析故障产生的原因，并进行故障的排除。
7. 故障现象：机械手换刀速度过快或过慢。根据故障现象分析故障产生的原因，并进行故障的排除。

项目七　数控机床 PMC 分析控制与诊断技术

【学习目标】

在数控机床中，CNC 是整个数控系统的核心装置，而 PMC 是 CNC 与机床之间的纽带和信息交换平台，它与 CNC 集成在一起，控制机床绝大部分的辅助动作。本项目将对 FANUC 0i 数控系统的 PMC 模块连接、PMC 指令、编程方法、PMC 界面等进行介绍。

1. 知识目标

1）掌握 FANUC 0i-MD 数控系统 PMC 模块的连接和地址分配的方式。
2）掌握 FANUC PMC 程序的组成、特点及格式。
3）熟悉 PMC 在机床控制中的作用。
4）掌握 PMC 的基本编程指令和常用的功能指令。
5）熟悉 PMC 与 CNC 和机床进行交换的信号。

2. 技能目标

1）能够根据电路图，完成 PMC 模块的连接。
2）能够按照要求正确查找 PMC 界面，并进行定时器和计数器参数的设定。
3）能够编写简单的 PMC 程序。

3. 能力目标

1）初步具备分析机床 PMC 程序的能力。
2）初步具备利用 PMC 界面对机床各功能进行检查和排除故障的能力。

【内容提要】

任务一：了解 FANUC 系统 PMC 的基本信息，包括 PMC 的定义、作用、模块的连接和地址分配，与 CNC 和机床进行交换的信号等。

任务二：介绍 PMC 的编程指令和简单程序的编写方法。PMC 的编程指令包括基本指令与功能指令，把它与前面已经学习过的通用 PLC 指令进行比较，更有利于对它的熟悉和掌握。由于功能指令比较多，本任务只对常用的结束指令、定时器和计数器指令进行介绍。

任务三：学习如何查看 PMC 屏幕界面。通过查看 PMC 屏幕界面，可以对梯形图进行监控、查看各地址状态、地址状态的跟踪、参数（T\C\K\D）的设定等功能，也可借助 PMC 信息对数控机床进行故障诊断。

任务一　PMC 的内部资源和地址分配

【任务描述】

了解 FANUC 系统 PMC 的基本信息，包括 PMC 的定义、作用、模块的连接和地址分配，与 CNC 和机床进行交换的信号等。

【任务分析】

PMC 的功能主要是对数控机床进行顺序控制，它是 CNC 与机床之间的纽带和信息交换平台。PMC 和 PLC 只是名称上不同，其本质一致。在项目三中已经学习了通用 PLC 的相关知识，本任务将重点介绍 PMC 的信号和地址分配原则。

【任务实施】

一、PMC 概述

（1）PMC 的定义　PMC（Programmable Machine Controller）即可编程序机床控制器，是机床专用的逻辑控制器。它是日本 FANUC 公司区别于其他数控系统公司的对机床 PLC 的称呼，与 CNC 集成在一起，没有独立的 PMC 设备。

PMC 与 PLC 实现的功能是基本一样的。PLC 用于工厂一般通用设备的自动控制，而 PMC 专用于数控机床外围辅助电气部分的自动控制。

（2）PMC 在机床控制中的作用　在数控机床中，CNC 是整个数控系统的核心装置，而 PMC 是 CNC 与机床之间的纽带和信息交换平台，如图 7-1 所示。送至 PMC 的输入信号有来自于 CNC 输入的信号（T 功能、运动指令、伺服放大器的当前状态等）和来自机床的信号（操作面板的按钮信号、机床内部的检测信号等）。此外，PMC 的输出信号有输出到 CNC 的信号（轴电动机点动运行信号、主轴定向信号等）和输出到机床的信号（刀库的运动信号、报警指示灯的信号等）。PMC 利用顺序程序控制着这些输入和输出的信号，并控制机床。

PMC 的功能主要是对数控机床进行顺序控制。通用 PLC 的顺序控制和编程方法在项目三中已经提到。对于数控机床来说，顺序控制就是在数控机床运行过程中，以 CNC 内部和机床各行程开关、传感器、按钮、继电器等的开关量

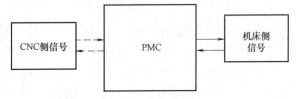

图 7-1　PMC 控制系统

信号状态为条件，并按照预先规定的逻辑顺序对主轴的起停与换向、刀具的更换、工件的夹紧与松开、液压、冷却及润滑系统的运行等进行的控制。所以，PMC 在数控机床上实现的功能主要包括工作方式控制、速度倍率控制、自动运行控制、手动运行控制、主轴控制、机床锁住控制、程序校验控制、硬件超程和急停控制、辅助电动机控制、外部报警和操作信息控制等。

（3）FANUC PMC 的规格参数　不同规格的 PMC，其程序容量、I/O 点数、处理速度、功能指令、非易失存储器地址不同，这些都决定 PMC 的性能。这里以 PMC-SA1/SA3 为例进行介绍，见表 7-1。

表 7-1　PMC-SA1/SA3 的规格参数

PMC 规格	PMC-SA1	PMC-SA3
编程方法	梯形图	梯形图
程序级数	2	2

(续)

PMC 规格	PMC-SA1	PMC-SA3
第一级程序扫描时间	8ms	8ms
基本指令执行时间	5.0μs/步	0.15μs/步
程序容量 梯形图	5000 步	12000 步
基本指令数	12	14
功能指令数	49	66
I/O（输入/输出）点数	1024/1024	1024/1024
顺序程序存储介质	FLASH ROM（64KB）	FLASH ROM（128KB）
内部继电器（R）	1100KB	1118KB
信息显示请求位（A）	25KB	25KB
定时器（T）	80KB	80KB
计数器（C）	80KB	80KB
保持型继电器（K）	20KB	20KB
数据表（D）	1826KB	1826KB
子程序（P）	—	512
标号（L）	—	999
固定定时器	100	100

注：一个信号名称和注释所占用存储空间均为 32KB；一条信息所占用的存储空间是 2.1KB；一个信号名称和注释所占用的存储空间最大为 64KB。

PMC 编程语言是多种多样的，但基本上可以归为两种类型：一是采用字符表达方式的编程语言，如语句表等；二是采用图形符号表达方式的编程语言，如梯形图等。

PMC 的指令有两类：基本指令和功能指令。基本指令只是对二进制位进行与、或、非的逻辑操作；而功能指令能完成一些特定功能的操作，而且是对二进制字节或字进行操作，也可以进行数学运算。

二、PMC 的信号及地址分配

（1）FANUC I/O 单元的连接　FANUC I/O Link 是一个串行接口，将 CNC、单元控制器、分布式 I/O、机床操作面板或 Power Mate 连接起来，并在各设备间高速传送 I/O 信号（位数据）。当连接多个设备时，FANUC I/O Link 将一个设备作为主单元，其他设备作为子单元。子单元的输入信号每隔一定周期送到主单元，主单元的输出信号也每隔一定周期送至子单元。0iD 系列和 0i Mate-D 系列中，JD51A 插座位于主板上。I/O Link 分为主单元和子单元。作为主单元的 0i/0i Mate 系列控制单元与作为子单元的分布式 I/O 相连接。子单元分为若干个组，一个 I/O Link 最多可连接 16 组子单元。0i Mate 系统中 I/O 的点数有所限制。根据单元的类型以及 I/O 点数的不同，I/O Link 有多种连接方式。PMC 程序可以对 I/O 信号的分配和地址进行设定，用来连接 I/O Link。I/O 点数最多可达 1024/1024 点。I/O Link 的两个插座分别称为 JD1A 和 JD1B，对所有单元（具有 I/O Link 功能）来说是通用的。电缆总是从一个单元的 JD1A 连接到下一单元的 JD1B。尽管最后一个单元是空着的，也无需连接一个终端插头。对于 I/O Link 中的所有单元来说，JD1A 和 JD1B 的引脚分配都是一致的，不管单元的类型如何，均可按照图 7-2 来连接。

（2）组座槽概念

1）组（Group）：系统和 I/O 单元之间通过 JDIA→JD1B 串行连接，离系统最近的单元称为第 0 组，依次类推，最大到 15 组。

2）基座（Base）：使用 I/O UNIT-MODEL A 时，在同一组中可以连接扩展模块，因此在同一组中为区分其物理位置，定义主、副单元分别为 0 基座、1 基座。

3）槽（Slot）：在 I/O UNIT-MODEL A 时，在一个基座上可以安装 5～10 槽的 I/O 模块，从左至右依次定义其物理位置为 1 槽、2 槽。

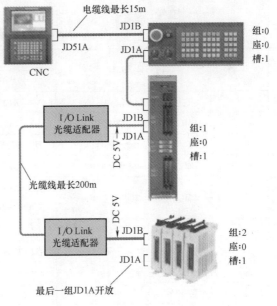

图 7-2 I/O 模块的连接

一般来说，从系统的 I/O Link 接口出来默认的组号为第 0 组，一个 JD1A 连接 1 组。从第 0 组开始，组号顺序排列。基座号是在同一组内的分配，基座号从 0 开始。插槽号为同一基座内的分配，插槽号从 1 开始。

（3）PMC 的信号　PMC 与控制伺服电动机和主轴电动机的系统部分，以及与机床侧辅助电气部分的接口关系，如图 7-3 所示。

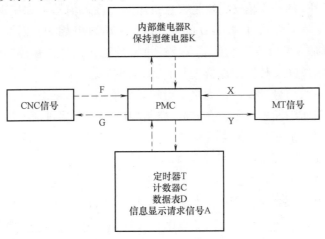

图 7-3 PMC 接口地址

每一地址由地址号和位号组成。可在符号表中输入数据，表明信号名称与地址之间的关系。不同类别的数据，地址符号也不相同。编程时地址表示如下：

其中，a——地址类型：X、Y、G、F、T、C、R、A、D、K 等；
　　　b——地址号：编号范围见表 7-2，四位数以内；
　　　c——位号：0~7。

表 7-2　PMC 的地址分配

字　符	信 号 类 型	型　　号	
		PMC-SA1	PMC-SA3
X	来自机床的输入信号	X0 ~ X127　X1000 ~ X1011	
Y	PMC 输出到机床的信号	Y0 ~ Y127　Y1000 ~ Y1008	
F	NC 给 PMC 的输入信号	F0 ~ F255　F1000 ~ F1255	
G	PMC 给 NC 的输出信号	G0 ~ G255　G1000 ~ G1255	
R	PMC 内部继电器	R0 ~ R1999 R9000 ~ R9099	R0 ~ R1499 R9000 ~ R9117
A	信息显示请求信号	A0 ~ A24	
C	计数器	C0 ~ C79	
K	保持型继电器	K0 ~ K19	
D	数据表	—	D0 ~ D1859
T	可变定时器	T0 ~ T79	
L	标号	—	L1 ~ L9999
P	子程序号	—	P1 ~ P512

地址类型具体说明如下：

X：由机床至 PMC 的输入信号，X 是来自机床侧的输入信号（如接近开关、限位开关、操作按钮、刀库等检测元件），内装 I/O 的地址是从 X1000 开始的，而 I/O Link 的地址是从 X0 开始的。PMC 接收从机床侧各检测装置反馈过来的输入信号，在控制顺序中进行逻辑运算，作为机床动作的条件及对外围设备进行自诊断的依据。其中，某些 X 信号为系统固定的地址（如急停的输入信号 X8.4），无法变更和另作他用。

Y：由 PMC 至机床的输出信号，在 PMC 控制顺序中，根据自动控制的要求，输出信号控制机床侧的电磁阀、接触器、信号指示灯动作，满足机床运行的需要。内装 I/O 的地址是从 Y1000 开始的，而 I/O Link 的地址是从 Y0 开始的。

F：由 NC 至 PMC 的输入信号，是由控制伺服电动机和主轴电动机的系统部分侧输入到 PMC 的信号。系统部分就是将伺服电动机、主轴电动机的状态，以及请求相关机床动作的信号（如移动中信号、位置检测信号、系统准备完成信号等）反馈到 PMC 中去进行逻辑运算，作为机床动作的条件及进行自我诊断的依据。

G：由 PMC 至 NC 的输出信号，是由 PMC 侧输出到控制伺服电动机和主轴电动机的系统部分的信号，对系统部分进行控制和信息反馈（如轴互锁信号、M 代码执行完毕信号等）。

R：内部继电器，R9000 ~ R9099 为 PMC 系统程序保留区，不能用作顺序程序中的输出继电器。

D：数据表中为非易失性存储器，数据在切断电源的情况下也不会丢失。

A：信息显示请求，机床厂家把不同的机床结构所能预见的异常情况汇总后，自己编写错误代码和报警信息。

C：计数器，每四个字节组成一个计数器（其中2个字节作保存预置值用，另外2个字节作保存当前值用）。系统断电时，存储器中的内容也不会丢失。

T：定时器，每2个字节组成一个定时器，系统断电时内容不丢失。

K：保持型继电器，保持型继电器用于保存停电前的状态，并在运行时再现该状态的情形。此外，保持型继电器还用于PMC的参数设置。

L：标号，用于指定标号跳转（JMPB、JMPC）功能指令目标标号。在PMC程序中，相同的标号可以出现在不同的LBL指令中，只要主程序和子程序中是唯一的就可以。

P：子程序号，用于指定条件调用子程序（CALL）和无条件调用子程序（CALLU）功能指令中调用的目标子程序号。在PMC程序中，子程序号是唯一的。

以下几点需要注意：

1）PMC的地址中有R与D，它们都是系统内部存储器，但是它们之间有所区别。R地址中的数据在断电后会丢失，在上电时其中的内容为0。而D地址中的数据断电后可以保存，因而常用来作PMC的参数或用作数据表。

2）在PMC顺序程序的编制过程中，输入触点X不能用作线圈输出，系统状态输出F也不能作为线圈输出。对于输出线圈而言，输出地址不能重复，否则该地址的状态不能确定。

3）在PMC的定时器指令和计数器指令中，定时器号不能重复，计数器号也不能重复。

4）PMC顺序程序中，为了提高安全性，应该使用互锁处理。对于顺序程序的互锁处理是必不可少的，然而在机床电气柜中的电气电路终端的互锁也不能忽略。因为即使在顺序程序上使用了逻辑互锁，但当用于执行顺序程序的硬件出现问题时，互锁将失去作用。所以，在电气柜中也应提供互锁，以确保机床的安全。

(4) PMC的地址分配　对于FANUC 0iD/0i Mate-D系统，由于I/O点、手轮脉冲信号都连在I/O Link上，在PMC梯形图编辑之前都要进行I/O模块的设置（地址分配），同时也要考虑到手轮的连接位置。当使用I/O模块且不连接其他模块时，可以设置如下：X从X0开始设置为0.0.1.OC02I；Y从Y0开始为0.0.1/8，如图7-4所示，具体设置说明如下：

1）0iD系统的I/O模块的分配很自由，但有一个规则，即连接手轮的手轮模块必须为16字节，且手轮连在离系统最近的一个16字节大小的模块的JA3接口上。对于此16字节模块，X_{m+0} ~ X_{m+11}用于输入点，即使实际上没有那么多点，但为了连接手轮也需要如此分配。X_{m+12} ~ X_{m+14}用于三个手轮的输入

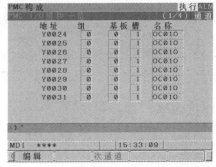

图7-4　输出信号Y的地址设置

信号。只连接一个手轮时，旋转手轮可以看到X_{m+12}中的信号在变化。X_{m+15}用于输入信号的报警。

2）各I/O Link模块都有一个独立的名字，在进行地址设定时，不仅需要指定地址，还

需要指定硬件模块的名字，"OC02I"为模块的名字，它表示该模块的大小为16字节，"OC01I"表示该模块的大小为12字节，"/8"表示该模块有8个字节，在模块名称前的"0.0.1"表示硬件连接的组、基板、槽的位置。从一个JD1A引出来的模块算是一组，在连接的过程中，要改变的仅仅是组号，数字从靠近系统的模块从0开始逐渐递增。

3）原则上，I/O模块的地址可以在规定范围内任意处定义，但是为了机床的梯形图统一管理，最好按照以上推荐的标准定义。注意：一旦定义了起始地址（m），该模块的内部地址就分配完毕了。

4）在模块分配完毕后，要注意保存，然后机床断电再上电，分配的地址才能生效。同时注意模块要优先于系统上电，否则系统上电时无法检测到该模块。

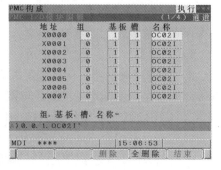

图7-5 系统侧地址设定界面

地址设定的操作可以在系统界面上完成，如图7-5所示。

【知识拓展】

FANUC LADDER-III软件

PMC程序可以直接在机床上进行编写，但这种程序往往篇幅较大，机床上操作不方便，花费时间，通常可以利用FANUC LADDER-III软件在计算机上编写，然后再上传到系统中。FANUC LADDER-III软件是FANUC系统PMC程序专用编程软件，该软件在Windows操作系统下运行，软件保存文件为LAD格式，系统存储PMC文件为存储卡格式，通过软件可进行文件格式转换。

软件的主要功能如下：
1）输入、编辑、显示、输出PMC程序。
2）监控、调试PMC程序。
3）显示并设定PMC参数。
4）执行或停止PMC程序。
5）与PMC之间进行程序的上传、下载。
6）打印输出PMC程序。

图7-6 FANUC LADDER-III软件界面

该软件最新的版本为5.7，这个版本可以进行0iD系列PMC的程序编制，安装软件与普通的Windows软件基本相同。如图7-6所示，单击Setup Start图标就可以进行安装。

【评价标准】

以现有VMC850机床为例，按表7-3进行考核评价。

表7-3 考核评价表

序号	考核内容	评价标准	评价方式	分数	得分
1	安全操作	①正确地使用工具及仪器、仪表 ②操作中不伤及自己和他人 ③着装符合劳动保护要求，工位整洁	教师评价与小组成员互评	10	

(续)

序号	考核内容	评价标准	评价方式	分数	得分
2	PMC 模块连接	①对 PMC 的硬件模块进行正确连接 ②正确填写各硬件型号 ③系统与外设连接接口必须一一对应	教师评价	50	
3	地址分配	①正确查找 I/O Link 模块的类型与输入/输出容量 ②在系统上进行 I/O Link 模块地址的设定	教师评价	40	

任务二 PMC 的编程指令

【任务描述】

通过对 FANUC 0i 数控系统 PMC 编程知识的学习,掌握 FANUC PMC 程序的组成、执行方式、编程指令,具有编写简单 PMC 程序的能力。

【任务分析】

PMC 的编程指令包括基本指令与功能指令,把它与前面已经学习过的通用 PLC 指令进行比较,更有利于对它的熟悉和掌握。由于功能指令比较多,本任务只对常用的结束指令、定时器和计数器指令进行介绍。

【任务实施】

一、PMC 程序结构

如图 7-7 所示,FANUC PMC 程序主要由第一级程序、第二级程序组成。

(1) 第一级程序 第一级程序每隔 8ms 执行一次。它主要处理急停、跳转、超程等紧急动作,其程序编制不宜过长,否则会影响整个 PMC 程序执行的时间。第一级程序必须以 END1 指令结束,不使用第一级时,也必须编写 END1 命令,否则 PMC 程序无法正常运行。

(2) 第二级程序 第二级程序每隔 8n ms 执行一次,n 为第二级程序的分割数。第二级程序主要编写普通的顺序程序,包括机床面板、自动换刀装置、工作台自动交换装置程序。其步数较多,PMC 程序执行时间也较长,结束时必须编写 END2 指令。

第二级程序一般较长,为了执行第一程序,将根据第一程序的执行时间,把第二级程序分割为 n 部分,分别用分割 1、分割 2…分割 n 表示。系统启动以后,CNC 和 PMC 同时

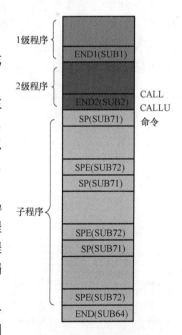

图 7-7 PMC 程序结构

运行，两者的执行时序如图 7-8 所示。在 8ms 的工作周期内，前 1.25ms 执行 PMC 程序，后 6.75ms 供给 CNC 使用。其中，在执行 PMC 程序的 1.25ms 时间以内，首先执行一次全部的第一级程序，然后剩余时间执行第二级程序的分割部分，周而复始。因此，第一级程序的长短也决定了第二级程序的分隔数，同时也就决定了整个程序循环处理周期。所以第一级程序编制尽量短，可以把一些需要快速响应的程序放在第一级程序中。

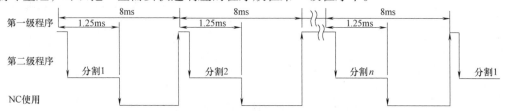

图 7-8 PMC 程序的执行顺序

（3）子程序 子程序将重复执行的处理和模块化的程序作为子程序登录，可以缩短 PMC 扫描时间，提高 PMC 维护性。子程序用功能指令 SP 和 SPE 作为起始和终止语句，整个子程序写在第二级程序结束指令（END2）以后，PMC 结束指令（END）前。在第二级程序中用 CALL 和 CALLU 命令调用。一个 PMC 程序允许登录 512 个子程序，最多进行 8 级嵌套。

二、基本指令介绍

PMC 指令分为基本指令和功能指令两种类型。基本指令是在设计顺序程序时常用到的指令。它们执行一位运算，如 AND 或 OR 等。在运用基本指令难于编制某些机床动作时，可以使用功能指令来编程，如控制机床刀库更短路径方向的旋转，很难用基本指令来控制，但是使用功能指令来控制就很简单了。

下面介绍在机床控制程序中常用的一些指令及使用方法，不对所有的指令进行逐一介绍，要了解更详细的知识，请查看《FANUC 梯形图语言编程说明书》。

（1）基本指令 在项目三中已经介绍了西门子 S7-200 系列 PLC 的指令和编程方法，与 PMC 的基本指令（表 7-4）类似，在此不再赘述。

表 7-4 PMC 基本指令

序号	指令	功能
1	RD	读入指令信号状态并设置在 ST0 中
2	RD. NOT	将读入指令信号的逻辑状态取非后设置到 ST0 中
3	WRT	将逻辑运算结果输出到指定地址
4	WRT. NOT	将逻辑运算结果取非后输出到指定地址
5	AND	信号状态和 ST0 逻辑与，并写回 ST0
6	AND. NOT	将指定的信号状态取非后和 ST0 逻辑与，并写回 ST0
7	OR	信号状态和 ST0 逻辑或，并写回 ST0
8	OR. NOT	将指定的信号状态取非后和 ST0 逻辑或，并写回 ST0
9	RD. STK	将寄存器的内容左移 1 位，把指定地址的信号状态设到 ST0
10	RD. NOT. STK	将寄存器的内容左移 1 位，把指定地址的信号状态取非后设置到 ST0
11	AND. STK	ST0 和 ST1 逻辑与后，堆栈寄存器右移 1 位
12	OR. STK	ST0 和 ST1 逻辑或后，堆栈寄存器右移 1 位

注：在执行顺序程序时，逻辑运算的中间结果存储在一个寄存器中，这个寄存器由 9 位组成，分别是 ST0 ~ ST8。

（2）编制常用的 PMC 基本指令程序

1）上升沿产生固定脉冲，X0028.2 的输入上升沿使得 R0300.0 产生固定宽度的输出脉冲，如图 7-9 所示。

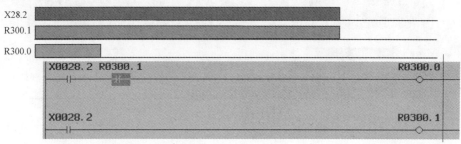

图 7-9　上升沿程序

2）下降沿产生固定脉冲，X0028.3 的输入下降沿使得 R0301.0 产生固定宽度的输出脉冲，如图 7-10 所示。

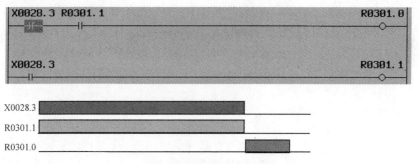

图 7-10　下降沿程序

3）单键交替输出翻转，每有一次 X0024.4 的输入，输出 G0046.1 和 Y0024.4 都会发生信号翻转，如图 7-11 所示。

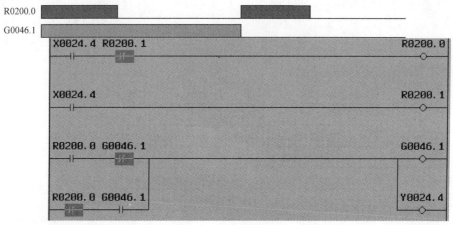

图 7-11　单键翻转程序

4）置位与复位指令，如图 7-12 所示。X0028.0 的输入上升沿会使得 Y0028.1 置位（输出为 1），而 X0028.1 的输入上升沿则会使 Y0028.0 复位（输出为 0），一般情况下复位和置位指令成对出现。

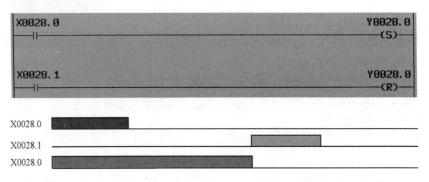

图 7-12　置位与复位程序

三、功能指令介绍

在 PMC 程序中，FANUC 厂家定义了很多用于一些特殊功能的指令，用于简化 PLC 程序，大大地提高了 PLC 程序的可读性。下面对常用的功能指令进行介绍。

（1）结束指令　END1 作为第一级程序结束信号放在第一级程序结束处，END2 作为第二级程序结束信号放在第二级程序结束处，如图 7-13 所示。END 作为程序结束信号放在整个程序最后。

图 7-13　结束指令格式

（2）定时器　定时器分为可变定时器（TMR）和固定定时器（TMRB）两种。

1）可变定时器（TMR）。指令格式如图 7-14 所示。

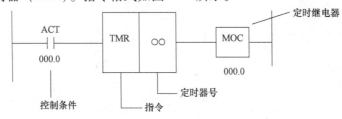

图 7-14　可变定时器指令格式

当控制条件 ACT = 1 时，定时器启动。到达设定时间后，定时继电器接通，如图 7-15 所示。

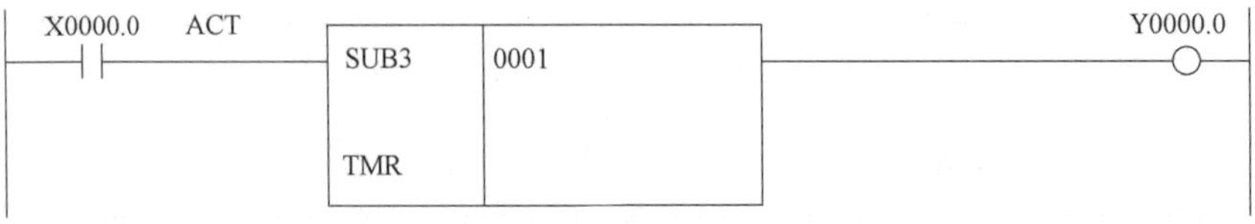

图 7-15　TMR 应用程序

在图 7-15 中，当 X0000.0 为"1"时，计数器开始计时。当计时时间运行到设定时间后，Y0000.0 接通。当 X0000.0 为"0"时，计数器停止计时，Y0000.0 失电断开。

TMR 指令的定时时间可通过 PMC 参数进行设置。具体操作按［SYSTEM］键进入系统参数画面，再连续按向右键三次进入 PMC 操作界面，按［定时］进入图 7-16 所示的界面，进行定时时间设定。

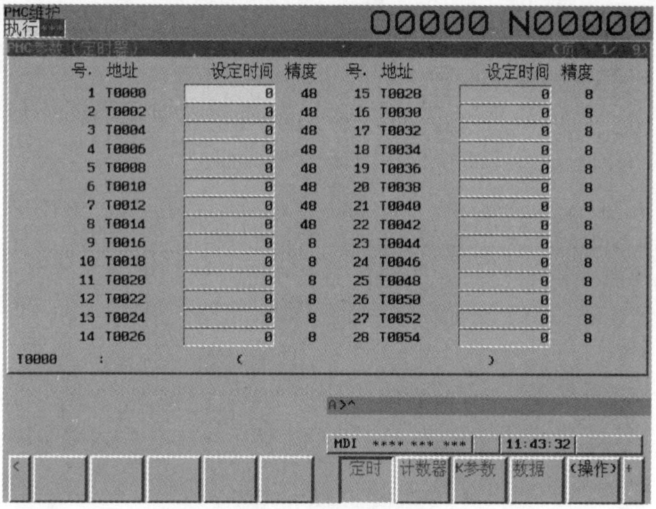

图 7-16 定时器设定

2）固定定时器（TMRB）。指令格式如图 7-17 所示。

图 7-17 固定定时器指令格式

TMRB 的设定时间编在梯形图中，在指令和定时器号的后边加上一项参数预设定时间，不能在 PMC 参数中改写。

（3）计数器（CTR） 计数器常用于需要计数的功能上，如机床上的刀库旋转功能。可以是加计数，也可以是减计数。计数器的预置值形式可以是 BCD 码、二进制码，这主要由 PMC 参数设定。默认设定为二进制形式。选择二进制形式时的数据范围是 0～65535，BCD 的数据范围是 0～9999。

指令说明如下：

1）CN0：选择需要低电平计数（为 0）还是高电平计数（为 1），如图 7-18 所示。

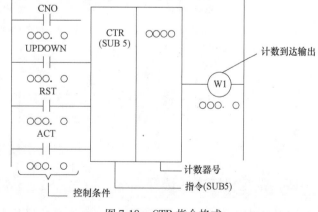

图 7-18 CTR 指令格式

2）UPDOWN：选择上升沿触发（为1）还是下降沿触发（为0）。

3）RST：计数复位信号，为"1"时复位。

4）ACT：计数信号。

5）W1：计数输出。

CTR 应用程序如图 7-19 所示。

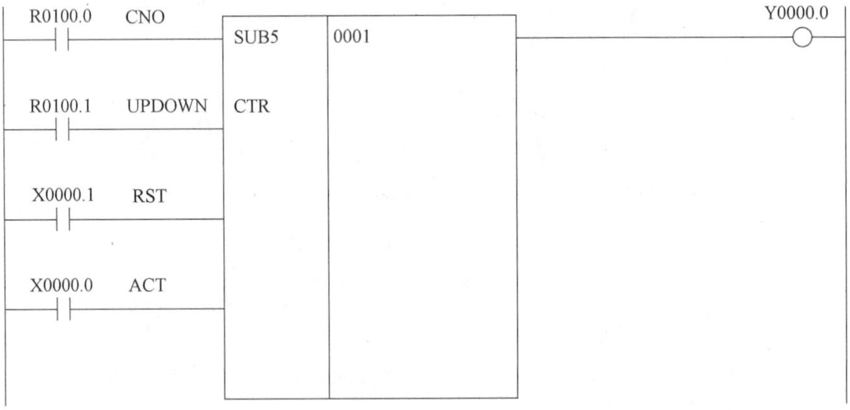

图 7-19　CTR 应用程序

计数器指令的计数值可通过 PMC 参数进行设定，如图 7-20 所示。定时器的设定值存储在 C0～C1 中，当前值存储在 C2～C3 中。

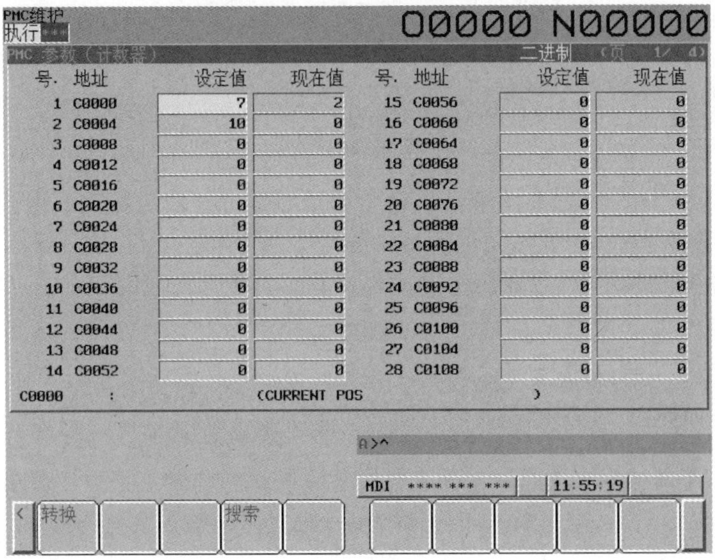

图 7-20　计数值设定

四、数控机床方式选择编程

（1）数控机床方式选择的地址　方式选择信号是由 MD1、MD2、MD4 的三个编码信号组合而成的，可以实现程序编辑（EDIT）、存储器运行（MEM）、手动数据输入（MDI）、手轮/增量进给（HANDLE/INC）、手动连续进给（JOG）、JOG 示教及手轮示教。此外，存储器运行与 DNC1 信号结合起来可选择 DNC 运行方式。手动连续进给方式与 ZRN 信号的组合，可选择手动返回参考点方式。

方式选择的输入 MD1（G43.0）、MD2（G43.1）、MD4（G43.2）、DNC1（G43.5）、ZRN（G43.7）见表 7-5。方式选择的输出信号是 F3 和 F4.6，见表 7-6。

表 7-5 方式选择输入信号

	方式	信号状态				
		MD4	MD2	MD1	DNC1	ZRN
1	编辑（EDIT）	0	1	1	0	0
2	存储器运行（MEM）	0	0	1	0	0
3	手动数据输入（MDI）	0	0	0	0	0
4	手轮/增量进给（HANDLE/INC）	1	0	0	0	0
5	手动连续进给（JOG）	1	0	1	0	0
6	手轮示教（TEACH IN HANDLE）（THND）	1	1	1	0	0
7	手动连续示教（TEACH IN JOG）（TJOG）	1	1	0	0	0
8	DNC 运行（RMT）	0	0	1	1	0
9	手动返回参考点（REF）	1	0	1	0	1

表 7-6 方式选择检查输出信号

	方式	输入信号					输出信号
		MD4	MD2	MD1	DNC1	ZRN	
自动运行	手动数据输入（MDI）（MDI 运行）	0	0	0	0	0	MMDI <F003#7>
	存储器运行（MEM）	0	0	1	0	0	MMEM <F003#5>
	DNC 运行（RMT）	0	0	1	1	0	MRMT <F003#6>
	编辑（EDIT）	0	1	1	0	0	MEDT <F003#6>
手动操作	手轮进给/增量进给（HANDLE/INC）	1	0	0	0	0	MH <F003#1>
	手动连续进给（JOG）	1	0	1	0	0	MJ <F003#2>
	手动返回参考点（REF）	1	0	1	0	1	MREF <F004#5>
	手轮示教 TEACH IN HANDLE（THND）	1	1	0	0	0	MTCHIN <F003#7> MJ <F003#2>
	手动连续示教 TEACH IN JOG（TJOG）	1	1	1	0	0	MTCHIN <F003#7> MH <F003#1>

（2）数控机床方式选择的常见电路 数控机床的常见硬件结构可以分为按键式切换和回转式触点切换（也称为波段开关方式）。图 7-21 为按键式切换面板，图 7-22 所示为波段开关切换面板。

图 7-21 按键式切换面板

图 7-22 波段开关切换面板

(3) 两种方式的 PMC 程序

1) 波段开关方式选择 PMC 程序,如图 7-23 所示。

X0000.2、X0000.4、X0000.6 是波段开关输入到 PMC 输入端的信号,用来触发 R0100 的寄存器

图 7-23 波段开关方式选择 PMC 程序

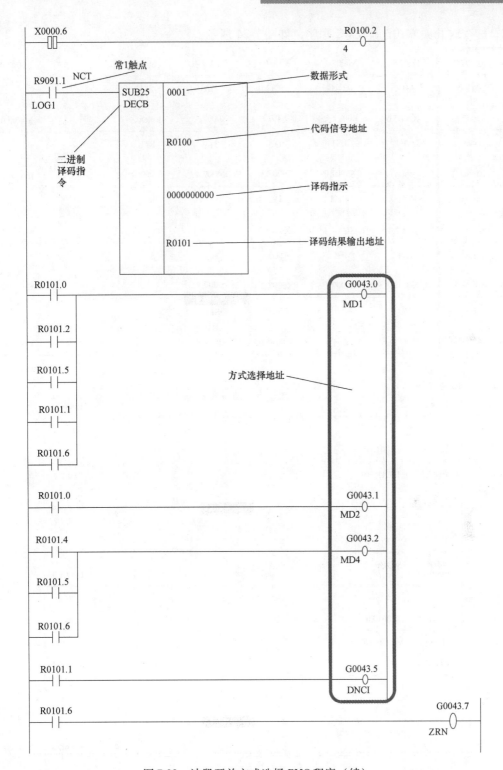

图 7-23 波段开关方式选择 PMC 程序（续）

图 7-23 中的 PMC 程序是最常用的方式选择程序，通过波段开关信号触发 R0100，再把 R0100 作为二进制译码指令的输入，译码指令的输出 R0101，进行组合触发相关的 G0043 地址，从而完成相关的方式选择。

2) 按键开关方式选择 PMC 程序，如图 7-24 所示。

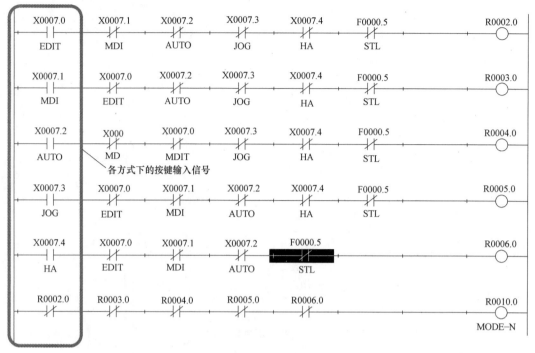

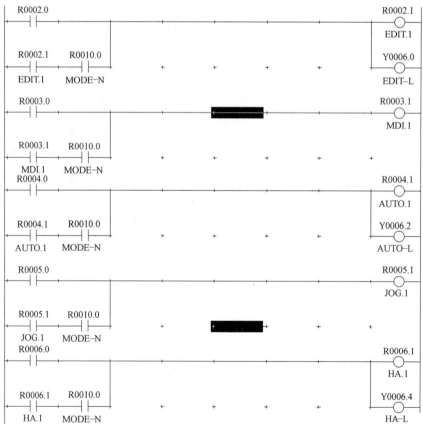

图 7-24　按键方式选择

项目七 数控机床 PMC 分析控制与诊断技术

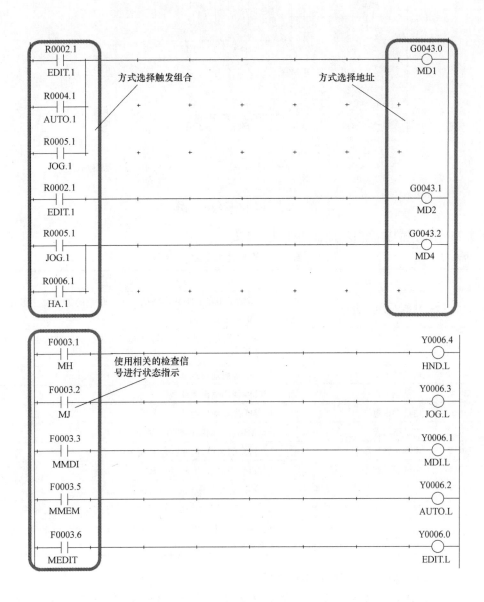

图 7-24 按键方式选择（续）

【知识拓展】

机床主轴正反转 PMC 程序

图 7-25 所示为一个典型的机床主轴正反转及停止控制 PMC 程序。

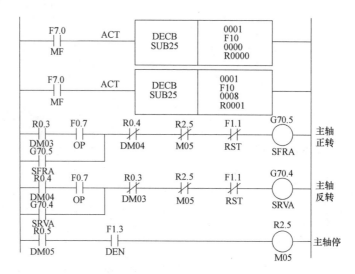

图 7-25 主轴正反转梯形图

图 7-25 中所用的各个信号地址功能见表 7-7。

表 7-7 信号地址功能

序号	地址	功能	备注
1	F7.0	辅助功能选通脉冲信号	指定了跟在地址 M 后面的一个 8 位数的数值时,发出代码信号和选通脉冲信号
2	SUB25	二进制译码	将 M 代码后面的数字转换成二进制代码,并输出译码结果到 R0 中
3	R0.3	内部继电器	M3 译码输出地址
4	R0.4	内部继电器	M4 译码输出地址
5	R0.5	内部继电器	M5 译码输出地址
6	R2.5	内部继电器	主轴停止内部中转继电器
7	G70.5	主轴正转指令	PLC 输出给 NC 的主轴正转指令
8	G70.4	主轴反转指令	PLC 输出给 NC 的主轴反转指令
9	F1.3	分配结束信号	NC 给 PLC 的辅助功能分配结束信号
10	F0.7	自动运行中信号	NC 给 PLC 的信号,告诉 PLC 系统处在自动运行模式
11	F1.1	复位中信号	NC 给 PLC 的信号,告诉 PLC 系统处在复位动作中。复位后机床停止所有当前动作

图 7-25 中 PMC 程序的控制原理如下:

1) 第一段程序:系统处于自动模式(自动运行模式、MDI 模式、DNC 加工模式),当 PLC 接收到 NC 输入的 M 代码信号时,对输入的 M0~M7 代码进行译码。例如,主轴正转指令 M3 由 NC 发送至 PLC,译码后 R0.3 输出为 1。

2) 第二段程序:系统处于自动模式(自动运行模式、MDI 模式、DNC 加工模式),当 PLC 接收到 NC 输入的 M 代码信号时,对输入的 M8~M15 代码进行译码。例如,主轴正转指令 M8 由 NC 发送至 PLC,译码后 R1.0 输出为 1。

3) 第三段程序:当主轴反转、停止输出和复位信号为 0 时,若系统处于自动模式、NC 输入了正转指令,G70.4 输出为 1,主轴正转并自锁。当主轴反转、停止输出和复位信号任意一个信号为 1 时，主轴停止正转。

4）第四段程序：这段程序和第三段程序的功能基本一致，只是这段程序控制的是主轴反转。其中，第三段中的常闭触点 R0.4 和第四段中的常闭触点 R0.3 为正、反转在程序中的互锁触点。

5）第五段程序：当 PLC 接收到 NC 发出的 M05 主轴停止信号后，通过 R2.5 在第三和第四段程序中的常闭触点 R2.5 断开主轴正、反转输出。

【评价标准】

以编写实例程序进行考核：

1）在机床操作面板上查找出未用的 PMC 输入和输出地址，设计 PMC 梯形图，实现用一个按钮控制一盏灯的点亮和熄灭，并输入到设备中。

2）当数控机床出现不正常情况时，需要指示灯不停闪烁来引起操作人员的注意。请编写程序，要求：当操作面板按钮（X4.0）按下时，灯（Y2.0）做间隔 5s 闪烁。

以上考核评价见表 7-8。

表 7-8 考核评价表

序号	考核内容	评价标准	评价方式	分数	得分
1	安全操作	①正确地使用工具及仪器、仪表 ②操作中不伤及自己和他人 ③着装符合劳动保护要求，工位整洁	教师评价与小组成员互评	10	
2	PMC 程序设计	①能够正确分配地址 ②编写的程序能够实现控制要求	教师评价	50	
3	程序调试	能在机床上进行程序调试，完善程序	教师评价	40	

任务三 FANUC PMC 界面的操作

【任务描述】

本任务介绍如何查看 PMC 屏幕界面。通过查看 PMC 屏幕界面，可以实现对梯形图进行监控、查看各地址状态、地址状态的跟踪、参数（T\C\K\D）的设定等功能，也可借助 PMC 信息对机床进行故障诊断。

【任务分析】

首先要了解如何进入 PMC 的操作菜单，掌握 FANUC 数控系统 PMC 各界面的操作与作用，在机床上能够熟练操作。

【任务实施】

一、PMC 界面菜单介绍

本节主要介绍如何在 CNC 上查看 PMC 的信号及信息。首先要了解如何进入 PMC 的操作菜单，方法是：按下【SYSTEM】→【➡】→【➡】，现在 CNC 显示为【PMCMNT】、【PLCLAD】、【PMCCNF】，这三个菜单就是 PMC 在系统中所有的显示信息以及 PMC 功能设置的位置所在。具体的菜单树见表 7-9。

表 7-9 PMC 菜单树

主菜单	子 菜 单	备 注
[PMCMNT]	[信号]、[I/O Link]、[报警]、[I/O]、[定时器]、[计数器]、[K 参数]、[数据]、[跟踪]、[TRCPRM]、[I/O 诊断]	
[PLCLAD]	[列表]、[梯形图]、[双线圈]	
PMCCNF	[标头]、[设定]、[PMCST]、[SYS 参数]、[模块]、[符号]、[在线]	

子菜单下还有子菜单，这里就不一一做介绍了。利用上面的功能菜单，可以查看 CNC 和 PMC 相互交换的信号状态及 PMC 报警界面，并可以对定时器、计数器、K 参数进行设置、输入、输出、修改 PLC 程序等。

二、查看 PMC 屏幕界面

本节介绍如何查看 PMC 屏幕界面。通过查看 PMC 屏幕界面，可以实现对梯形图进行监控、查看各地址状态、地址状态的跟踪、参数（T\C\K\D）的设定等功能。

1）按［SYSTEM］键进入系统参数界面，如图 7-26 所示。

图 7-26 系统参数界面

再连续按向右键三次进入 PMC 操作界面。

2）按［PMCMNT］键进入 PMC 维护界面，如图 7-27 所示。在 PMC 维护画面上，可以监控 PMC 的信号状态，确认 PMC 的报警，设定和显示可变定时器，显示和设定计数器值，设定和显示保持继电器，设定和显示数据表、输入/输出数据，显示 I/O Link 连接状态、进行信号跟踪等。

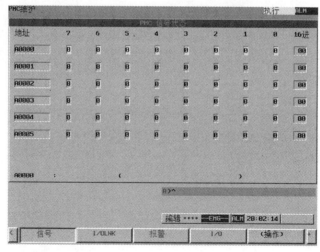

图 7-27 PMC 维护界面

3)监控 PMC 的信号状态。在信息状态显示区上,显示在程序中指定的所在地址内容。地址的内容以位模式 0 或 1 显示,最右边每个字节以十六进制或十进制数字显示,如图 7-28 所示。在界面下部的附加信息行中,显示光标所在地址的符号和注释。光标对准在字节单位上时,显示字节符号和注释。在本界面中按[操作]软键。输入目标地址后,按[搜索]软键。按[十六进制]软键进行十六进制与十进制转换。要改变信息显示状态时,按下[强制]软键,进入强制开/关界面。

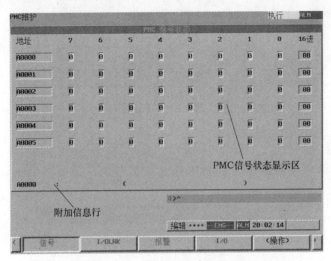

图 7-28 PMC 信号监控界面

4)显示 I/O Link 连接状态界面,如图 7-29 所示。I/O Link 显示界面上,按照组的顺序显示 I/O Link 上所连接的 I/O 单元种类和 ID 代码。按[操作]软键,按[前通道]软键显示上一个通道的连接状态,按[次通道]软键显示下一个通道的连接状态。

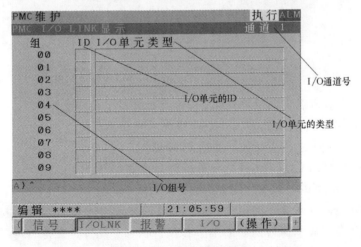

图 7-29 I/O Link 显示界面

5)PMC 报警界面,如图 7-30 所示。报警显示区将显示在 PMC 中发生的报警信息。当报警信息较多时会显示多页,这时需要用翻页键来翻到下一页。

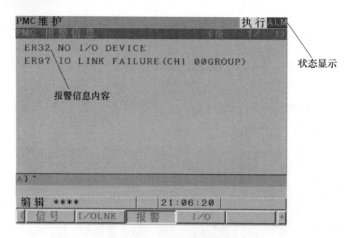

图 7-30 PMC 报警界面

6）输入/输出数据界面，如图 7-31 所示。在输入/输出（I/O）界面上，顺序程序、PMC 参数以及各种语言信息数据可被写入指定的装置内，并可以从指定的装置内读出和核对。

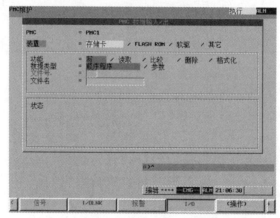

图 7-31 输入/输出界面

光标显示：上下移动各方向选择光标，左右移动各设定内容选择光标。
可以输入/输出的设备有存储卡、FLASH ROM、软驱及其他。
①存储卡：与存储卡之间进行数据的输入/输出。
②FLASH ROM：与 FLASH ROM 之间进行数据的输入/输出。
③软驱：与 Handy File、软盘之间进行数据的输入/输出。
④其他：与其他通用 RS232 输入/输出设备之间进行数据的输入/输出。
在界面下的状态中显示执行内容的细节和执行状态。此外，在执行写、读取以及比较中，作为执行结果显示已经传输完成的数据容量。

7）定时器显示界面，如图 7-32 所示。定时器内容如下：
①号：用功能指令时指定的定时器号。
②地址：由顺序程序参照的地址。

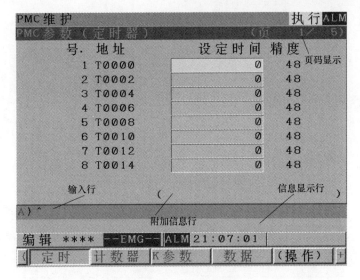

图 7-32　定时器界面

③设定时间：设定定时器的时间。

④精度：设定定时器的精度。

8）计数器显示界面，如图 7-33 所示。计数器内容如下：

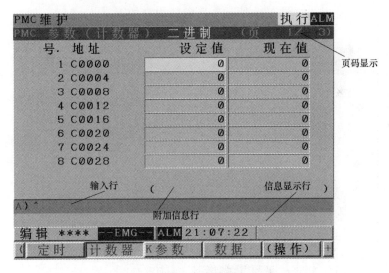

图 7-33　计数器界面

①号：用功能指令时指定的计数器号。

②地址：由顺序程序参照的地址。

③设定值：计数器的最大值。

④现在值：计数器的现在值。

⑤注释：设定值的 C 地址注释。

9）K 参数显示界面，如图 7-34 所示。K 参数内容如下：

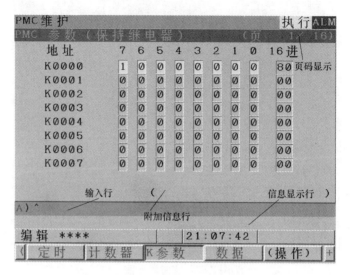

图 7-34　K 参数显示界面

① 地址：由顺序程序参照的地址。
② 0~7：每一位的内容。
③ 16 进：以十六进制显示的内容。

10) D 参数显示界面，如图 7-35 所示。D 参数内容如下：

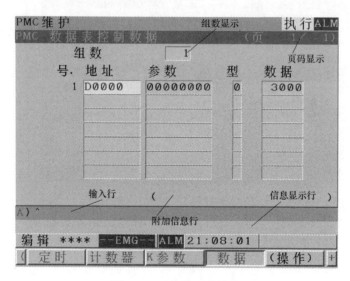

图 7-35　D 参数显示界面

① 组数：数据表的数据数。
② 号：组号。
③ 地址：数据表的开头地址。
④ 参数：数据表的控制参数内容。

⑤型：数据长度。
⑥数据：数据表的数据数。
⑦注释：各组的开头 D 地址的注释。
退出时，按［POS］键即可退回到坐标显示界面。

11）进入梯形图监控与编辑界面。进入梯形图监控与编辑界面可以进行梯形图的编辑与监控以及梯形图双线圈的检查等内容，如图 7-36 所示。再按［PMCLAD］键进入 PMC 梯形图状态界面。

| PMCMNT | PMCLAD | PMCCNF | PM.MGR | （操作） | + |

图 7-36　梯形图监控与编辑界面

12）列表界面，如图 7-37 所示。列表界面主要显示梯形图的结构等内容，在 PMC 程序列表一览中，带有"锁"标记的为不可以查看与不可以修改；带有"放大镜"标记的为可以查看，但不可以编辑；带有"铅笔"标记的表示可以查看，也可以修改。

13）梯形图界面，如图 7-38 所示。在 SP 区选择梯形图文件后，进入梯形图界画就可以显示梯形图的监控界面，在这个图中可以观察梯形图各状态的情况。

14）双线圈界面，如图 7-39 所示。在双线圈界面可以检查梯形图中是否有双线圈输出的梯形图，最右边的［操作］软键表示该菜单下的操作项目。退出时按［POS］键即可退回到坐标显示界面。

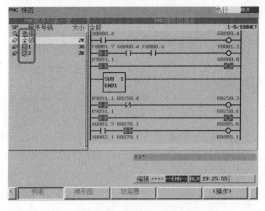

图 7-37　列表显示界面

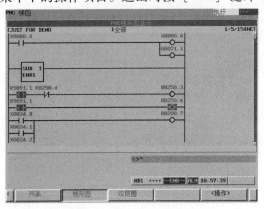

图 7-38　梯形图显示界面

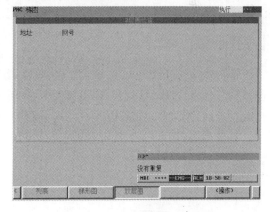

图 7-39　双线圈检查界面

【知识拓展】

常见 PMC 故障诊断与维修方法

PMC 故障在数控机床上是极少出现的，一般在机床厂家调试时比较容易出现故障。若在最终用户处出现了此类故障，应联系专业人员和厂家进行检查或维修。PMC常见故障诊断方法和维修方法见表7-10。

表7-10　PMC常见故障诊断方法和维修方法

序号	PMC故障类型	处理办法
1	硬件故障	根据报警提示和查看故障诊断说明书，怀疑是硬件故障。应当联系系统生产厂家再次进行确认，并找专业人员维修
2	软件故障	根据报警提示和查看故障诊断说明书，怀疑是软件故障。应当联系系统生产厂家再次进行确认，并找专业人员维修
3	连接故障	如果报警提示为连接故障，应当检查PMC模块的连接，判断是否为连接线路的问题，这类故障也不排除为硬件的接头问题引起的连接故障

【评价标准】

评价标准见表7-11。

表7-11　考核评价表

序号	考核内容	评价标准	评价方式	分数	得分
1	安全操作	①正确地使用工具及仪器、仪表 ②操作中不伤及自己和他人 ③着装符合劳动保护要求，工位整洁	教师评价与小组成员互评	10	
2	PMC界面	①能够查看PMC报警界面 ②可以对定时器、计数器、K参数进行设置 ③可以输入、输出PLC程序 ④可以修改PLC程序	教师评价	90	

【项目小结】

通过本项目的学习，要求学生能够对FANUC PMC有一定的了解。熟悉PMC在机床控制中的作用和PMC与CNC和机床进行交换的信号。掌握PMC程序的组成、特点、规格，模块的连接和地址分配的方式，基本编程指令和常用的功能指令。能够编写简单的PMC程序，初步具备利用PMC界面对机床各功能进行检查，并排除故障的能力。

【思考与练习】

1. 什么是PMC？
2. 简述PMC在数控系统中的作用。
3. FANUC数控系统的PMC程序由哪几部分组成？各部分的用途是什么？
4. 简述FANUC数控系统中PMC地址的类型，画出数控系统接口与地址关系图。
5. 分析图7-40所示梯形图的功能。

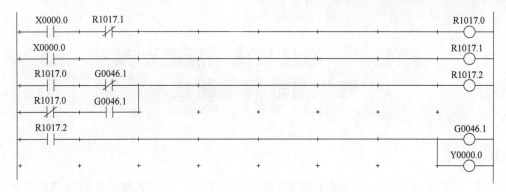

图 7-40 5 题梯形图

项目八　数控机床伺服驱动系统连接与故障诊断技术

【学习目标】

目前，αi 和 βi 系列伺服驱动器是 FANUC 数控系统最常用的网络控制驱动器，它可以和 FANUC 公司所有 i 系列的数控系统配套使用。

数控机床的种类非常多，下面结合具有一定代表性的 VMC850 数控立式加工中心进行介绍。该设备采用 FANUC 0i-MD 系统，分别配套有两种驱动单元 FANUC βiSVSP20/20/40-11 和 FANUC αx/z svm2-40/40i y svm-80i，本项目将对两种驱动器的结构与连接、参数设置以及故障诊断等内容进行介绍。

1. 知识目标

1）掌握 αi/βi 伺服驱动器的结构与组成。
2）掌握 αi/βi 伺服驱动器的各接口功能和连接方法。
3）熟悉参数的格式，掌握参数的设定方法与步骤。
4）理解参数设定对数控机床运行的作用及影响。
5）熟悉伺服驱动器故障检查的内容。

2. 技能目标

1）能够根据电路图完成 αi/βi 伺服驱动系统的连接。
2）能够对进给轴和主轴参数进行设定。
3）能够按照要求正确操作机床，并进行功能检查。

3. 能力目标

1）具备伺服驱动系统的连接与调试的能力。
2）具备 FBSS、伺服参数及主轴参数设定与调整的能力。
3）具备对机床各功能进行检查，并排除故障的能力。

【内容提要】

任务一：对 αi 系列驱动器进行介绍，主要包括驱动器的结构与组成，驱动器的接口与连接。熟悉 αi 系列驱动器的模块、主要附件、各接口功能和连接方法，为后面的故障排除奠定基础。

任务二：对 βi 系列驱动器进行介绍，主要包括驱动器的分类、结构与组成，驱动器的接口与连接。熟悉一体型驱动器各接口功能和连接方法，比较它与 αi 系列驱动器连接的区别。

任务三：伺服驱动系统参数设置，主要包括 FSSB、主轴以及基本伺服参数的初始化设定，相对于 CNC 基本参数设置要复杂一些，要求正确理解各参数的设定对数控机床运行的作用及影响，具备 FBSS、伺服参数、主轴参数设定与调整能力。

任务四：伺服驱动系统常见故障诊断与维修，主要包括 FANUC 进给伺服系统的简单分类、进给伺服系统位置控制形式、FANUC 伺服系统报警故障分析与排除，掌握 αi/βi 系列伺服驱动系统常见故障诊断与维修方法。

任务一　αi 驱动器的连接

【任务描述】

本任务对 αi 系列驱动器进行介绍。主要包括驱动器的结构与组成，驱动器的接口与连接。要求掌握 αi 系列驱动器的模块、主要附件、各接口功能和连接方法，完成驱动系统的连接，为后面的故障排除奠定基础。

【任务分析】

αi 系列驱动器为 FANUC 系统常用的高性能驱动器，它采用模块化结构，由电源模块、主轴模块和伺服模块组成。输入电压等级包括：标准型（AC 200V）和高电压型（AC 400V）。VMC850 选用标准驱动器，该驱动器的电源需要经过变压器才能输入。数控机床中常采用标准型驱动器，因此本任务以标准型驱动器为例进行介绍。

【任务实施】

一、αi 系列驱动器的组成

αi 系列驱动器主要由电源模块（Power Supply Module，PSM）、主轴模块（Spindle Amplifier Module，SPM）、伺服模块（Servo Amplifier Module，SVM）三部分组成，如图 8-1 所示。此外，可根据需要选择电源变压器、滤波电抗器等附件。驱动器各组成模块的结构和特点如下。

（1）电源模块　电源模块用来产生主轴模块和伺服模块逆变主电路所需要的直流电压。模块由整流主电路和直流母线电压调节电路两大部分组成。

电源模块由于功率不同，整流方式也不同，分为两种形式：5.5kW 以下的小功率模块（PSMR 模块）使用二极管整流，5.5kW 以上模块（PSM 模块）采用晶闸管整流。

（2）主轴模块　主轴模块主要用于控制主轴电动机的转速。它与伺服调速原理相同，整流、逆变主电路结构一致，主轴模块和伺服模块共用电源模块，但该模块不属于 FSSB 网络的从站。

图 8-1　αi 驱动器（PSM-SPM-SVM）

αi 系列主轴分为 SPM 模块和 SPMC 模块。SPM 模块用于高性能 αi 电动机，其有效调速范围大于 1:100，速度误差小于 0.1%；SPMC 模块用于经济型 αCi 电动机，其有效调速范围为 1:50 左右，速度误差小于 1%，两者的使用和连接方法相同。

(3) 伺服模块　伺服模块用于控制伺服电动机的速度和转矩。模块主要由逆变主电路、PWM 控制电路、电压/电流的闭环调节电路等部分组成。根据所控制的轴数，伺服模块分为单轴、双轴和三轴三种。

(4) 驱动器附件　交流电抗器和滤波器是驱动器的常用附件，两者都可以起到输入滤波、减轻电网冲击影响和抑制电网波形畸变的作用。交流电抗器用于 PSM 型电源模块，滤波器用于 PSMR 型电源模块。

αi 系列驱动器的附件还包括伺服变压器、制动电阻、接触器单元、断路器、主/从切换模块、电缆和浪涌吸收器等。其中，伺服变压器、接触器单元、断路器、电缆等器件无特殊要求，用户可自行选配。

二、αi 系列驱动器的连接方法

αi 系列驱动器的 SVM 模块和 CNC 通过 FSSB 总线传送数据，SPM 模块和 CNC 间通过 I/O Link 总线传送数据，所有驱动模块（SVM/SPM）共用直流母线。因此，驱动器连接包括驱动器公共电源连接、控制电路连接、模块间的互连、驱动模块的网络总线连接及电动机连接，如图 8-2 所示。

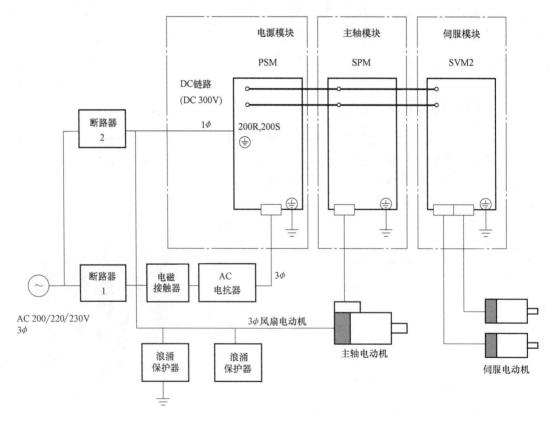

图 8-2　αi 系列驱动器的连接框图

(1) 电源模块的接口与连接　驱动器电源包括用来产生逆变主电路直流母线电压的主电源输入和用来产生各控制电压的控制电源输入两部分。标准型驱动器的主电源输入为三相

AC 200V,控制电源输入为单相 AC 200V。下面分别介绍各个接口(图 8-3)和连接方法(图 8-4)。

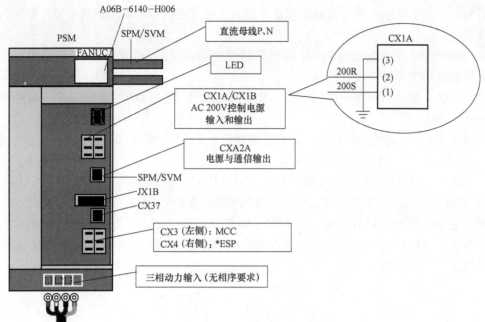

图 8-3 PSM 模块接口图

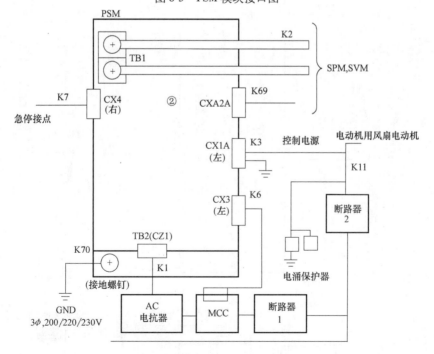

图 8-4 PSM 接线图

1) CZ1 或 TB2-L1/L2/L3/PE:标准型三相 AC 200V 主电源输入,无相序要求,由于主电源是用来产生直流母线电压的大容量输入,必须在驱动器完全正常时才能加入,所以需要在主电源输入前安装接触器来控制。当驱动器通电时，应先通入控制电源，接着接通接触器，然后主电源才能输入。

另外，在主电源输入和接触器之间还需要安装交流电抗器，以防止整流和逆变所引起的波形畸变。

2）TB1-P/N：直流母线连接端，主电源通过整流后提供 DC 300V 到直流母线。所有组成模块都必须用配套的短接片连接。

3）CX1A：驱动器控制电源端，连接单相 AC 200V，主电源与控制电源应安装独立的保护断路器。

4）CXA2A：驱动器控制总线，由控制电源整流后提供的 DC 24V，应与下一驱动模块的 CXA2B 相连，向各个模块供给 DC 24V。

5）CX3：该接口用来使内部 MCC 吸合，从而控制主电源通断。

6）CX4：连接外部急停按钮，解除伺服放大器的急停信号。

（2）主轴模块的接口与连接　αi 系列主轴模块均为单轴，可直接安装在驱动器上，紧靠电源模块，主轴模块与伺服模块共用直流母线和控制总线。图 8-5 所示为 SPM 模块各接口和接线图。下面分别介绍各个接口和连接方法。

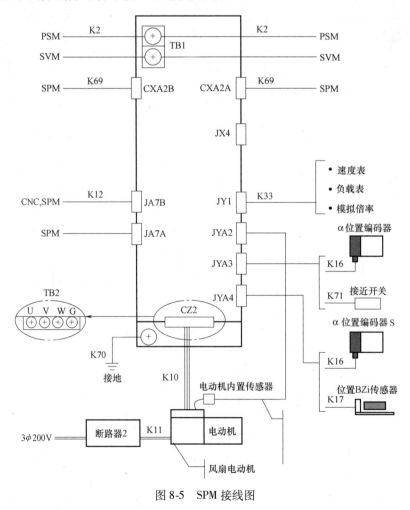

图 8-5　SPM 接线图

1) CZ2 或 TB2：连接主轴电动机，相序有要求，必须保证驱动器的 U/V/W 与电动机的 U/V/W ——对应。

2) JA7A、JA7B：I/O Link 总线的连接。SPM 的 JA7B 和 CNC 的 JA7A 连接，SPM 的 JA7A 可连接下一主轴模块，若没有下一主轴模块可不接。

3) JYA2：内置式编码器连接。主轴电动机内置编码器可用于转速与位置的检测，所有主轴模块都需要连接。

4) JYA3：光电编码器和磁性传感器连接接口。用于连接外置式 1024P/r 光电编码器或磁性传感器，以实现主轴定向准停和定位控制。

5) JX4：位置反馈输出连接。JX4 上输出的编码器信号为 1024P/r 的 A/B/Z 三相差分信号，主轴电动机的内置编码器信号可通过驱动模块的内部转换电路输出到外部，提供给其他装置使用。

6) JYA4：外置磁性编码器连接接口。

7) JY1：操作/显示信号连接接口。

(3) 伺服模块的接口与连接 αi 系列伺服模块有单轴、两轴和三轴等结构，模块的外形根据功率大小有所区别，但连接端与接口布置基本相同，如图 8-6、图 8-7 所示，第 1 轴用 L 轴、第 2 轴用 M 轴、第 3 轴用 N 轴进行命名。

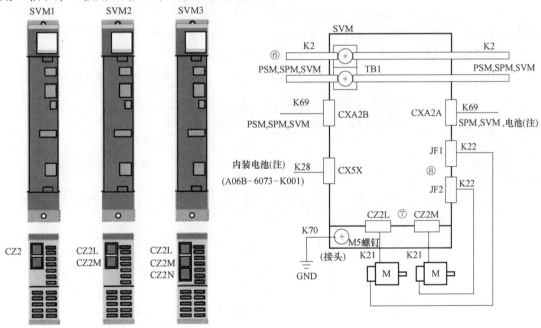

图 8-6 SVM 动力端子　　图 8-7 SVM 接线图

接口和连接要求如下：

1) CZ2L/2M/2N 或 TB2-U/V/W/PE：伺服电动机动力线，有相序要求，连接器 CZ2 的 B1 接 U、A1 接 V、B2 接 W、A2 接 GND，如图 8-8 所示。

2) CXA2A/CXA2B：驱动器控制总线，CXA2B 与上一模块的 CXA2A 相连，CXA2A 与下一模块的 CXA2B 相连，最后一模块的 CXA2A 不连。

3) COP10A/COP10B：FSSB 总线连接，COP10B 与上一模块的 COP10A 相连，COP10A

与下一模块的 COP10B 相连。

4）JF1/JF2/JF3：分别连接 L/M/N 轴电动机编码器，伺服电动机的反馈信号，包括伺服电动机的位置、速度、旋转角度的检测信号。

5）CX5：绝对式脉冲编码器独立电池盒接口。

6）JX5：驱动器检测板接口，维修时使用。

三、连接注意事项

αi 驱动器的总连接情况如图 8-9 所示。在连接中需要注意以下几点：

1）PSM、SPM、SVM 各模块之间的短接片（TB1）是连接主电路的 DC 300V 电压用的连接线，一定要拧紧。如果拧得不够紧，轻则产生报警，重则烧坏电源模块（PSM）和主轴模块（SPM）。同时，特别注意 SPM 上的 JYA2 和 JYA3 一定不要接错，否则将烧毁接口。

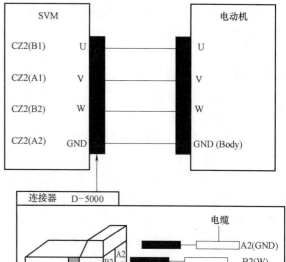

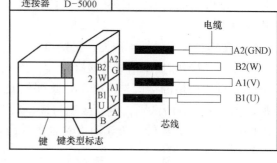

图 8-8 TB2 连接要求

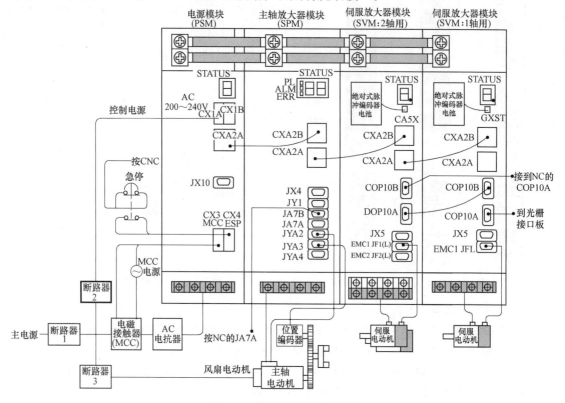

图 8-9 αi 驱动器的总接线图

2）AC 200V 控制电源由上面的 CX1A 引入，和下面的 MCC/ESP（CX3/CX4）一定不要接错接反，否则会烧坏电源板。PSM 的控制电源输入端 CX1A 的（1）、（2）接 200V 输入，（3）为地线，如图 8-10 所示。

3）CX3（MCC）和 CX4（ESP）的连接如图 8-11 和图 8-12 所示。急停按钮跨接在 CX4 口的（2）、（3）脚之间。

4）伺服电动机动力线和反馈线都带有屏蔽，一定要将屏蔽做接地处理，并且信号线和动力线要分开接地，以免由于干扰产生报警。

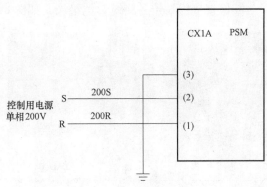

图 8-10　控制电源的连接

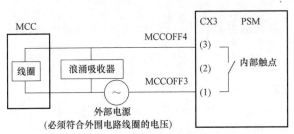

图 8-11　CX3 接口的连接

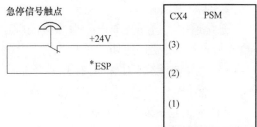

图 8-12　CX4 接口的连接

【知识拓展】

系统上电过程

1. 通电前的检查

1）机床和调试环境安全检查

①各种机械部件和电气部件的安装是否可靠、稳固。

②在机床运动机构的动作范围内是否有障碍物或人员。

③电柜内是否有未连接的导线或其他未固定的金属物体。

④检查调试场地上是否有危及安全的物品，包括固体障碍物、易滑的物质、液体物质等。若存在以上物品，必须清除。

2）对照相关技术资料，检查电路、气路、液压线路连接的正确性和可靠性。

3）检查机床的各种检测开关、传感器的工作可靠性。

4）检查伺服驱动器连接的正确性和可靠性。

5）绝缘检查

①用万用表电阻档 $R \times 20k$ 以上档检查三相输入端各相间及对地绝缘，如图 8-13 所示。

②检查各回路断路器（QF）上端相间和对地绝缘。

③检查各回路断路器下端相间及对地绝缘。

④检查 24V、0V 间电阻，一般应大于 $1k\Omega$ 以上。

⑤交流线与直流线端之间不能互通，否则会烧坏线路板。

⑥检查接线端子各路线对地绝缘,如图 8-14 所示。

图 8-13 断路器上端相间检查

图 8-14 接线端子各路线对地检查

2. 通电测试

系统通电,遵循先弱电、后强电的顺序。并在通电过程中要注意电柜的电器元件,如有异响或异味,需要迅速切断总电源。

1)经检查无误后,将所有开关全部断开,合上总电源开关 QS,用万用表电压 AC 380V 档测量三相电压。三相电压应平衡,误差不应超过 ±3%。

2)按照先系统、后 I/O,先伺服和主轴、后强电的通电顺序逐级通电,逐级检查,确保各级供电电压正常。发现异常后,立即断电,检查分析,排除故障,直至系统、I/O、伺服和主轴的供电正常为止。

3)确认系统、I/O 设备的电源灯是否正常点亮。此时操作站、PLC、三色灯等均已上电。

4)检查系统各部分通电正常后就可以进行系统的各控制参数的设定了。

【评价标准】

αi 伺服驱动器的连接具体完成情况按表 8-1 进行考核评价。

表 8-1 考核评价表

序号	考核内容	评价标准	评价方式	分数	得分
1	安全操作	①正确地使用工具及仪器、仪表 ②操作中不伤及自己和他人 ③着装符合劳动保护要求、工位整洁	教师评价与小组成员互评	10	
2	硬件接口的连接	①正确填写各硬件型号 ②对系统与外设连接接口进行一一对应连接 ③对 αi 伺服驱动器的三个模块进行正确连接	教师评价	50	
3	绘制伺服驱动器接口图	正确绘制数控系统接口图,理解各接口名称	教师评价与自评	40	

任务二 βi 驱动器的连接

【任务描述】

本任务对 βi 系列驱动器进行介绍。主要包括驱动器的结构、接口与连接。要求掌握 βi

系列驱动器各接口功能和连接方法，比较它和 αi 系列驱动器的异同点，完成驱动系统的连接，为后面的故障排除打下基础。

【任务分析】

βi 系列驱动器为 FANUC 公司的经济型产品，用于中低档数控机床的坐标轴控制或高档机床的辅助轴（如机械手、输送装置等）控制。由于其性价比较好，在国产数控机床中使用较多。

βi 系列驱动器采用了独立安装的结构形式，分为伺服驱动器和伺服/主轴一体型驱动器两大类，无单独的主轴驱动器。本任务将以伺服/主轴一体型驱动器为例进行介绍。

【任务实施】

一、βi 驱动器的结构

（1）伺服驱动器　βi 伺服驱动器的结构类似于通用伺服，在电柜内部可独立安装。主轴驱动器不能单独使用，在实际使用中要与主轴变频器配套。βi 伺服驱动器可以分为三类：单轴标准型（SVM型）、单轴高电压型（βi-SV∗HV 型）和双轴标准型（βi-SV20/20 型）。其中 SVM 型、βi-SV20/20 型驱动器都采用三相 AC 200V 主电源，而 βi-SV∗HV 型则采用三相 AC 400V 主电源，还需要配套 HV 级伺服电动机。三种类型中，SVM 型较为常用，图 8-15 所示为小功率单轴标准型驱动器。

在控制形式上，βi 伺服驱动器有 FSSB 总线控制型和 I/O Link 总线控制型之分，前者可以作为 FSSB 从站与 CNC 连接，用于基本坐标轴的驱动；后者只能以 I/O Link 从站的形式与 PMC 的 I/O Link 总线连接，仅用于 PMC 控制的机械手、输送装置的驱动。

图 8-15　小功率单轴驱动器

（2）伺服/主轴一体型驱动器　βi 伺服/主轴一体型驱动器具有共同的整流回路、直流母线、总线接口和公共控制电路，但各轴的逆变主电路、电压/电流检测、矢量变换、PWM 控制电路等相对独立。

一体型驱动器分 2 轴伺服 + 主轴（SVSP2 型）和 3 轴伺服 + 主轴（SVSP3 型）两类，SVSP2 型为数控车床的经济型配置，SVSP3 型为镗、铣床数控机床的经济型配置，当前常用的一体型驱动器如图 8-16 所示。

二、βi 伺服/主轴一体型驱动器的连接

βi 伺服/主轴一体型驱动器相当于 αi 系列驱动器的电源模块、2 轴或 3 轴伺服模块和主轴模块的组合，但伺

图 8-16　伺服/主轴一体型驱动器

服、主轴模块的容量不能自由选择，而这种集成驱动器可简化连接、减小体积、降低生产成本。下面对 SVSP3 的连接进行详细介绍，接口连接如图 8-17 所示。

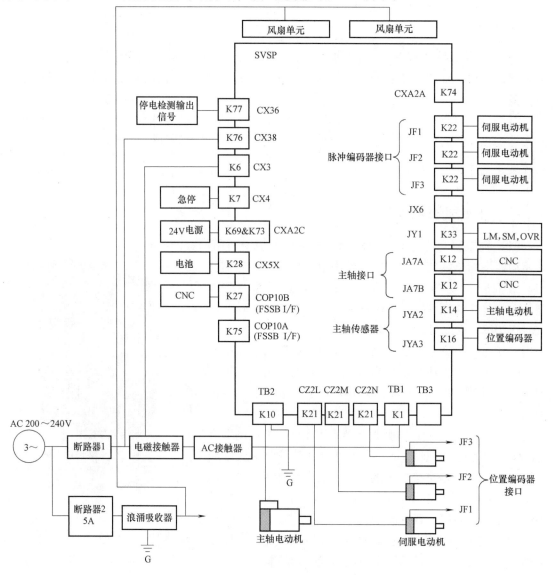

图 8-17　βi 伺服/主轴一体型驱动器的连接

1）TB1-L1/L2/L3/PE：主断路器接通后，TB1 接口输入伺服放大器控制用 AC 200V 电压，与 αi 驱动器相同，需要先接入电磁接触器和电抗器。βi 伺服/主轴一体型驱动器底部的连接如图 8-18 所示。

TB2-U/V/W：主轴电动机动力线，相序有要求，必须保证驱动器的 U/V/W 与电动机的 U/V/W 一一对应。

TB3-L+/L-：直流母线输出端，用于直流母线电压的测试。

2）CZ2L/CZ2M/CZ2N-U/V/W/PE：第 1、2、3 轴伺服电动机动力线。连接器的插脚 B1/A1/B2/A2 依次与伺服电动机的 U/V/W/PE 连接。

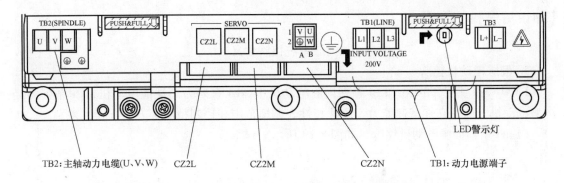

图 8-18 βi 伺服/主轴一体型驱动器底部的连接

JF1/JF2/JF3：依次为第 1、2、3 轴伺服电动机的反馈信号，包括伺服电动机的位置、速度、旋转角度的检测信号。

3) CX3：该接口用来控制电磁接触器吸合，从而控制 AC 200V 通入。

4) CX4：连接外部急停按钮，解除伺服放大器的急停信号。

5) COP10B：FSSB 总线接口，SVPM 驱动器只能作为 FSSB 总线的最后从站，所以没有总线的输出连接接口 COP10A。

6) CX5X：绝对编码器电池连接。当使用绝对编码器时，CX5X 用来连接后备电池盒。

7) JA7B/JA7A：串行主轴总线连接接口，JA7B 接口为 CNC 串行总线输入，JA7A 接口为串行主轴总线输出。

8) CXA2C：控制电源接口，通过 AC 200V 引入 DC 24V，作为控制电源。

9) JX6：特殊的电源中断支持模块连接，一般不使用。

10) JYA1/JYA2/JYA3：JYA1 接口可连接主轴转速、功率显示表和倍率调节电位器，JYA2 为主轴电动机内置式编码器接口，JYA3 可连外置式光电编码器。

三、连接注意事项

βi 伺服/主轴一体型驱动器为带主轴的放大器 SVSP，是一体型放大器，在连接中需要注意以下几点：

1) 在 βi 放大器上，并没有 αi 系列放大器中 PSM 上 DC 300V 的短路棒。但是，放大器内部依然会将输入放大器的 AC 200V 电源转换为 DC 300V 电压，放大器上有专用的 LED 指示灯进行表示。电源切断后，由于放电时间需要 20min 以上，不能马上触碰接触端子排。

2) 24V 电源连接 CXA2C（A1-24V，A2-0V）。

3) TB3（SVSP 的右下面）不要接线。

4) 由于一体型驱动器体积小、功率大、结构紧凑，需要两个冷却风扇，一个用于驱动器，另一个用于主轴散热，要外接 AC 200V 电源。

5) 三个伺服电动机在放大器端的动力线插头盒是有区别的，CZ2L（第一轴）、CZ2M（第二轴）、CZ2N（第三轴）分别对应为 XX、XY、YY。

6) 反馈信号与 FSSB 光缆信号的处理过程是通过控制单元内的伺服 CPU 进行通知的。CNC 的电源接通，解除急停后，通过 FSSB 光缆发出 MCC 吸合信号 MCON。

【知识拓展】

伺服系统铭牌含义

1. 伺服电动机铭牌

FANUC 系统配套的 αi 和 βi 系列伺服电动机中，αi 系列为高性能电动机，βi 系列为经济型电动机，两者在加减速能力、高速特性、调速范围和控制精度等方面有较大差别。

1）αi 系列伺服电动机铭牌，如图 8-19 所示。

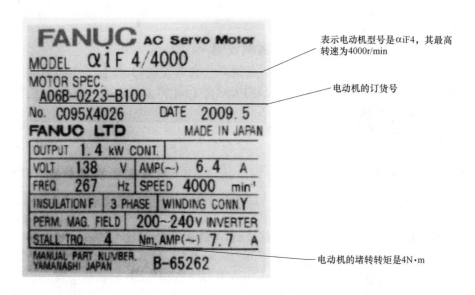

图 8-19　αi 系列伺服电动机铭牌

2）βi 系列伺服电动机铭牌，如图 8-20 所示。

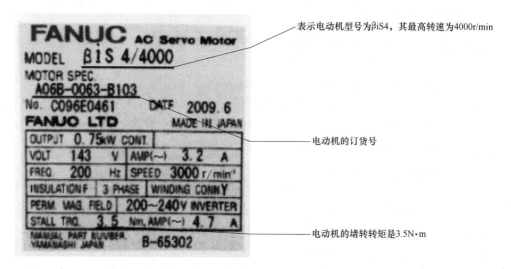

图 8-20　βi 系列伺服电动机铭牌

2. βi 系列一体型伺服驱动器铭牌（图 8-21）

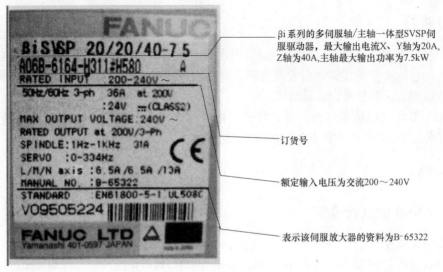

图 8-21 βi 系列一体型伺服驱动器铭牌

【评价标准】

βi 一体型伺服驱动器的连接具体完成情况按表 8-2 进行考核评价。

表 8-2 考核评价表

序号	考核内容	评价标准	评价方式	分数	得分
1	安全操作	①正确地使用工具及仪器、仪表 ②操作中不伤及自己和他人 ③着装符合劳动保护要求,工位整洁	教师评价与小组成员互评	10	
2	硬件接口的连接	①正确填写各硬件型号 ②对系统与外设连接接口进行一一对应连接 ③对 βi 一体型伺服驱动器进行正确连接	教师评价	50	
3	绘制伺服驱动器接口图	正确绘制数控系统接口图,理解各接口名称	教师评价与自评	40	

任务三　伺服驱动系统参数设置

【任务描述】

参数的设定可以让 CNC 系统知道机床外部机电部件的规格、性能及数量，以便 CNC 系统准确地控制该机床的所有机电部件。CNC 参数是数控机床的灵魂，数控机床软硬件功能的正常工作是通过参数来设定的，机床的加工精度和维修恢复也需要通过参数来调整，CNC 参数设定不当或者丢失会导致机床动作错误甚至瘫痪。

数控系统中参数较多，不同 CNC 生产厂家的数控系统在参数名称、种类及功能上都不太相同，例如 FANUC 系统参数多达上万种，对于参数的设定工作难度很大。本任务主要介绍 FSSB、主轴以及基本伺服参数的初始化设定方法。

【任务分析】

系统上电以后,应首先完成基本参数的设置,接着完成 FSSB、主轴以及基本伺服参数的初始化,与基本参数相比,后者设定要更复杂一些,本次任务的目的是了解这部分参数的含义,并根据实际机床做出正确设定。

FANUC 0iD 系统功能完善、可靠性高、性价比高,是目前国内数控机床用量较大的系统。本任务以 FANUC 0i-MD 系统为例进行参数介绍。

【任务实施】

一、FSSB 的初始设定

1. FSSB 概述

通过高速串行伺服总线(Fanuc Serial Servo Bus,FSSB)用一根光缆将 CNC 控制器和多个伺服放大器进行连接,可大幅减少机床安装所需的电缆,并可提高伺服运行的可靠性。

使用 FSSB 对进给轴控制,需要设定的参数有 1023、1905、1936、1937、14340～14349、14376～14391。设定这些参数的方法有如下三种:

(1) 手动设定 1 通过参数 1023 进行默认的轴设定。由此就不需要设定参数(1905、1936、1937、14340～14349、14376～14391),也不会进行自动设定。但有的功能无法使用。当没有使用分离式检测器时,FSSB 设定采用手动设定 1。

(2) 自动设定 利用 FSSB 设定界面,输入轴和放大器的关系,进行轴设定的自动计算,即自动设定参数。使用分离式检测器时,FSSB 设定采用自动设定。

(3) 手动设定 2 查阅 FANUC 连接手册(功能)的相关章节,直接输入所有参数。

2. FSSB 自动设定

(1) 从控装置 使用 FSSB 的系统,通过光缆连接 CNC、伺服放大器以及分离式检测器接口单元。这些放大器和分离式检测器接口单元称为从控装置。2 轴放大器由两个从控装置组成,3 轴放大器由 3 个从控装置组成。在从控装置上,按照离 CNC 由近到远的顺序对 FSSB 赋予 1,2,…,10 的编号(从控装置号)。CNC 与从控装置的连接如图 8-22 所示。

(2) FSSB (AMP) 的设定 连续按 [SYSTEM] 键 3 次,进入参数设定支援界面如图 8-23 所示。按下软键 [操作],将光标移动至 "FSSB (AMP)" 处,按下软键 [选择],进入参数设定界面,如图 8-24、图 8-25 所示,此后的参数设定就在该界面进行。

放大器设定界面上显示如下项目:

1) 号:从控装置号。
2) 放大器:放大器型式。
3) 轴:控制轴号。
4) 名称:控制轴名称。
5) 作为放大器信息,显示下列项目的信息:
①单元:伺服放大器单元种类。
②系列:伺服放大器系列。

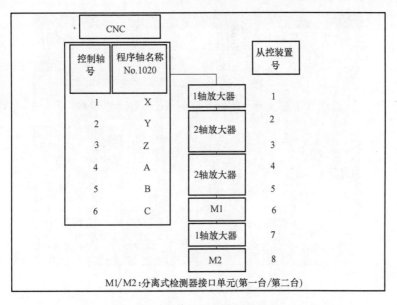

图 8-22 CNC 与从控装置的连接

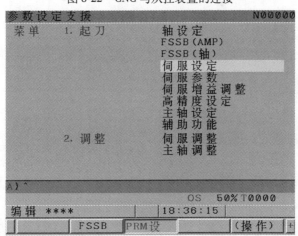

图 8-23 参数设定支援界面

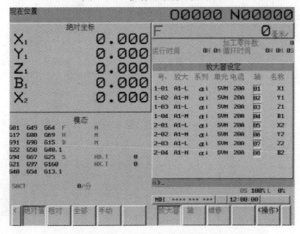

图 8-24 FSSB（AMP）设定界面（一）

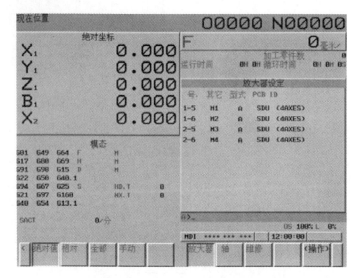

图 8-25 FSSB（AMP）设定界面（二）

③电流：最大电流值。

6) 作为分离式检测器接口单元信息，显示下列项目的信息：

①其他：在表示分离式检测器接口单元的开头字母"M"之后，显示从靠近 CNC 一侧数起的表示第几台分离式检测器接口单元的数字。

②型式：分离式检测器接口单元的型式，以字母予以显示。

③PCBID：以 4 位十六进制数显示分离式检测器接口单元的 ID。

在设定上述相关项目后，按下软键 [操作]，接着按下软键 [设定]。

(3) FSSB（轴）的设定 进入参数设定支援界面，按下软键 [操作]，将光标移动至 "FSSB（轴）"处，按下软键 [选择]，出现参数设定界面，如图 8-26 所示。此后的参数设定就在该界面进行。

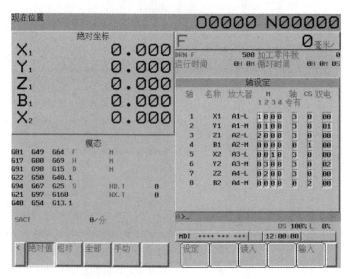

图 8-26 FSSB（轴）设定界面

轴设定界面上显示如下项目：

1）轴：控制轴号。

2）名称：控制轴名称。

3）放大器：连接在各轴上的放大器的类型。

4）M1：用于分离式检测器接口单元 1 的连接器号。

5）M2：用于分离式检测器接口单元 2 的连接器号。

6）轴专用伺服 HRV3：控制轴上以一个 DSP 进行控制的轴数有限制时，显示可由保持在 SRAM 上的一个 DSP 进行控制可能的轴数。"0" 表示没有限制。

7）CS：CS 轮廓控制轴显示保持在 SRAM 上的值。在 CS 轮廓控制轴上显示主轴号。

在设定上述相关项目后，按下软键［操作］，接着按下软键［设定］。

（4）重新启动 NC　通过以上操作执行自动计算，表示各参数的设定已经完成的参数 1902#1 变为 1，重新启动 NC 以后，将按照各参数进行轴设定。

二、伺服参数的初始化设定

首先设定 3111#0 为 1 表示显示伺服设定和伺服调整界面。然后转到伺服参数设定界面，再进入初始化界面，具体操作方法如下：

1）连续按［SYSTEM］键 3 次，进入参数设定支援界面，如图 8-25 所示。

2）将光标移动到伺服设定上，然后按［操作］键进入选择界面，如图 8-27 所示。

图 8-27　选择界面的软键

3）在此界面按［选择］键，进入伺服设定界面，如图 8-28 所示。

图 8-28　伺服设定界面的软键

4）在此界面按向右扩展键，进入菜单与切换界面，如图 8-29 所示。

图 8-29　菜单与切换界面软键

5）在此界面按［切换］键，进入伺服初始化界面，如图 8-30 所示。在此界面中便可以对伺服进行初始化操作。下面对图 8-30 中①~⑧号参数的内容进行详细介绍。

①初始化设定位。初始化时设定为 0，见表 8-3，也可以设定参数 1902#0 为 "0"。

当初始化设定正常结束时，在下次系统重启时，1902#1 自动变为 1。

②电动机代码的设定。机床各轴电动机代码应根据实际电动机型号设定，也可以设定参数 2020。

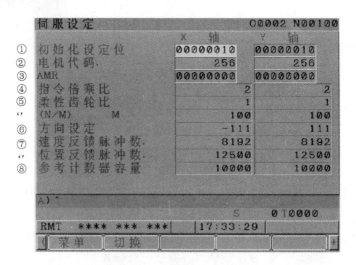

图 8-30 伺服初始化界面

表 8-3 机床初始化设定

设定参数	设定值
初始化设定位	00000000

α/β 伺服电动机的电动机代码需要查表进行选择，表 8-4、表 8-5 分别列出了 αiF、βis 系列伺服电动机代码。

表 8-4 αiF 系列伺服电动机

电动机型号	电动机图号	电动机代码	电动机型号	电动机图号	电动机代码
αiF1/5000	0202	252	αiF22/3000	0247	297
αiF2/5000	0205	255	αiF30/3000	0253	303
αiF4/4000	0223	273	αiF40/3000	0257-B□0□	307
αiF8/3000	0227	277	αiF40/3000FAN	0257-B□1□	308
αiF12/3000	0243	293			

表 8-5 βis 系列伺服电动机

电动机型号	电动机图号	驱动放大器	电动机代码
βis0.2/5000	0111	4A	260
βis0.3/5000	0112	4A	261
βis0.4/5000	0114	20A	280
βis0.5/6000	0115	20A	281
βis1/6000	0116	20A	282
βis2/4000	0061	20A	253
		40A	254
βis4/4000	0063	20A	256
		40A	257
βis8/3000	0075	20A	258
		40A	259

(续)

电动机型号	电动机图号	驱动放大器	电动机代码
βis12/2000	0077	20A	269
		40A	268
βis12/3000	0078	40A	272
βis22/2000	0085	40A	274
βis22/3000	0082	80A	313

③AMR 的设定。此系数相当于伺服电动机极数的参数。

若是 αiS/αiF/βiS 电动机,务必将其设定为 00000000。

④指令倍乘比的设定。此项为机床各轴的指令倍乘比(CMR),也可以设定参数 1820,表示最小移动单位和检测单位之比的指令倍乘比。

$$设定值 = (指令单位/检测单位) \times 2$$

式中,通常指令单位 = 检测单位,因此将其设定为 2。

⑤柔性齿轮比的设定。

N:机床各轴柔性进给齿轮比(分子),也可以设定参数 2084。

M:机床各轴柔性进给齿轮比(分母),也可以设定参数 2085。

以电动机每旋转一周需要 100 万脉冲,设定脉冲的倍乘比,而与脉冲编码器的种类无关。如图 8-31 所示,柔性齿轮比按下式进行计算:

$$柔性齿轮比 N/M = 电动机每旋转一周所需的位置脉冲数/10^6$$

图 8-31 柔性齿轮比的设定

例:直线运动轴,直接连接螺距 10mm 的滚珠丝杠,检测单位为 1μm 时,电动机每旋转一周(10mm)所需的脉冲数为 10/0.001 = 10000。

即 $N/M = 10000/10^6 = 1/100$

所以,设定参数 2084 为 1,参数 2085 为 100。

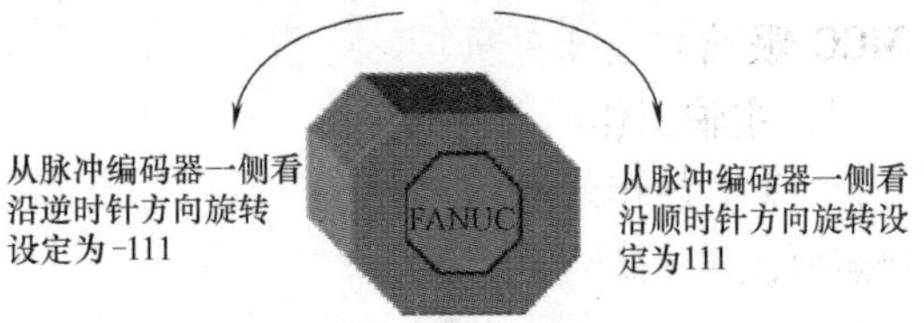

⑥电动机回转方向的设定。也可以设定参数 2022,顺时针为 111,逆时针为 -111,如图 8-32,表 8-6 所示。

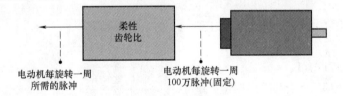

图 8-32 电动机回转方向

表 8-6 电动机回转方向的设定

设定参数	设定值	含 义
2022	111	从脉冲编码器看沿顺时针方向旋转
	-111	从脉冲编码器看沿逆时针方向旋转

⑦速度反馈脉冲数、位置反馈脉冲数的设定，见表8-7。此项为机床电动机速度检测脉冲数和电动机位置反馈脉冲数，也可以设定参数2023、2024。

⑧参考计数器容量的设定，见表8-8。

表8-7 速度反馈脉冲数、位置反馈脉冲数的设定

设定项目	设定单位1/1000mm		设定单位1/1000mm	
	全闭环	半闭环	全闭环	半闭环
速度脉冲数	8192		8192	
位置脉冲数	Ns	12500	Ns	12500

此项为机床各轴的参考计数器容量，也可以设定参数1821，设定范围为0~99999999。在进行栅格方式参考点返回时使用。半闭环时：

参考计数器容量 = 电动机每旋转一周所需的位置脉冲数

例：根据上式填写参考计数器容量，检测单位1μm。

表8-8 参考计数器容量的设定

滚珠丝杠的螺距/(mm/r)	所需的位置脉冲数/(脉冲/r)	参考计数器	栅格宽/mm
10	10000	10000	10
20	20000	20000	20

三、主轴参数的设定

按[SP参数]键，进入主轴设定界面，进行主轴初始化操作，如图8-33所示。

(1) 使用串行主轴（需设定8133#5 = 0）

1) 主轴初始化（以使用单串行主轴为例）：

3716#0 = 1，3717 = 1，

4019#7 = 1，4133 =【电动机对应代码】，

3720 = 4096；

断电后，重启（主轴放大器需断电重启），确认4019#7 = 0，确认PSM电源放大器的MCC吸合，主轴放大器显示为稳定的"——"，主轴工作正常。

2) 设定各档最高转速3741~3743（M系列需要设定3736 = 4095）。

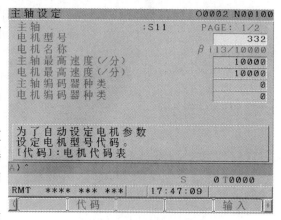

图8-33 主轴设定界面

3) 设定主轴编码器类型：主轴和电动机1:1连接，使用电动机编码器时，设定4002#0 = 1，#1 = 0。使用TTL型位置编码器时，设定4002#1 = 1，#0 = 0，旋转主轴，观察主轴速度是否可以显示。

4) 对于大型串行主轴，进行软起动4030设定，手动旋转主轴，保证无明显冲击。

5) 使用多路径多主轴时需要注意的情况：使用多主轴时，可以通过信号G28#7（PC2SLC），选择使用第1/第2主轴编码器的信号，同时必须设定3703#3（MPP）；超过2个主轴，可以参考"第二主轴信号 = 第一主轴信号 + 4"的算式。

(2) 使用模拟主轴（需设定 8133#5 = 1）

1) 3716#0 = 0，3717 = 13730 = 1000（不设定会导致模拟电压无输出）。
2) 3736 = 4095（M 系列需设定）可以根据需要进行具体值设定。
3) 3720 = 4096（可以根据"实际连接编码器线数×4"来设定）。
4) 设定各档 10V 电压对应各档最高转速 3741～3743。

模拟主轴常见报警处理：SP1240，设定 3799#1 = 1 可屏蔽。

在完成系统的硬件连接，并正确地进行基本参数、FSSB、主轴以及基本伺服参数的初始化设定后，系统就能够正常地工作了。

【知识拓展】

利用 SERVO GUIDE 软件进行伺服参数的调整

为了更好地发挥控制系统的性能，提高加工的速度和精度，还要根据机床的机械特性和加工要求进行伺服参数的优化调整，下面简要介绍利用 SERVO GUIDE 软件进行伺服参数调整的方法。

1. 设定

1) 打开伺服调整软件后，出现主菜单界面，如图 8-34 所示。

图 8-34　主菜单

2) 单击图 8-34 中的 [通信设定]，出现如图 8-35 所示菜单。

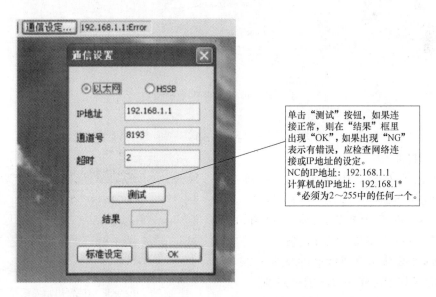

图 8-35　通信设定

3) CNC 的 IP 地址，如图 8-36 所示。

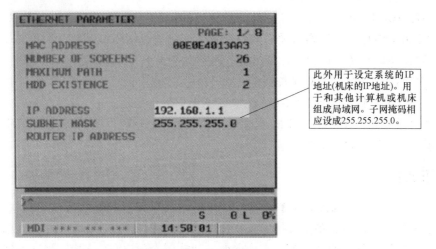

图 8-36　CNC 的 IP 地址设定

4) 计算机的 IP 地址设定，如图 8-37 所示。

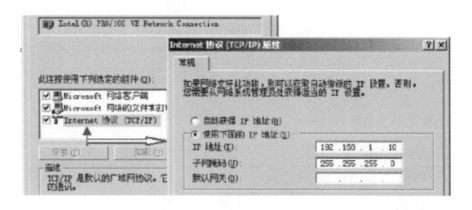

图 8-37　计算机的 IP 地址设定

如果以上设定正确，在测试后还没有显示"OK"，应检查网线连接是否正确。

2. 参数界面

1) 单击主菜单（图 8-34）上面的 [参数]，出现图 8-38 所示界面。单击"在线"，如果正确（CNC 处于 MDI 方式，POS 界面），则出现图 8-39 所示的界面，注意，图 8-38 下方的 CNC 型号选择必须与正在调试的系统一致，否则所显示的参数号可能和实际的有差别。

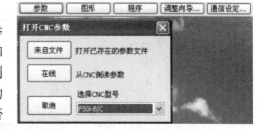

图 8-38　参数初始界面

2) 参数系统设定界面如图 8-39 所示。进入"系统设定"界面，该界面的内容不能改动，可以检查该系统的高速、高精度功能和加减速功能都有哪些，后面的调整可以针对这些功能进行修改。

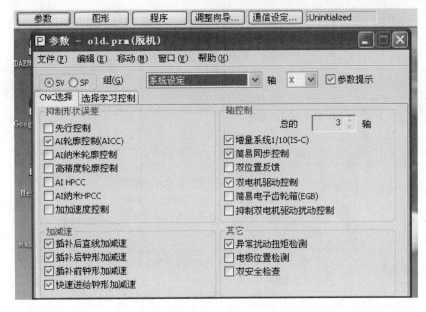

图 8-39 参数系统设定界面

【评价标准】

伺服驱动系统参数设置任务考核学生掌握机床常用参数的含义,并根据实际情况做出正确设定。以实例进行考核:系统上电后,不打开急停按钮,根据提供的 VMC850 机床相关技术指标及技术要求设定相关的参数。机床技术指标及要求见表 8-9。

表 8-9 VMC850 机床技术指标

项 目			主要参数
加工范围	X/Y/Z 轴行程	mm	800/500/550
	主轴端面至工作台距离	mm	120~620
工作台	工作台面积($A \times B$)	mm	1060×500
	最大承重	kg	600
	T 形槽(槽数×宽度×间距)	mm	$5 \times 18 \times 100$
主轴	主轴转速	r/min	6000
	主轴功率(连续/30min 过载)	kW	7.5/11
	主轴扭矩(连续/30min 过载)	N·m	47.7/70
	主轴锥孔		BT40
	主轴电动机型号		α8/8000i
进给驱动	X/Y/Z 轴的 JOG 进给速度	m/min	5/5/5
	X/Y/Z 轴快移速度	m/min	12/12/12
	X/Y/Z 轴的手动快速移动速度	m/min	10/10/10
	X/Y/Z 轴最大切削进给速度	m/min	8/8/8
	X/Y/Z 轴丝杠螺距	mm	10
	X/Y/Z 轴伺服电动机转速	r/min	3000/3000/3000
	α 系列	X/Z 轴电动机型号	αiF8/3000
		Y 轴电动机型号	αiF12/3000
		X/Y/Z 轴驱动器型号	αi SV40/40/80
数控系统			FANUC 0i-MD

参数设定要求见表 8-10。根据表 8-9 提供的信息，设定数控机床的相关参数，如有变动填写到表 8-11 中，参数设置应符合技术要求并保证机床正常运行。

表 8-10　CNC 参数设定评价表

序号	考核内容	评价标准	评价方式	分数	得分
1	语言选择（简体中文）、米制、英制转换（米制）	能够正确设定	教师评价	10	
2	进行 FSSB 轴分配	能够正确设定		10	
3	填写 SV 设置表（X/Y/Z 轴），其中：电动机代码查附表	能够完成电动机代码、指令倍乘比、柔性齿轮比、电动机方向设定、速度反馈脉冲数、位置反馈脉冲数、参考计数器容量等参数的设定，设定完后初始化		50	
4	填写 SP 设置表	能够完成主轴轴数、主轴最高速度、电动机最高速度		10	
5	X/Y/Z 轴 JOG 进给速度	能够正确设定		10	
6	X/Y/Z 轴软限位设置	能够正确设定		10	

表 8-11　系统参数修改调整表

序号	参数编号	参数名称	修改前的数值	修改后的数值
1				
2				
3				
4				
5				
6				
7				
8				

任务四　伺服驱动系统常见故障诊断与维修

【任务描述】

本任务针对 αi 和 βi 系列伺服驱动系统常见的共性故障进行分析，并列出解决办法。

【任务分析】

随着伺服系统的大规模应用，伺服驱动器使用、伺服驱动器调试、伺服驱动器维修都是比较重要的技术课题。本任务针对 VMC850 数控立式加工中心配置 αi 和 βi 系列伺服驱动单元进行了技术深层次分析。

【任务实施】

一、FANUC 进给伺服系统基本知识

数控机床的驱动系统主要有两种：进给驱动和主轴驱动，进给驱动控制机床各坐标的进给运动，主轴驱动控制旋转运动，所以驱动系统的性能在较大程度上决定着数控机床的性能。

1. FANUC 进给伺服系统的简单分类

FANUC 进给伺服系统控制单元有多种规格，见表 8-12。早期的交流伺服为模拟式，目前一般都使用数字式伺服。

表 8-12 FANUC 进给伺服系统的简单分类

序号	名称	特 点 简 介	所配系统型号
1	直流晶闸管伺服单元	只有单轴结构，型号为 A06B-6045-HXXX。主电路由 2 个晶闸管模块组成（国产的为 6 只晶闸管），120V 三相交流电输入，六路晶闸管全波整流，接触器，三只熔断器 控制电路板有两种：带电源和不带电源，其作用是接受系统的速度指令（0~10V 模拟电压）和速度反馈信号，给主电路提供六路触发脉冲	较早期系统，如 5、7、330C、200C、2000C 等。市场上已不常见
2	直流 PWM 伺服单元	有单轴或双轴两种，型号为 A06B-6047-HXXX，主电路有整流桥将三相 AC 185V 变成 DC 300V，再由四路大功率晶体管的导通和截止宽度来调整输出到直流伺服电动机的电压，以调节电动机的速度，有两个无熔断器断路器、接触器、放电二极管、放电电阻等。控制电路板作用原理与上述基本相同	较早期系统，如 3、6、0A 等市场上较常见
3	交流模拟伺服单元	有单轴、双轴或三轴结构，型号为 A06B-6050-HXXX，主电路比直流 PWM 伺服多一组大功率晶体管模块，其他结构相似，控制板的作用原理与上述基本相同	较早期系统，如 3、6、0A、10/11/12、15E、15A、0E、0B 等市场上较常见
4	交流 S 系列 1 伺服单元	有单轴、双轴或三轴结构，型号为 A06B-6057-HXXX，主电路与交流模拟伺服相似，控制板有较大改变，它只接受系统的六路脉冲，将其放大，送到主电路的晶体管的基级。主电路将电动机的 U、V 两相电流转换为电压信号，经控制板送给系统	0 系列、16/18A、16/18E、15E、10/11/12 等市场上较常见
5	交流 S 系列 2 伺服单元	有单轴、双轴或三轴结构，型号为 A06B-6058-HXXX，原理同 S 系列 1，主电路有所改变，将接线改为螺钉固定到印制板上，便于维修，拆卸较为方便，不会造成接线错误。控制板可与上述通用	0 系列、16/18A、16/18E、15E、10/11/12 等市场上较常见

（续）

序号	名称	特点简介	所配系统型号
6	交流 C 系列伺服单元	有单轴、双轴结构，型号为 A06B-6066-HXXX，主电路体积明显减小，将原来的金属框架式该改为黄色塑料外壳的封闭式，从外面看不到电路板，维修时需打开外壳，主电路有一个整流桥、一个 IPM 或晶体管模块、一个驱动板、一个报警检测板、一个接口板、一个焊接到主板上的电源板，需要外接 AC 100V 电源提供接触器电源	0C、16/18B、15B 等市场上不常见
7	交流 α 系列伺服单元 SVU、SVUC	有单轴、双轴或三轴结构，型号为 SVU：A06B-6089-HXXX；SVUC：A06B-6090-HXXX，可替代 C 系列伺服，结构与外形 C 系列相似，电路板有接口板和主控制板，电源、驱动和报警检测电路都集成在主控制板上，无 AC 100V 输入。常用于不配备 FANUC 交流主轴电动机系统的机床上，如数控车床、数控铣床、数控磨床等	0C、0D、16/18C、15B、I 系列市场上常见
8	交流 α 系列伺服单元 SVM	有单轴、双轴或三轴结构，型号为 SVMi：A06B-6079-HXXX，将伺服系统分成三个模块：PSMi（电源模块）、SPMi（主轴模块）和 SVMi（伺服模块）。电源模块将 AC 200V 整流为 DC 300V 和 DC 24V 给后面的 SPMi 和 SVMi 使用，以及完成回馈制动任务。SVMi 不能单独工作，必须与 PSMi 一起使用。其结构为：一块接口板、一块主控制板、一个 IPM 模块（智能晶体管模块），无接触器和整流桥。PSM 将在主轴伺服系统部分介绍	0C、0D、16/18C、15B、I 系列市场上常见
9	交流 αi 系列伺服单元 SVM	有单轴、双轴或三轴结构，型号为 SVM：A06B-6114-HXXX，将伺服系统分成三个模块：PSM（电源模块）、SPM（主轴模块）和 SVM（伺服模块）。电源模块将 AC 200V 整流为 DC 300V 和 DC 24V 给后面的 SPM 和 SVM 使用，以及完成回馈制动任务。SVM 不能单独工作，必须与 PSM 一起使用，而 SVU 以及前面的交、直流伺服单元都可单独使用。其结构为：一块接口板、一块主控制板、一个 IPM 模块（智能晶体管模块），无接触器和整流桥	15/16/18/21/0I-B 系列、0iC 系列
10	交流 β 系列伺服单元	单轴，型号为 A06B-6093-HXXX，有两种：一种是 I/O Link 形式控制，控制刀库、刀塔或机械手，有 LED 显示报警；另一种为伺服轴，由轴控制板控制，只有报警红灯点亮，无报警号，可在系统的伺服诊断画面查到具体的报警号。外部电源有三相 AC 200V，DC 24V，外部急停，外接放电电阻及其过热线，这些插头很容易插错，一旦插错一个，就会将它烧坏。只有接口板和控制板两块	0C、0D、16/18C、15B、I 系列市场上常见。多用于小型数控机床或刀库、机械手等的定位
11	交流 βi 系列伺服单元	有单轴、双轴或三轴结构，型号为 SVPM：A06B-6134-H30X（三轴），H20X（两轴）；SVU：A06B-6130-H00X（只有单轴）	15/16/18/21/0iB、0iC、0iMATE-B/C 系列

在数控机床中，与 FANUC αi 系列伺服电动机配套的 FANUC αi 系列伺服驱动器是 FANUC 公司的最新产品，它在 FANUC α 系列的基础上做了性能改进。产品通过特殊的磁路设计与精密的电流控制以及精密的编码器速度反馈，使转矩波动极小，加速性能优异，可靠性极高。电动机内装有 16000000 脉冲/r 极高精度的编码器，作为速度、位置检测器件，使系统的速度、位置控制达到了极高的精度。

αi 系列驱动器由电源模块（PSM）、伺服驱动器（SVM）、主轴驱动器（SPM）等组成，伺服驱动与主轴驱动共用电源模块，组成伺服/主轴一体化的结构。伺服驱动模块有单轴型、双轴型和三轴型三种基本规格。

标准常用的规格型号有以下几种：①FANUC αi 系列为 AC 200V 输入，常用的单轴型有 A06B-6114-H103～H109 等，双轴型有 A06B-6114-H201-H211 等，三轴型有 A06B-6114-H301～H304 等；②高电压输入型［FANUC αi（HV）系列］为 AC 400V 输入，常用的单轴型有 A06B-6124-H102～H109 等，双轴型有 A06B-6124-H201-H211 等，目前尚无三轴型结构。FANUC αi 系列交流数字伺服配套的数控系统主要有 FANUC 0i、FANUC 15i/150i、FANUC 16i/18i/l60i/180i/20i/21i 等。

βi 系列驱动器为 FANUC 公司的经济型产品，用于中低档数控机床的坐标轴控制或高档机床的辅助轴（如机械手、输送装置等）控制，由于其性价比较高，在国产数控机床中使用较多。βi 系列伺服驱动器采用了独立安装的结构形式，驱动器分为伺服驱动器和伺服/主轴一体型驱动器两大类，无单独的主轴驱动器。

2. 进给伺服系统位置控制形式

伺服系统是一个反馈控制系统，它以指令脉冲为输入给定值与反馈脉冲进行比较，利用比较后产生的偏差值对系统进行自动调节，以消除偏差，使被调量跟踪给定值。所以伺服系统的运动来源于偏差信号，必须具有负反馈回路，始终处于过渡过程状态。

（1）半闭环控制　数控机床半闭环控制时，进给伺服电动机的内装编码器速度反馈信号即为丝杠位置反馈信号，如图 8-40 所示。

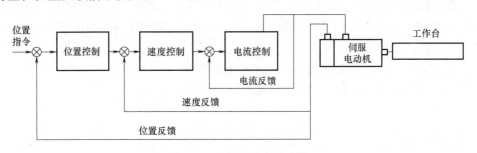

图 8-40　半闭环控制示意图

数控机床半闭环控制特点是：控制系统的稳定性高，位置控制的精度相对不高，不能消除伺服电动机与丝杠的连接错误及传动间歇对加工的影响。

（2）全闭环控制形式　全闭环控制系统是采用直线型位置检测装置（直线感应同步器、长光栅等），对数控机床工作台位移进行直接测量并进行反馈控制的位置伺服系统。全闭环控制系统将数控机床本身包括在位置控制环之内，因此机械系统引起的误差可由反馈控制得以消除，但数控机床本身的固有频率、阻尼、间隙等，成为系统不稳定的因素，从而增加了系统设计和调试的困难。全闭环控制系统的特点是：精度较高，但系统的结构较复杂、成本高，且调试维修较难，因此适用于大型精密机床，如图 8-41 所示。

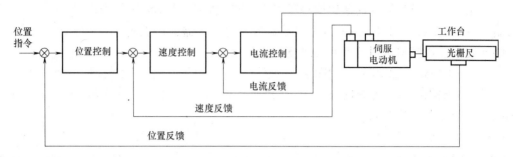

图 8-41 全闭环控制示意图

二、FANUC 进给伺服系统的故障诊断及维修

1. FANUC 进给伺服系统的故障形式

进给伺服系统的任务是完成各坐标轴的位置控制，整个系统可分为位置环、速度环和电流环。位置环接收指令脉冲和位置反馈脉冲进行比较，利用其产生的偏差产生速度环的速度指令；速度环接收位置环发出的速度指令和电动机的速度反馈，并且将速度偏差信号进行处理，产生电流信号；电流环将电流信号与电动机检测单元的反馈信号进行处理，再驱动大功率元件，产生伺服电动机的驱动电流。在整个环节中，任一环节出现异常或故障都会影响伺服系统的正常工作。

数控机床进给伺服系统的故障率占数控系统的 1/3，常见的故障可分为三种。

（1）软件报警故障 数控系统一般具有对进给驱动装置进行监视、报警的功能。在 CRT 或操作面板上显示的进给驱动报警信号有三类：一是伺服驱动装置出错报警，包括速度控制单元方面、主电路控制板内的故障、位置控制和伺服信号方面引起的故障；二是有关检测元件或检测信号方面引起的故障；三是有关伺服单元、变压器及电动机过热报警。

（2）硬件报警故障 硬件报警故障主要是电方面引起的，常有大电流报警、电压过低报警、速度反馈线报警、保护开关动作报警、速度单元熔断器和开关动作报警等。

（3）无报警显示的故障 无报警显示的故障多以机床处于运动不正常形式出现，主要由机床失控、机床振动、机床过冲或机床移动时噪声过大引起。进给伺服系统常见的故障见表 8-13。

表 8-13 进给伺服系统常见的故障

序号	报警内容	备注
1	超程	超程是机床厂家为机床设定的保护措施，一般有软件超程、硬件超程和急停保护三种
2	过载	当进给运动的负载过大，频繁正反向运动，以及进给传动的润滑状态和过载检测电路不良时，都会引起报警
3	窜动	在进给时出现窜动现象，测速信号不稳定，如测速装置、测速反馈信号干扰等；速度控制信号不稳定或受到干扰；接线端子接触不良，如螺钉松动等
4	爬行	发生在起动加速段或低速进给时，一般由于进给传动链的润滑状态不良、伺服系统增益过低以及外加负载过大等因素所致

(续)

序号	报警内容	备 注
5	振动	分析机床振动周期是否与进给速度有关
6	伺服电动机不转	数控系统至进给单元除了速度控制信号外,还有使能控制信号。使能信号是进给动作的前提,可参考具体系统的信号连接说明
7	位置误差	当伺服运动超过允许的误差范围时,数控系统就会产生位置误差过大报警,包括跟随误差、轮廓误差和定位误差等
8	漂移	当指令为零时,坐标轴仍在移动,从而造成误差,通过漂移补偿或者驱动单元上的零速调整来消除
9	回基准点故障	基准点是机床在停止加工或者交换刀具时,机床坐标轴移动到一个预先指定的准确位置

2. FANUC 进给伺服维修方法

1) 模块交换法。由于伺服系统的各个环节都具有模块化,不同轴的模块都具有互换性,所以可采用模块交换法来进行一些故障的判断,但要注意遵从以下要求:模块的插拔不能造成系统参数丢失,需要采取措施以防参数丢失;各轴模块的设定可能有区别,更换后要保证设定和以前一致;要按照先易后难的原则更换模块。

2) 外界参考电压法。当某轴进给发生故障时,为了确定是否为驱动单元和电动机故障,可以脱开位置环,检查速度环。

3) 满足脉冲使能、驱动使能和轴使能,电动机才能工作。正常情况下伺服电动机在外加参考电压的控制下转动,调节电位改变指令电压,可控制电动机的转速,参考电压的正负决定电动机的旋转方向。这时可判断驱动器和伺服电动机是否正常,以判断故障是在位置环还是在速度环。

三、FANUC 主轴伺服系统的故障及诊断

主轴伺服系统主要完成切削加工时主轴刀具旋转速度的控制,有些系统还可实现主轴任意角度停止或与 Z 轴联动完成刚性攻丝等功能。

主轴伺服系统发生故障时,通常有三种表现形式:一是在 CRT 或操作面板上显示报警内容或报警信息,二是在主轴驱动装置上用报警灯或数码管显示主轴驱动装置的故障,三是主轴工作不正常,但无任何报警信息。常见的主轴单元故障见表 8-14。

表 8-14 常见的主轴伺服系统故障

序号	报警内容	故障原因
1	主轴不转	机械故障、轴系统外部主信号未满足、主单元或主电动机故障
2	电动机转速异常或转速不稳定	速度指令不正常、测速反馈不稳定或故障、过载、主单元或电动机故障
3	外界干扰	由于受电磁干扰,屏蔽或接地不良,主轴转速指令或反馈受到干扰,使主轴驱动出现随机或无规律波动
4	主轴转速与进给不匹配	当进行螺纹切削或用每转进给指令切削时,会出现停止进给、主轴仍继续运转的故障

(续)

序号	报警内容	故障原因
5	主轴异常噪声或振动	在减速过程中，一般由驱动装置造成
6	主轴定位抖动	主轴准停用于刀具交换、精镗退刀及齿轮变档。上述都要经过减速过程，如减速或增益等参数设置不当，均可引起定位抖动。另外，定位开关、发磁体及磁传感器的故障或设置不当也可能引起定位抖动

四、FANUC 伺服系统报警故障分析及排除实例

1. 交流 αi 系列 SVM 伺服单元实例

【例1】 风扇报警（LED 显示 1 ALM）。

原因：风扇过热，或风扇太脏，或损坏。

处理办法：观察风扇是否有风（在伺服单元的上方），如果没风或风扇不转，拆下观察扇叶是否有较多油污，用汽油或酒精清洗后再装上；如果还不行，更换风扇。更换小接口板。拆下控制板，用万用表测量由风扇插座处到 CN1（连接小接口板）的线路是否有断线。

【例2】 DC Link 低电压（LED 显示 2 ALM）。

原因：伺服单元检测到 DC 300V 电压太低，是整流电压或外部交流输入电压太低，或报警检测回路故障。

处理办法：测量三相交流电压是否正常（因为直流侧有报警，MCC 已断开，只能从 MCC 前测量）。测量 MCC 触点是否接触不良。主控制板上的检测电阻是否烧断。更换伺服单元。

【例3】 电源单元低电压（LED 显示 5 ALM）。

原因：伺服单元检测到电源单元电压太低，是控制电源电压太低或检测回路故障。

处理办法：测量电源单元的三相交流电压是否正常（因为直流侧有报警，MCC 已断开，只能从 MCC 前测量）。测量 MCC 触点是否接触不良。主控制板上的检测电阻是否烧断。更换电源单元或伺服单元。

2. 交流 βi 系列伺服单元（I/O Link 型）实例

【例1】 伺服放大器过热（LED 显示 3，系统的 PMM 画面显示 306 报警）。

原因：伺服放大器的热保护断开。

处理办法：关机一段时间后，再开机，如果没有报警产生，则可能机械负载太大，或伺服电动机故障，检修机械或更换伺服电动机。如果还有报警，检查 IPM 模块的散热器上的热保护开关是否断开。更换伺服放大器。

【例2】 电池低电压报警（LED 显示 1 或 2，系统 PMM 显示 350 或 351 报警）。

原因：电池电压低。

处理办法：检查伺服放大器上的电池是否电压不够，更换电池。执行回参考点操作，可参照机床厂家的说明书，如果没有说明书，可按如下方法操作：使机械走到应该到的参考点的位置，设定系统的 PMM 参数 11 的 7 位为 1，重启系统，此报警消失。

【例3】 LED 显示 r（PMM 显示 410，411）。

原因：静止或移动过程中伺服位置误差值太大，超出了允许的范围。

处理办法：检查 PMM 参数 110（静止误差允许值）以及 182（移动误差允许值）是否与出厂时的一致。

如果是一开机就有报警，或给指令电动机根本没有旋转，则可能是伺服放大器或电动机故障，检查电动机或动力线的绝缘，以及各个连接线是否有松动。

【例 4】 过电流报警（LED 显示小 c，系统的 PMM 显示 412 报警）。

原因：检测到主电路有异常电流。

处理办法：检查 PMM 参数设定是否正确：30（电动机代码），70-72，78，79，84-90。如果在正常加工过程中突然出现，而没有人为修改参数，则不用检查。

拆下电动机动力线，再上电检查，如果还有报警产生，则更换伺服放大器；如果没有报警产生，则用绝缘电阻表检查电动机的三相或动力线与地线之间的绝缘电阻，如果绝缘异常，更换电动机或动力线。如果电动机绝缘和三相电阻正常，更换编码器，或伺服放大器。

【例 5】 参数设定错误（LED 显示 A，PMM 显示 417 报警）。

原因：PMM 参数设定错误。一般发生在更换伺服放大器或电池后，重新设定参数时没有正确设定。

处理办法：检查以下参数的设定是否正确：30（电动机代码），31（电动机正方向），106（电动机每转脉冲数），180（参考计数器容量）。按原始参数表正确设定，或与机床厂家联系。

【例 6】 风扇报警（LED 显示，PMM 显示 425 报警）。

原因：伺服放大器检测到内部冷却风扇故障。

处理办法：观察内部风扇是否没有转，如果不转，拆下观察是否很脏，用汽油或酒精清洗干净后再装上。检查风扇电源线是否正确连接。更换风扇，如果更换风扇后还有报警，则更换伺服放大器。

【知识拓展】

伺服驱动器接线端子说明

电源端子 TB 见表 8-15，反馈信号端子 CN1 见表 8-16，控制信号输入/输出端子 CN2 见表 8-17。

表 8-15 电源端子 TB

端子	端子记号	信号名称	功 能
TB-1	R	主电路电源单相或三相	主电路电源端子 ~220V/50Hz，注意：不要同电动机输出端子连接
TB-2	S		
TB-3	T		
TB-4	PE	系统接地	接地端子，电阻<100Ω，伺服电动机输出和电源输入公共点接地
TB-5	U	伺服电动机输出	伺服电动机输出端子必须与电动机 U、V、W 端子对应连接
TB-6	V		
TB-7	W		
TB-8	r	控制电源单相	控制电路电源输入端子 ~220V/50Hz
TB-9	t		

表 8-16　反馈信号端子 CN1

端子	信号名称	端子记号			颜色	功能
		记号	I/O	方式		
CN1-5	5V 电源	+5V				伺服电动机光电编码器用 +5V 电源；当电缆线较长时，采用多根芯线并联，防止线路降压
CN1-6						
CN1-17						
CN1-18						
CN1-1	电源公共地	0V				
CN1-2						
CN1-3						
CN1-4						
CN1-16						
CN1-24	编码器输入 A+	A+	Type4			与伺服电动机光电编码器 A+ 相连接
CN1-12	编码器输入 A−	A−	Type4			与伺服电动机光电编码器 A− 相连接
CN1-23	编码器输入 B+	B+	Type4			与伺服电动机光电编码器 B+ 相连接
CN1-11	编码器输入 B−	B−	Type4			与伺服电动机光电编码器 B− 相连接
CN1-22	编码器输入 Z+	Z+	Type4			与伺服电动机光电编码器 Z+ 相连接
CN1-10	编码器输入 Z−	Z−	Type4			与伺服电动机光电编码器 Z− 相连接
CN1-21	编码器输入 U+	U+	Type4			与伺服电动机光电编码器 U+ 相连接
CN1-9	编码器输入 U−	U−	Type4			与伺服电动机光电编码器 U− 相连接
CN1-20	编码器输入 V+	V+	Type4			与伺服电动机光电编码器 V+ 相连接
CN1-8	编码器输入 V−	V−	Type4			与伺服电动机光电编码器 V− 相连接
CN1-19	编码器输入 W+	W+	Type4			与伺服电动机光电编码器 W+ 相连接
CN1-7	编码器输入 W−	W−	Type4			与伺服电动机光电编码器 W− 相连接

表 8-17　控制信号输入/输出端子 CN2

端子	信号名称	记号	I/O	方式	功能
CN2-8	输入端子的电源正极	COM+	Type1		输入端子的电源正极，用来驱动输入端子的光耦合器 DC 12~24V，电流≥100mA
CN2-20	指令脉冲禁止	INH	Type1	P	位置指令脉冲禁止输入端子 INH ON：指令脉冲输入禁止 INH OFF：指令脉冲输入有效
CN2-21	伺服使能	SON	Type1	PS	伺服使能输入端子 SON ON：允许驱动器工作 SON OFF：驱动器关闭，停止工作 电动机处于自由状态，注：1. 当从 SON OFF 打到 SON ON 前，电动机必须是静止的；2. 打到 SON ON 后，至少等待 5ms 再输入命令；3. 如果 PA27 打开内部使能，则 SON 信号不检测

(续)

端子	信号名称	记号	I/O	方式	功能
CN2-9	报警消除	ALRS	Type1	PS	报警清除输入端子 ALRS ON：清除系统报警 ALRS OFF：保持系统报警
CN2-23	偏差计数器清零	CLE	Type1	P	位置偏差计数器清零输入端子 CLE ON：位置控制时，位置偏差计数器清零
CN2-12	模拟量输入端子	Vin	Type4	S	外部模拟速度指令输入端子，单端方式，输入阻抗 $10k\Omega$，输入范围 $-10 \sim +10V$
CN2-13	模拟量输入地	Vingnd			模拟输入的地线
CN2-1	伺服准备好输出	SRDY	Type2	P, S	伺服准备好输出端子 SRDY ON：控制电源和主电源正常，驱动器没有报警，伺服准备好输出 ON SRDY OFF：主电源未合或驱动器有报警，伺服准备好输出 OFF
CN2-15	伺服报警输出	ALM	Type2	P, S	伺服报警输出端子，可以用 PA27 参数来改变报警输出高或低有效
CN2-14	定位完成输出	COIN	Type2	P	定位完成输出端子 COIN ON：当位置偏差计数器数值在设定的定位范围时，定位完成输出 ON
CN2-4	超程保护	RSTP	Type1	P, S	外部超程保护信号，信号有效时产生 Err-32 报警
CN2-3	输出端子的公共端	DG			控制信号输出端子（除 CZ 外）的地线公共端子
CN2-17	编码器 A 相信号	AOUT +	Type5	P, S	编码器 A、B、Z 信号差分驱动输出（26LS31 输出，相当于 RS422）；非隔离输出（非绝缘）
CN2-16		AOUT −			
CN2-22	编码器 B 相信号	BOUT +			
CN2-10		BOUT −			
CN2-24	编码器 Z 相信号	ZOUT +			
CN2-11		ZOUT −			
CN2-2	编码器 Z 相集电极开路输出	CZ	Type6	P, S	编码器 Z 相信号由集电极开路输出，编码器 Z 相信号出现时，输出 ON（输出导通），否则输出 OFF（输出截止）；非隔离输出；在上位机，通常 Z 相信号脉冲很窄，故用高速光耦合器
CN2-5	编码器 Z 相输出的公共端	CZCOM			编码器 Z 相输出端子的公共端

(续)

端子	信号名称	记号	I/O	方式	功能
CN2-18	指令脉冲 PLUS 输入	PULS +	Type3	P	外部指令脉冲输入端子 注：用 PA9 设定脉冲输入方式 1）指令脉冲＋符号方式 2）CCW/CW 指令脉冲方式
CN2-6		PULS −			
CN2-19	指令脉冲 SIGN 输入	SIGN +			
CN2-7		SIGN −			
CN2-25	屏蔽地线	FG			屏蔽地线端子

【评价标准】

对 αi 系列和 βi 系列伺服驱动单元常见故障考核见表 8-18。

表 8-18 伺服驱动考核表

序号	考核内容	评价标准	评价方式	分数	得分
1	安全操作	①正确地使用工具及仪器、仪表 ②操作中不伤及自己和他人 ③着装符合劳动保护要求，工位整洁	教师评价与小组成员互评	10	
2	交流 αi 系列 SVM 伺服单元	对交流 αi 系列 SVM 伺服单元 3 个常见故障的处理	教师评价	50	
3	交流 βi 系列伺服单元（I/O Link 型）	交流 βi 系列伺服单元（I/O Link 型）4 个常见故障的处理	教师评价	40	

【项目小结】

本项目是一台数控机床出厂以后到能够正常投入生产的重要的中间环节，掌握好本项目的知识非常有必要。通过本项目的学习，要求学生对 FANUC 系统常见配套的驱动器有一定的了解，具备对 αi/βi 系列驱动的连接、参数设置及调试能力，为机床的安装调试和故障诊断奠定基础。虽然数控系统众多，同一厂家生产的产品型号又有所不同，但是能够掌握好其中一种，其他的也能够很快上手，在使用之前要仔细查看使用说明书，做到举一反三。

【思考与练习】

1. αi 系列驱动器的组成包括哪三个模块？
2. αi 系列驱动器对主电源和控制电源的要求是什么？
3. 简述 βi 系列一体型驱动器的类型和基本特点。
4. 数控机床上电以前应做哪些方面的检查？
5. 在机床上查找下列参数的设置值，并填写在表 8-19 中。

表 8-19 机床参数值

参数号	参数含义	参数值	参数号	参数含义	参数值
3716	主轴电动机种类		3720	位置编码器脉冲数	
3717	主轴放大器号		3730	模拟输出增益	

(续)

参数号	参数含义	参数值	参数号	参数含义	参数值
3735	主轴电动机最低钳制速度		3772	主轴上限转速	
3736	主轴电动机最高钳制速度		8133#5	是否使用主轴串行输出	
3741/2/3	电动机最大值/减速比		4133	主轴电动机代码	

6. βi 系列串行编码器出现通信错误报警（LED 显示 5，系统的 PMM 画面显示 300/301/302 报警），简述其原因。

7. 当 αi 系列伺服单元出现 DC Link 低电压（LED 显示 2 ALM）时，应怎样处理？

8. 当 βi 系列伺服单元参数设定错误（LED 显示 A，PMM 显示 417 报警）时，应怎样处理？

项目九　数控机床其他典型故障诊断与维修技术

【学习目标】

数控机床全部或者部分丧失系统规定的功能，或者达不到数控机床规定的零件加工精度称为故障。所谓故障诊断，就是确认产生故障的原因和部位。

1. 知识目标

1）熟悉数控机床手轮的常见故障。
2）熟悉急停故障与维修。
3）熟悉排屑及润滑系统的故障与维修。

2. 技能目标

1）能正确使用万用表，检查手轮电路。
2）能使用示波器，检查手轮脉冲信号。
3）能正确使用万用表，检查急停、排屑及润滑故障电路。

3. 能力目标

1）具备对机床手轮功能进行检查并排除故障的能力。
2）具备对机床急停功能进行检查并排除故障的能力。
3）具备对机床排屑及润滑功能进行检查并排除故障的能力。

【内容提要】

任务一：手轮常见的故障与维修，FANUC 0i-MC 系统手轮不能进行操作，原因可能有：伺服没有准备好；手轮没有正确连接到内装 I/O 接口或 I/O 模块；内装 I/O 接口或 I/O 模块的 I/O Link 没有分配或者没有正确分配；可能是参数设定错误使相关信号输入不正确。对应故障的处理方法等。

任务二：急停故障与维修，对急停功能电路连接图、急停控制功能原理进行分析，并对 PMC 信号进行诊断和梯形图监控等。

任务三：排屑及润滑故障的维修，分析排屑及润滑控制功能原理，介绍排屑及润滑故障维修实例。

任务一　手轮常见的故障与维修

【任务描述】

在数控机床加工过程中，由于试切对刀和调整的需要，经常频繁地使用手轮来控制数控机床伺服轴的运动。因此，在数控机床的诸多故障中，手轮出现故障的次数较多，同时对该故障维修人员的维修水平要求也相对要高。本任务主要以 V600 数控铣床配 FANUC 0i-MC 系统为例,系统介绍数控机床手轮故障的分析与维修。

【任务分析】

手轮全称为手摇脉冲发生器,又称光电编码器。由于频繁使用,故障较高。本任务从手轮不能进行操作方面着手分析原因并进行故障排除。

【任务实施】

1. 手轮不能进行操作的原因

1)伺服没有准备好。
2)手摇脉冲发生器没有正确连接到内装 I/O 接口或 I/O 模块。
3)内装 I/O 接口或 I/O 模块的 I/O Link 没有分配或者没有正确分配。
4)参数设定错误,使相关信号输入不正确。

2. 处理办法

(1)伺服没有激活 检查伺服放大器上的 LED 显示数字。若显示"0",表示激活;显示其他数字,则伺服没有激活,这时自动运行和 JOG 都不能被执行。应该检查与伺服的连接和相关参数(查阅 B-64120C 参数说明书)。

(2)检查手摇脉冲发生器

1)电缆故障,应检查手轮电缆是否有短路或者断路,如图 9-1 所示。

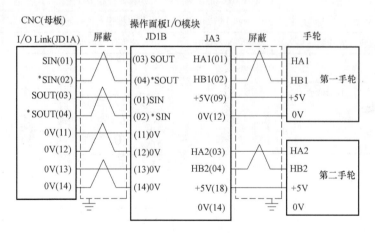

图 9-1 手轮电缆与 I/O 模块连线图

2)手脉故障。当旋转手轮时,会产生信号,使用示波器从位于手脉后面的端子上测量,如果没有信号输出,检查 +5V 电压,同时还需确认 ON/OFF 的比例和 HA/HB 的相位差,如图 9-2 所示。

(3)I/O 模块的 I/O Link 分配 如果 I/O 模块没有合理地进行 I/O Link 分配,手脉的脉冲没有传送到 CNC 中,则手轮不能正常运行。手轮 I/O 模块列见表 9-1。

如果使用多个手轮 I/O 模块,通过 I/O Link 连接,最近 CNC 模块变为有效,如图 9-3

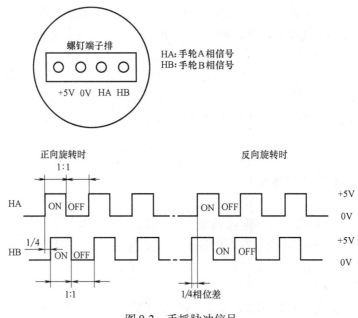

图 9-2 手摇脉冲信号

表 9-1 手轮 I/O 模块列

名 称	规格	名 称	规格
0i 用 I/O 单元	A02B-039-C001	操作面板 I/O 模块	A20B-2002-0520
连接面板用 I/O 模块（扩展模块 A）	A03B-0815-C002	机床操作面板主面板 B	A20B-0236-C231
操作面板用 I/O 模块（对应矩阵输入）	A20B-2002-0470	机床操作面板主面板 B1	A20B-0236-C241

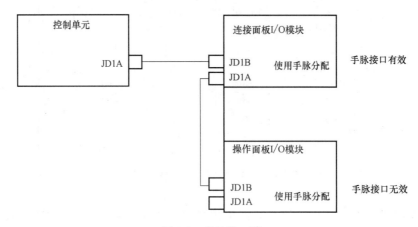

图 9-3 手轮接口图

在分配编辑界面确认分配。按［PMC］→［EDIT］→［MODULE］，显示分配编辑界面。编辑分配结束后，在［I/O］界面写入改变值，否则断电后将丢失。若合理分配完成，当旋转手轮时，对应的输入地址信号 X 有加减计数。同时在［PMC］→［PMCDG］→［STATUS］界面可检查旋转手脉该位的计数。

（4）检查参数和输入信号

1）在 CRT 的左下角检查 CNC 状态显示。若状态显示 HND，方式选择正确；如果不是 HND，则方式选择信号没有正确输入。使用 PMC 的诊断功能（PMCDGN）检查方式选择信号，如图 9-4 所示。

2）输入进给轴信号如图 9-5 所示。

注意：S1 ~ S4 为手摇脉冲发生器（MPG）的号，最多可有 3 台 MPG 的选择信号。A ~ D 为代码进行轴选择。

3）手轮进给倍率选择及进给方向选择如图 9-6、图 9-7 所示。

MP1、MP2 信号的含义见表 9-2。

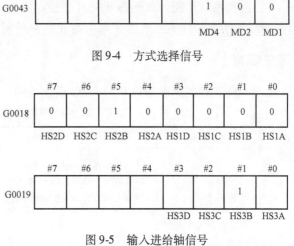

	#7	#6	#5	#4	#3	#2	#1	#0
G0043						1	0	0
						MD4	MD2	MD1

图 9-4　方式选择信号

	#7	#6	#5	#4	#3	#2	#1	#0
G0018	0	0	1	0	0	0	0	0
	HS2D	HS2C	HS2B	HS2A	HS1D	HS1C	HS1B	HS1A

	#7	#6	#5	#4	#3	#2	#1	#0
G0019							1	
					HS3D	HS3C	HS3B	HS3A

图 9-5　输入进给轴信号

	#7	#6	#5	#4	#3	#2	#1	#0
G0019				1				
			MP2	MP1				

图 9-6　手轮进给倍率选择

	#7	#6	#5	#4	#3	#2	#1	#0
7102								1
								HNG*x*

图 9-7　手轮进给方向选择

表 9-2　MP1、MP2 信号的含义

MP2	MP1	步进进给	手轮进给
0	0	X1	X1
0	1	X10	X10
1	0	X100	xMn
1	1	X1000	xNn

当选择的是手轮进给时，每步移动距离是可以改变的。在图 9-7 中，HNG*x* 代表 MPG 旋转方向与机械移动方向相同或相反（若 *x* 为 0 表示相同方向，若 *x* 为 1 表示相反方向）。

【知识拓展】

数控铣床 V600 手轮故障原因及解决对策

故障原因如下：

1）手轮轴选择开关接触不良。

2）手轮倍率选择开关接触不良。

3）手轮脉冲发生盘损坏。

4）手轮连接线折断。

解决对策如下：

1）进入系统诊断，观察轴选开关对应触点情况（连接线完好情况），若损坏，更换开关即可解决。

2）进入系统诊断，观察倍率开关对应触点情况（连接线完好情况），若损坏，更换开关即可解决。

3）摘下脉冲盘，测量电源是否正常，+与 A、+与 B 之间阻值是否正常。若损坏，则

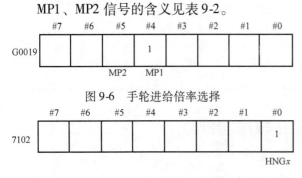

更换。

4）进入系统诊断，观察各开关对应触点情况，再测量轴选开关、倍率开关、脉冲盘之间连接线各触点与进入系统端子对应点间是否通断，如折断，更换即可。

【评价标准】

以 V600 数控铣床配 FANUC 0i-MC 系统为例，检查手轮时，按表 9-3 要求完成考核。

表 9-3 手轮检查考核表

序号	考核内容	评价标准	评价方式	分数	得分
1	安全操作	①正确地使用工具及仪器、仪表 ②操作中不伤及自己和他人 ③着装符合劳动保护要求，工位整洁	教师评价与小组成员互评	10	
2	I/O 模块与手轮正确连接	正确接线	教师评价	30	
3	正确测量手脉电压	正确地使用工具及仪器、仪表	教师评价	30	
4	正确进入 PMC 诊断界面	正确进入 PMC 诊断界面的步骤	教师评价	30	

任务二 急停故障与维修

【任务描述】

为了快速准确地排除数控机床故障，减少由故障引起的经济损失，工作人员不仅需要具备丰富的理论知识和实践经验，还必须掌握一定的故障诊断技术。本任务主要介绍数控机床急停回路的作用及控制电路原理，分析数控机床急停故障产生的原因，列举急停故障现象及处理方法。

【任务分析】

以配 FANUC 0i-MC 系统的 V600 数控铣床为例，从急停功能电路连接图、急停控制功能原理，以及 PMC 信号诊断和梯形图监控来分析急停故障原因及处理方法。

【任务实施】

1. 急停功能电路连接图

急停按钮被按下时机床被锁定，解除锁定的方法随机床制造商不同而有差异，但通常旋转急停按钮可解除锁定。常用急停功能电路连接如图 9-8 所示。紧急停止按钮使用双回路或者辅助继电器。一支回路连接 CNC，另一支回路与伺服放大器连接。

2. 急停控制工作原理

急停控制回路一般由两部分构成，PMC 急停控制信号 X8

一个断开就会出现报警,若 X8.4 断开,出现 ESP 报警;CX4 端子断开,出现 SV401 报警。当按下急停按钮时,继电器 KA1 失电,常开触点 KA1-1 和 KA1-2 闭合,X8.4 为零,出现 ESP 报警,如图 9-9 所示。

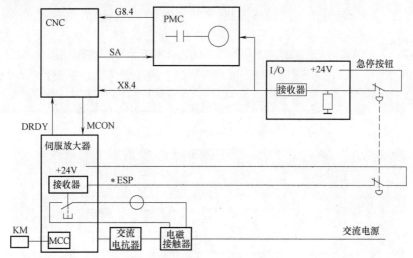

图 9-8　急停功能电路连接

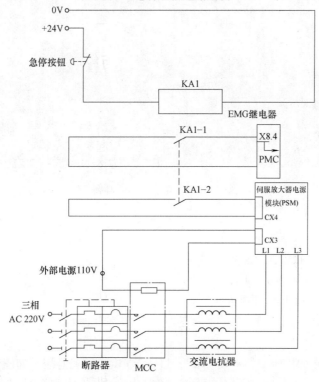

图 9-9　急停控制工作原理

3. 急停功能 PMC 急停信号和梯形图

1)急停功能 PMC 信号 X8.4 的诊断。操作:[PMC]→[PMCDGN]→[STATUS],如图 9-10 所示。

图 9-10 PMC 显示

[PMCDGN]：[PMCDGN] 菜单如图 9-11 所示，PMC 信号的诊断如图 9-12 所示。

图 9-11 [PMCDGN] 菜单

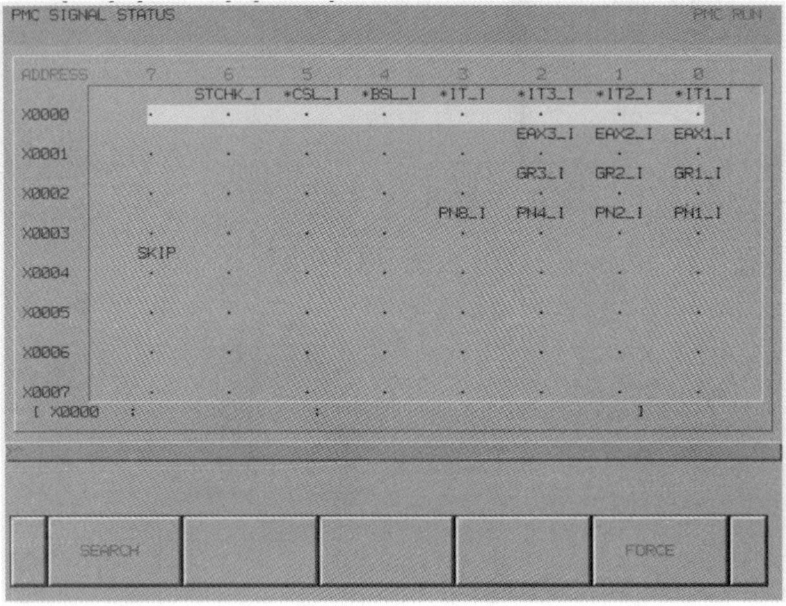

图 9-12 PMC 信号诊断画面

[TITLE]：标题画面。

[STATUS]：信号状态画面。

[ALARM]：PMC 报警画面。

[TARCE]：PMC 信号追踪画面。

[I/OCHK]：I/O Link 诊断画面。

[SEARCH]：搜索键，PMC 中的所有地址都可以在此画面显示诊断，X8.4 为 1 时，系统正常运行。

2）按[PMC]→[PMCLAD]→[ZOOM]，进入 PMC 梯形图监控，如图 9-13 所示。

当 X8.4（急停）为 1 时，G8.4（ESP）输出为 1，系统正常运行。当按下急停按钮时，G0008.4 = 0，此时系统伺服准备为未就绪状态，主轴变频器同时断电。

4. 急停按钮引起的故障维修

例：配 FANUC 0i-MC 系统的 V600 数控铣床，开机时显示"NOTREADY"，伺服电源无法接通。

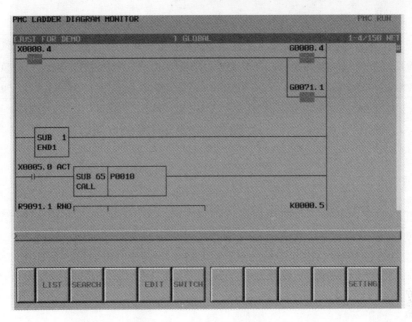

图 9-13　PMC 梯形图监控

分析及处理过程：FANUC 0i-MC 系统引起"NOT READY"的原因是数控系统的紧急停止"*ESP"信号被输入，这一信号可以通过系统 PMC 的"诊断"页面进行检查。经检查发现 X8.4 为 0，证明系统的"急停"信号被输入，对照机床电气原理图检查，发现手动操纵盒上的急停按钮断线，重新连接，复位急停按钮后，再按 [Reset] 键，机床即恢复正常工作。

【知识拓展】

急停功能维修总结

当 CNC 进入"未准备好（NOT READY）"状态或急停状态时，应对照 PLC 程序，利用系统的信号状态诊断功能，首先检查信号的状态，确定相关的 PLC 输入点，并加以解决。数控机床上急停控制回路，主要考虑的因素有以下几点：

1）面板上的"急停"生效。
2）工作台的超程保护生效。
3）伺服驱动器、主轴驱动器、液压电动机等及主电路的过载保护。
4）24V 控制电源等重要部分的故障。

在发生急停（或"NOT READY"）故障时，首先应对以上几点进行逐一检查。

【评价标准】

配 FANUC 0i-MC 系统的 V600 数控铣床，按表 9-4 要求考核。

表 9-4　急停相关知识考核表

序号	考核内容	评价标准	评价方式	分数	得分
1	调出急停信号诊断显示画面	正确调出诊断画面步骤	教师评价	10	
2	急停功能梯形图显示	正确调出急停功能梯形图步骤	教师评价	30	

(续)

序号	考核内容	评价标准	评价方式	分数	得分
3	正确测量伺服放大器 24V 电压	正确地使用工具及仪器、仪表	教师评价	30	
4	正确测量 I/O 模块 24V 电压	正确地使用工具及仪器、仪表	教师评价	30	

任务三 排屑及润滑故障的维修

【任务描述】

在数控机床加工过程中,由于排屑与机床导轨的润滑电动机经常工作,因此排屑及润滑的故障也相对较多。为了快速解决数控机床停机时间,减少经济损失,工作人员必须具备丰富的理论知识和实践经验。本任务主要介绍数控机床排屑及润滑控制电路原理,分析数控机床排屑及润滑故障的产生原因,列举排屑及润滑故障的现象与处理方法。

【任务分析】

以 HTZ2050 数控车床配有平板链式排屑机构为例,通过排屑及润滑控制功能原理分析,介绍了排屑及润滑故障的原因及处理方法。

【任务实施】

1. 排屑及润滑

(1) 排屑装置概述 排屑装置是数控机床的必备附属装置,其主要作用是将切屑从加工区域排出数控机床之外。迅速、有效地排除切屑才能保证数控机床正常加工。排屑装置的安装位置一般都尽可能靠近刀具切削区域。如车床的排屑装置装在回转工件下方;铣床和加工中心的排屑装置装在床身的回水槽上或工作台边侧位置,以利于简化机床或排屑装置结构,减小机床占地面积,提高排屑效率。排出的切屑一般都落入切屑收集箱或小车中,有的则直接排入车间排屑系统。

平板链式排屑装置以滚动链轮牵引钢制平板链带在封闭箱中运转,加工中的切屑落到链带上,经过提升将废屑中的切削液分离出来,切屑排出机床,落入存屑箱。这种装置能排除各种形状的切屑,适应性强,各类机床都能采用。在车床上使用时,多与机床切削液箱合为一体,以简化机床结构。

平板链式排屑装置是一种具有独立功能的附件。接通电源之前应先检查减速器润滑油是否低于油面线,如果不足,应加入 40 号全损耗系统用油至油面线。电动机起动后,应立即检查链轮的旋转方向是否与箭头所指方向相符,如不符应立即改正。排屑装置链轮上装有过载保险离合器,在出厂调试时已做了调整。如电动机起动后,发现摩擦片有打滑现象,应立即停止开动,检查链带是否被异物卡住或有其他原因。等原因弄清后,可再次起动电动机,如能正常运转,则说明故障已排除;如不能顺利运转,则可从以下两方面找原因:

1) 摩擦片的压紧力是否足够。先检查碟形弹簧的压缩量是否在规定的数值之内;碟形弹簧自由高度为 8.5mm,压缩量应为 2.6~3mm,若在这个数值之内,则说明压紧力已足够了;如果压缩量不够,可均衡地调紧 3 只 M8 压紧螺钉。

2）若压紧后还是继续打滑，则应全面检查卡住的原因。
(2) 排屑正反转电气原理
排屑正反转电气原理图和 PMC 接口电路如图 9-14 所示。

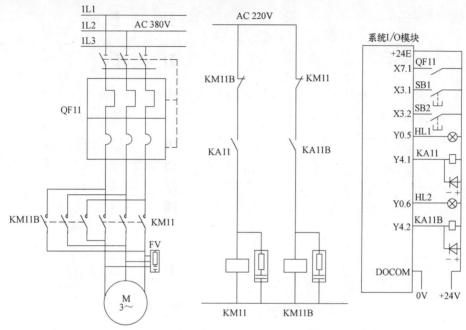

图 9-14　排屑正反转电气原理图和 PMC 接口电路

其中，QF11 为排屑电动机断路器，实现电动机的短路与过载保护，输入信号为 X7.1；SB1 为数控系统操作面板上的手动正转排屑按钮，输入信号为 X3.1；SB2 为数控系统操作面板上的手动反转排屑按钮，输入信号为 X3.2；KM11 为系统控制正转排屑电动机的控制接触器；KM11B 为系统控制反转排屑电动机的控制接触器；HL1 为正转排屑电动机工作指示灯，输出信号为 Y0.5；HL2 为反转排屑电动机工作指示灯，输出信号为 Y0.6；KA11 为系统控制正转排屑电动机的中间继电器；KA11B 为系统控制反转排屑电动机的中间继电器。

(3) 润滑系统概述　机床润滑系统在机床整机中占有十分重要的位置，其设计、调试和维修保养对于提高机床加工精度、延长机床使用寿命等都有着十分重要的作用。现代机床导轨、丝杠等滑动副的润滑，基本上都是采用集中润滑系统。集中润滑系统是由一个液压泵提供一定排量、一定压力的润滑油，为系统中所有的主、次油路上的分流器供油，而由分流器将油按所需油量分配到各润滑点。同时，由控制器完成润滑时间、次数的监控、故障报警以及停机等功能，以实现自动润滑的目的。集中润滑系统的特点是定时、定量、准确、效率高，使用方便可靠，有利于提高机器寿命，保障使用性能。

(4) 润滑系统电气控制原理
润滑系统电气控制原理和 PMC 接口电路如图 9-15 所示。
其中，QF13 为润滑电动机断路器，实现电动机的短路与过载保护，输入信号为 X7.2；SL 为润滑系统油面检测开关，作为润滑油面过低报警提示的输入信号 X6.1；SB5 为数控系统操作面板上的手动润滑按钮,作为系统手动输入信号 X6.2;KM10 为系统控制润滑电动机的控制接触器;HL 为润滑电动机工作指示灯,输出信号为 Y0.4;KA10 为系统控制润滑电动机的中间继电器。

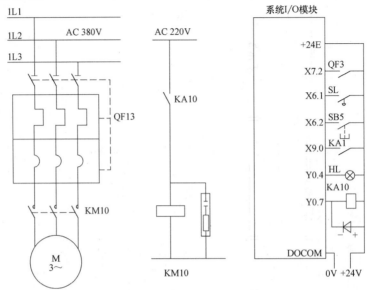

图 9-15　润滑系统电气控制原理和 PMC 接口电路

2. 排屑及润滑故障维修实例

(1) HTZ2050 车削中心的 Z 轴导轨润滑不足　分析及处理过程:故障产生以后,开始认为是润滑时间间隔太长,导致 Z 轴润滑不足。将润滑电动机起动时间间隔由 15min 改为 10min,Z 轴导轨润滑有所改善但是油量仍不理想。故又集中注意力查找润滑管路问题,润滑管路完好;拧下 Z 轴导轨润滑计量件,检查发现计量件中的小孔堵塞。用煤油清洗后,故障排除。

(2) HTZ2050 车削中心的排屑器主轴发热　分析及处理过程:一般情况下,排屑器出现主轴发热,常见的原因就是轴承损坏和轴承润滑效果不好,导致轴承的预紧力过紧而造成的。

主轴发热首先要找到发热物体,要判断出是哪一端的轴承发热,然后用手转动排屑器的主轴,以判断主轴在转动时的松紧是否均匀,如果是轴承导致的主轴发热,就要更换或者用煤油清洗主轴的轴承,可以加适量的耐高温润滑油。如果是轴承的预紧力过大而导致的发热情况,要在没有锁紧螺母的外力的情况下,将轴承和轴承间隙调整垫的间隙调整在 0.08 ~ 0.1mm 之间,然后再重新锁紧排屑器的螺母。

【知识拓展】

润滑系统的分类

集中润滑系统按使用的润滑元件可分为单线阻尼式润滑系统、递进式润滑系统和容积式润滑系统。

(1) 单线阻尼式润滑系统　此系统适合机床润滑点所需油量相对较少,并需周期供油的场合。它是利用阻尼式分配器把泵打出的油按一定比例分配到润滑点的。一般用于循环系统,也可以用于开放系统,可通过控制时间来控制润滑点的油量。该润滑系统非常灵活,多一个润滑点或少一个都可以,并可由用户安装,且当某一点发生阻塞时,不影响其他点的使用,故应用十分广泛。图9-16所示为单线阻尼式润滑系统。

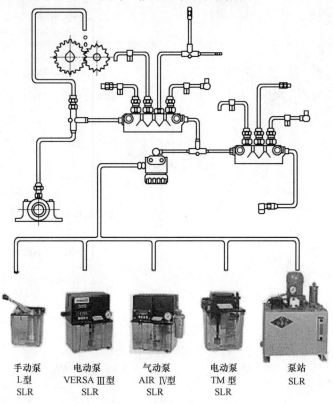

图 9-16 单线阻尼式润滑系统

(2) 递进式润滑系统 递进式润滑系统主要由泵站、递进片式分流器组成,并可附有控制装置加以监控。其特点是:能对任一润滑点的堵塞进行报警并终止运行,以保护设备;定量准确、压力高,不但可以使用稀油,而且还适用于使用油脂润滑的情况。润滑点可达100个,压力可达21MPa。递进式分流器由一块底板、一块端板及最少三块中间板组成。一组阀最多可有8块中间板,可润滑18个点。其工作原理是由中间板中的柱塞从一定位置起依次动作供油,若某一点产生堵塞,则下一个出油口就不会动作,因而整个分流器停止供油。堵塞指示器可以指示堵塞位置,便于维修。图9-17所示为递进式润滑系统。

(3) 容积式润滑系统 该系统以定量阀为分配器向润滑点供油,在系统中配有压力继电器,使系统油压达到预定值后发信号,使电动机延时停止,润滑油从定量阀分配器供给,系统通过换向阀卸荷,并保持一个最低压力,使定量阀分配器补充润滑油,电动机再次起动,重复这一过程,直至达到规定润滑时间。该系统压力一般在50MPa以下,润滑点可达几百个,其应用范围广、性能可靠,但不能作为连续润滑系统。定量阀的结构原理是:由上、下两个油腔组成,在系统的高压下将油打到润滑点,在低压时,靠自身弹簧复位和碗形密封将存于下腔的油压入位于上腔的排油腔,排量为0.1~1.6mL,并可按实际需要进行组合。图9-18所示为容积式润滑系统。

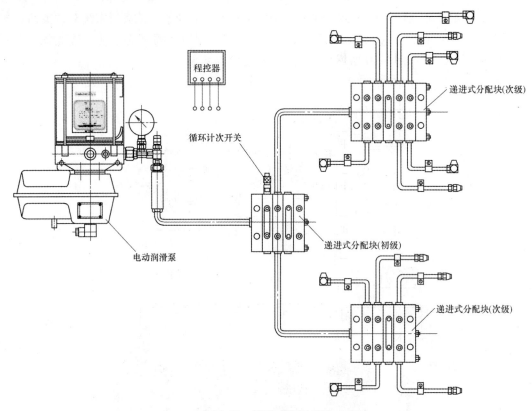

图 9-17 递进式润滑系统

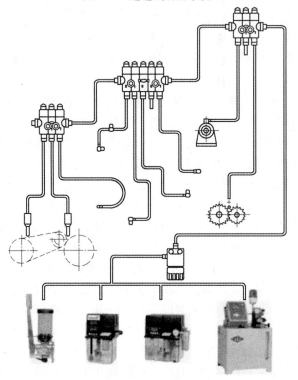

图 9-18 容积式润滑系统

【评价标准】

以 HTZ2050 数控车床配有平板链式排屑机构为例，从排屑及润滑控制功能原理分析，按表 9-5 要求考核。

表 9-5 排屑及润滑考核表

序号	考核内容	评价标准	评价方式	分数	得分
1	检测 KA11 正转排屑电动机的中间继电器	正确地使用工具及仪器、仪表	教师评价	30	
2	检测 KA11B 反转排屑电动机的中间继电器	正确地使用工具及仪器、仪表	教师评价	30	
3	检查润滑系统电气控制原理和 PMC 接口电路接线	正确地使用工具及仪器、仪表	教师评价	40	

【项目小结】

数控机床在运行中频繁地使用手轮、排屑及润滑，在开关机时使用急停按键等，故障也自然增多。熟悉数控机床常见的手轮故障、急停故障、排屑及润滑故障，并及时维修，保证机床正常运行。

【思考与练习】

1. 怎样正确使用万用表检查手轮 5V 电压？
2. 手轮 I/O 模块规格有哪些？
3. 怎样使用示波器检查手轮脉冲信号？
4. 简述进入 [PMC] 诊断 X8.4 信号的步骤。
5. 怎样正确使用万用表检查 HTZ205 排屑电路中 KM11 接触器的电压？
6. 简述润滑系统的分类。

参 考 文 献

［1］ 龚仲华. 数控系统连接与调试［M］. 北京：高等教育出版社，2012.
［2］ 王炳实. 机床电气控制［M］. 5版. 北京：机械工业出版社，2008.
［3］ 傅贵兴. 设备故障诊断与维护技术［M］. 成都：西南交通大学出版社，2011.
［4］ 廖常初. S7-200 PLC 编程及应用［M］. 北京：机械工业出版社，2014.
［5］ 殷培峰. 电气控制与机床电路检修技术（理实一体化教材）［M］. 北京：化学工业出版社，2011.
［6］ 夏燕兰. 数控机床电气控制［M］. 3版. 北京：机械工业出版社，2017.
［7］ 许翏，王淑英. 电气控制与PLC应用［M］. 4版. 北京：机械工业出版社，2017.
［8］ 刘江，卢鹏程，许朝山. FANUC数控系统PMC编程［M］. 北京：高等教育出版社，2011.
［9］ 黄文广，邵泽强，韩亚兰. FANUC数控系统连接与调试［M］. 北京：高等教育出版社，2011.
［10］ 潘海丽. 数控机床故障分析与维修［M］. 2版. 西安：西安电子科技大学出版社，2008.